本书的撰写和出版得到上海高校智库复旦大学宗教与中国国家安全研究中心、国家社科基金重大项目"宗教对当代国际关系和全球政治的影响"、复旦大学人文社会科学先锋计划、复旦大学亚洲研究中心项目的资助。

水治理与国际关系研究论丛

全球水治理变革
大国路径、地区模式与人文因素

张励◎主编

Transformations in Global Water Governance

Major Power Pathways, Regional Models,
and Human Factors

中国社会科学出版社

图书在版编目(CIP)数据

全球水治理变革：大国路径、地区模式与人文因素 / 张励主编. -- 北京：中国社会科学出版社，2024.12. (水治理与国际关系研究论丛). -- ISBN 978-7-5227-4385-1

Ⅰ. TV213.4

中国国家版本馆 CIP 数据核字第 2024Q6480A 号

出 版 人	赵剑英
责任编辑	郭曼曼
责任校对	韩天炜
责任印制	李寡寡

出　　版	中国社会科学出版社
社　　址	北京鼓楼西大街甲 158 号
邮　　编	100720
网　　址	http://www.csspw.cn
发 行 部	010-84083685
门 市 部	010-84029450
经　　销	新华书店及其他书店
印　　刷	北京明恒达印务有限公司
装　　订	廊坊市广阳区广增装订厂
版　　次	2024 年 12 月第 1 版
印　　次	2024 年 12 月第 1 次印刷
开　　本	710×1000　1/16
印　　张	20.5
插　　页	2
字　　数	278 千字
定　　价	108.00 元

凡购买中国社会科学出版社图书，如有质量问题请与本社营销中心联系调换
电话：010-84083683
版权所有　侵权必究

总序　世界水秩序流变时代下的水治理与国际关系研究

　　水与人类的发展、安全、文明相生相伴，并早已作为重要因子深深地嵌入"前现代国际关系时代"之中。在数千年的人类历史演进过程中，水孕育了四大文明古国，更成为诸多大国、强国的建国之基、立国之本。同时，水也决定了一国的外部版图构架，并成为联通国家的沟通网络。

　　但伴之而生的是水在国际关系中的敛合与分裂效应。一方面，水成为连接流域国家的重要纽带，促进国家间的发展、贸易与沟通；另一方面，水也成为一国在处理对外关系中所无法忽视的潜在冲突点和"武器"。例如，早在公元前2450年前后，在美索不达米亚底格里斯河和幼发拉底河之间的"Gu'edena"（天堂边缘）地区，拉伽什国王便以水为武器与邻近城邦乌玛发生冲突。

　　人类自17世纪起迈入"现代国际关系时代"，水资源及水治理在国际关系中的作用更为凸显，且面临着更为严峻的发展态势。联合国在2020—2023年发布的《世界水发展报告》中接连指出：自18世纪工业革命时代以来，自然湿地面积减少约80%；在过去的100年里，全球用水量增加了6倍；到2030年，全球水资源缺口预计高达40%；2050年前，全球用水量将以每年约1%的速度持续增长。因此，20世纪末，时任联合国秘书长布特罗斯·布特罗斯－加利（Boutros Boutros-Ghali）就发出了"水比石油更为重要"的呼声。2023年，在时隔近半个世纪再度重启的联合国水事会议上，现任联合国秘书长安东尼奥·古特雷斯（António Guterres）进一步强调："（水资源）这一人类命脉正在枯竭"，"水资源对于促进全球的可持续发展以及推动世界和平与国际合作具有重要作用"。

进入21世纪以来，随着水资源危机的加剧及其对各国的"地缘政治经济压强"的不断增强，各国开始将"水治理与国际关系"视为关乎国家发展、国家安全与对外战略的重要议题。一方面，在气候变化、人口增长、经济发展、大国博弈的多重因素叠加下，水资源议题日益超越自然与技术的范畴，在国际关系舞台上出现被"政治化"与"安全化"的倾向。水资源被有意或无意地作为部分国际冲突中的"触发器""献祭器"与"杀伤器"。另一方面，全球多国尤其是流域国，开始通过旧有水治理方式变革、新型水合作机制创新等路径，降低或避免国家间水冲突与水战争的爆发，并促进水开发、水合作的互惠性与可持续性。

与此同时，国内外学界对于"水治理与国际关系"的理论与实践研究也不断深入。首先，在研究过程中，不断强化气候、地理、生态、环境等自然因素与政治、安全、经济、文化、社会、技术等人为因素的融合，将"水治理与国际关系"研究视为综合和更为广泛的研究议题。其次，不断扩充完善水治理与国际关系的工具箱。学界一方面升级水安全、水政治、水管理、水治理等既有概念；另一方面创新发展水外交的理论体系，并在复杂的环境中不断实践、验证与升级，以寻求形成更为科学、系统的全球水治理体系。最后，跨学科的交融式研究趋势加强。国际关系学、国际法学、历史学、宗教学、地理学、区域国别学、环境学、生态学、水利工程学等学科，围绕"水治理与国际关系"议题进行研讨交流、开展项目合作等，开始打破学科间的樊篱。这也是上海高校智库复旦大学宗教与中国国家安全研究中心出版《水治理与国际关系研究论丛》和自2019年起召开"水外交与水安全"系列会议的初衷与使命之一。

对于中国而言，作为"亚洲水塔"与"崛起中的大国"，如何破解身处全球水热点地区之一的难题，处理与诸多周边国家的跨界水合作关系，都将深刻关乎本国与地区内的发展和安全，更将为全球水治理提供宝贵的经验。令人欣喜的是，中国学界对"水治理与国际关系"的研究不断加强并形成一定的国际影响力。尤其是在近十多年里，该议题在国内研究中更呈现出"小众议题"的"大众化"、"冷门议题"的"热门化"、"蓝海议题"的"红海化"。但如上所述，由于水治理与国际关系各自的复杂性以及两者叠加后的庞杂性，并非能在朝夕之间，一蹴而就。其既需要有上善若水的包容、水滴石穿的毅力，更需水磨功夫的细致、静水深流的智慧，方能水到渠成。

《水治理与国际关系研究论丛》是上海高校智库复旦大学宗教与中国国家安全研究中心在"非传统国际关系和外交"新领域的学术成果出版平台。2013年7月，在上海市教委和复旦大学的支持下，我们在成立近十年的复旦大学宗教与国际关系研究中心的基础上，建成上海高校智库复旦大学宗教与中国国家安全研究中心。中心创办并出版了《宗教与美国社会》（CSSCI来源辑刊）、《基督教学术》（CSSCI来源辑刊，与复旦大学哲学学院合办）、《宗教与当代国际关系论丛》、《宗教与中国国家安全和对外战略论丛》《全球视域下的宗教研究论丛》等刊物和丛书。近年来，中心除了继续深耕宗教与国际关系，还积极开拓"非传统国际关系和外交"的新领域与新增点，相继举办或参办宗教与国际关系、医学与国际关系、音乐与国际关系，以及水与国际关系等一系列学术研讨会。2019

年至今，本中心和复旦大学国际关系与公共事务学院、复旦大学一带一路及全球治理研究院共同主办了"水外交与水安全"系列会议（即首届复旦大学"水外交与水安全"系列会议"水安全、水外交与区域水治理"学术研讨会和第二届复旦大学"水外交与水安全"系列会议"全球水治理变革：大国路径、地区模式与宗教因素"学术研讨会），并已出版题为《水外交与区域水治理》的第一届"水外交与水安全"会议论文集。作为国内首部关于水外交的论著，该书为后续研究作了铺垫。未来，我们希望通过包括本论丛在内的上述学术出版平台，与国内外同行进行更为广泛和深入的学术交流，并且期待得到各方读者的批评指正，共同促进"水治理与国际关系"领域的研究与发展。

徐以骅

复旦大学特聘教授

复旦大学国际关系与公共事务学院学术委员会主任

上海高校智库复旦大学宗教与中国国家安全研究中心主任

2023 年 3 月 3 日于上海西郊寓所

2023 年 6 月 13 日修订

目　　录

序言　"分水岭时刻"下的全球水治理变革 ……… 徐以骅（001）

大国水博弈与美国水战略

美国对华水竞争：基于美国全球水战略的
　　分析 ……………………………… 郭延军　任　娜（003）
美国"印太战略"对湄公河水资源治理的
　　布局和影响 …………………………… 安东程　刘　稚（017）
美国对中国湄公河政策的"话语攻势"：
　　批评话语分析的视角 ………………… 任　华　卢光盛（032）
美国"湄公河水战略"：意图、调整与发展 ……… 张　励（061）
拜登政府的美国全球水战略：意图、执行和
　　影响 ……………………………………………… 尤　芮（084）

区域水安全与湄公河水机制

中国在湄公河的水合作：范式转变和云南
　　扮演的角色 …………………………… 张宏洲　李明江（119）
澜湄水治理规范竞争与规范"地方化" …………… 郑先武（137）
澜湄国家信任生成的路径探析 …………………… 包广将（162）

澜湄合作中的水权确权考量 …………… 王志坚　蒋周晋（181）

全球水治理的发展路径与人文因素

全球视野下跨国流域组织的设立与运行机制
　　探讨………………………………………… 何艳梅（213）
约旦跨国水治理合作与半干旱小国的
　　困境 …………………………………… 章　远　白皓月（238）
全球治理视角下中国周边水合作的多重意义 ……… 肖　阳（254）
试析以联合国为中心的全球水治理网络 …………… 蒋海然（266）
莱茵河跨国水域治理的制度演进 …………………… 楼天雄（291）

序言 "分水岭时刻"下的全球水治理变革

水是人类文明发展的命脉，亦是维系国际秩序稳定的要素。当前，全球正处于"分水岭时刻"，水资源面临前所未有的深刻危机。2023年联合国《世界水发展报告：水伙伴与合作》指出，目前全球约26%的人口无法获得安全管理的饮用水服务，约46%的人口无法使用安全管理的环境卫生设施，约10%的人口生活在高度缺水或严重缺水的国家。自18世纪工业革命时代以来，自然湿地面积减少了约80%。在过去的40年中，全球用水量更以每年约1%的速度增长，而这一增速将一直持续至2050年。

在严峻的全球水变局下，时隔近半个世纪的联合国水事会议于2023年3月22日重启，来自全球200多个国家和国际组织的约6000人参加此次会议。联合国水事会议成为近50年来联合国召开的规格最高、影响力最大的涉水专题会议。全球水治理再度成为世界关注的焦点议题，也成为各国应对水危机、确保水安全的共同命题。因此，从全球以及总体国家安全观的视角看待水问题，对拓展国际关系研究具有学科性贡献的巨大潜力。未来全球水治理将迈入人类携手共进的漫长征程，而在这一研究与实践进程中人们需要特别关注三个"三",即全球水治理实践中的"三个要素"、全球水治理研究中的"三个概念",以及全球水治理议题本身的"三个特性"。

一是全球水治理实践过程中需注重大国路径、地区模式、人文因素"三个要素"的作用与影响。首先,大国在跨界河流治理中的水合作范式与水冲突解决路径,将很大程度上影响跨界河流的水治理成效,并将对全球水治理起到引领作用;其次,全球不同地区的跨界水治理模式的历史经验与机制模型将助推和塑造多元、合理、共赢的全球水治理范式;最后,世界多元文明对于河流及水资源的不同理解与信仰,也将成为影响全球水治理合作成效的隐秘而关键的要素。

二是全球水治理研究过程中需把握好水外交、水治理与水安全"三个概念"。首先,水外交是确保本国水权利、促进地区和平与安全的重要工具。在全球水治理体系尚未成型、部分地区水机制缺位的背景下,水外交成为当下一国解决政府间水问题的关键工具,也是形成区域水治理体系和全球水治理体系的基础。其次,水治理(包含区域水治理与全球水治理)则是在一定区域乃至全球范围内通过形成具有约束力的国际水规则,以最终解决区域性乃至全球性的水问题与水冲突。最后,水安全则是水外交与水治理的终极目标。水安全既包含了自然的水循环系统,也涵括了与水相关的生产生活安全。

三是全球水治理议题本身的跨国性、多面性和学术交叉性"三个特性"。首先,全球水治理不但需要处理一个地区内的水资源治理综合议题,更加需要应对跨越多国的全球性水治理难题。如何根据流域内各国的地理区位、经济发展、技术水平、利益诉求,构建起合理规范的水治理体系,成为重大考验。其次,全球水治理也面临着多面性,即流域国是选择"发展优先"还是"保护优先"抑或是"两者平衡"。同时，这种多面性在时空变化、国家发展、自然影响的作用下时刻发生着转变。此外，水是为善还是作恶，在很大程度上也取决于各国的政治决策和治理能力。最后，全球水治理议题涉及水利工程、国际关系、国际法、宗教学、历史学、地理学等自然科学、社会科学和人文学科。学术交叉性成为全球水治理体系研究的前提条件和基本特色。

2022年12月4日，上海高校智库复旦大学宗教与中国国家安全研究中心（以下简称"本中心"）与复旦大学国际关系与公共事务学院、复旦大学一带一路及全球治理研究院主办的第二届复旦大学"水外交与水安全"系列会议"全球水治理变革"学术研讨会，就是在上述背景下围绕全球水治理变革研究的一次探索。来自外交学院、南京大学、厦门大学、云南大学、上海外国语大学、上海财经大学、中共湖北省委党校（湖北省行政学院）、上海政法学院、新加坡南洋理工大学和复旦大学等的二十余位专家学者参加了这次线上会议。他们分别从国际关系、国际法、宗教学、历史学等学科视角出发，围绕"水外交与美国水战略""水安全与湄公河水机制""全球水治理的焦点议题与发展路径""区域水治理的宗教因素与他山之石"等议题展开研讨。线上参会的还有一百六十余位各界人士。

近年来，本中心除了继续深耕宗教与国际关系，还积极开拓"非传统国际关系和外交"新领域，相继举办或参办宗教和国际关系、医学与国际关系、音乐与国际关系，以及水与国际关系等一系列学术研讨会。2019年9月，本中心和复旦大学国际关系与公共事务学院共同举办了首届"水外交与水安全"系列会议，即"水安全、水外交与区域水治理"学术研讨会，会后经世界知识出版社出版了题为《水外交与区域水治理》的会议论文集。作为国内首部关于水外交的论著，该书为后续研究作了铺垫。

本书则是在第二届复旦大学"水外交与水安全"系列会议论文集的基础上经过多次修改和编辑完成的。本书的出版离不开与会专家学者的积极贡献，离不开中国社会科学出版社的鼎力支持，离不开上海高校智库复旦大学宗教与中国国家安全研究中心等的资助，离不开本中心师生的热情参与，也离不开学界同仁的指教。本人借此机会代表本中心对上述单位和个人表示衷心的感谢。

徐以骅
复旦大学特聘教授
复旦大学国际关系与公共事务学院学术委员会主任
上海高校智库复旦大学宗教与中国国家安全研究中心主任
2023年3月3日于上海西郊寓所
2023年3月28日修订

大国水博弈与美国水战略

美国对华水竞争：
基于美国全球水战略的分析

郭延军　任　娜*

内容提要：中美博弈加剧背景下，美国将全球水战略视为其重要的对外战略支点，也是对华竞争的重要方式。2022年，美国相继发布了《白宫全球水安全行动计划》（White House Action Plan on Global Water Security）和《美国全球水战略（2022—2027）》（United-ed States Global Water Strategy 2022—2027），将水安全提升到了史无前例的水平。本文首先分析美国全球水安全战略的新动向与新态势，探究其水安全议题的切入路径、关键支柱与优先领域。其次，在此基础上，详细分析美国全球水战略的涉华内容，以及可能对中国造成的地缘政治影响。最后，提出中国应对美国水竞争的新思路。

关键词：美国；全球水战略；对华水竞争；应对路径

2022年美国发布的《国家安全战略报告》虽然旧调重弹内容

---

* 郭延军，外交学院亚洲研究所所长、研究员；任娜，中国社会科学院亚太与全球战略研究院副研究员。

居多，但也有值得关注的重要变化，其中提出美国将面临一个竞争的世界，且竞争具有"全球性"特征。一是中美竞争的全球性，二是大国竞争的全球性。这一界定表明，美国意识到维持全球霸权将面临越来越多的挑战，未来十年将成为"决定性十年"。在这一基本背景和判断下，美国霸权亦将进入新的阶段，即从全球"强霸权"向"弱霸权"过渡。"弱霸权"时代的突出特征是霸权的碎片化、地区化和议题化。在议题领域，水安全议题已经成为美国维护其霸权的重要抓手。

2022年，美国相继发布了两份全球水安全重要文件，具体如下。一份是6月发布的《白宫全球水安全行动计划》（以下简称"《行动计划》"），全面阐述了美国在面对国内及全球水安全挑战的背景下，力图通过运用创新和全政府参与的方法，确定全面解决全球水问题的关键支柱，动员各部门和机构采取具体行动，实现美国对世界水安全的愿景。出台这份《行动计划》的主要目的是为美国政府推进全球水安全战略提供完整和系统的政策和行动指导。该《行动计划》概述美国在国内外推进水安全的创新方法，明确水与美国国家安全之间的直接联系，强调水是预防冲突和促进全球和平与稳定的核心要素，确定了全球水安全的关键支柱和优先领域，提出利用美国政府的资源，在未来十年推进全球水安全和外交政策的目标。水资源议题已经成为美国"决定性十年"中的重要一环。

另一份是美国国务院2022年10月发布的《美国全球水战略（2022—2027）》（以下简称"《水战略》"），这一文件与《行动计划》关系紧密，所设定的战略目标和操作原则与《行动计划》高度一致。《行动计划》作为原则性的宏观框架将通过这一文件的具体政策规划得以实施。《水战略》的目标是通过可持续和公平的水资源管理，获得安全饮用水、卫生服务和卫生习惯，以改善健康、繁荣、稳定和韧性。具体包括四个战略目标：加强部门治理融资、机构和市场；增加对安全可持续和具有气候韧性的水和卫生服务的公平获取，以及采纳关键卫生行为；改善气候韧性的淡水资源及其相关生态系统的保护和管理；预见并减少与水资源相关的冲突和脆弱性。① 可以说，《水战略》是《行动计划》的具体"操作指南"。值得注意的是，《行动计划》出台后，白宫于 2022 年 9 月 28 日公布了布林肯国务卿委任负责海洋和国际环境与科学事务的助理国务卿莫尼卡·梅迪纳（Monica Medina）为生物多样性和水资源特使，特别是利用国务院以及整个联邦政府的人才和专业知识，负责协调全政府的努力。"②

2022 年以来美国政府在"水安全"这一议题上，不但着力推动政府与立法机构之间的协调一致，并整合各政府部门间的相关政策，甚至在"助理国务卿"这一级别的官员中设置了专门特使。可见该届美国政府足够重视"水安全问题"。无论是从中美战略竞争的角度，还是从推动全球治理、构建人类命运共同体的角度出发，美国对"水安全"问题的认识及其对策都值得关注。

一 美国全球水安全战略新动向

《行动计划》采用联合国对水安全的广泛定义，强调拥有"水安全"即意味着可持续地获得安全饮用水、卫生设施、个人卫生服务，以及维持生态系统、农业、能源和其他经济活动所需的水。通过该计划，旨在提升、调整和精减美国所采用的路径和工具，以在未来十年中加快实现全球水安全进程。美国政府认为，充足、安全

---

① "2022 U. S. Global Water Strategy", Globalwaters. org, https://www.globalwaters.org/2022-global-water-strategy.

② "Department Press Briefing-September 28, 2022", U. S. Department of State, September 28, 2022, https://www.state.gov/briefings/department-press-briefing-september-28-2022/.

和可靠的水资源对提振美国经济、促进社会和环境可持续发展以及改善人民福祉至关重要，必须以加强涉水部门间协调作为有力抓手，有效管理水资源、维护更新涉水基础设施、保护水生态环境、提升技术支撑水平，全面保障美国国家水安全。①

与特朗普政府的"水安全"政策相比，拜登政府的水安全政策在水安全相关技术上有所进步，民主党建制派的执政风格也迥异于特朗普政府，而且该计划面临更加严峻的水安全危机与挑战，是在"到 2030 年，世界将有几乎一半人口处于严重的水压力"的前提下做出的。由此，《行动计划》表现出了美国政府对水安全问题认知的新特点，具体如下。

（一）方法与路径

采取全政府方式、重视数据技术驱动和非政府部门的作用是《行动计划》关于水安全问题解决方案的突出特点。此外，将水资源相关问题安全化，直接纳入美国国家利益和外交政策目标，并以全球视角在水安全问题与其他跨境问题间建立联系是《行动计划》的新动向。

第一，采用全政府方式推进美国全球水安全战略。该计划鼓励美国各部门和机构开展进一步合作，特别是技术和政策机构之间的合作，以便更有针对性和更有效地利用各项资源。

美国惯于在水安全议题中采取全政府参与的方式、积极协调各政府部门间的关系是由水资源相关问题的性质决定的，成立跨部门水工作组已经成为惯例。但这一特点在本次的《行动计划》中格外

---

① 《从特朗普行政令看美国国家水安全战略考量》，水利部发展研究中心，2022 年 6 月 22 日，https://www.waterinfo.com.cn/xsyj/cybg_462/202206/t20220622_34505.html#:~:text=2020%E5%B9%B4%EF%BC%8C%E7%BE%8E%E5%9B%BD,%E7%BE%8E%E5%9B%BD%E5%9B%BD%E5%AE%B6%E6%B0%B4%E5%AE%89%E5%85%A8%E3%80%82。

显著：2018年即有研究认为，美国通过动员广泛的国内政府与民间资源，依托多层化的国际伙伴关系，构建了复合型的水战略体系。在战略实施过程中，美国有20多个政府机构或部门及150多个不同类型的组织参与并发挥不同作用，形成了一套系统的行政执行体系。[①] 美国通过制度建设、政治介入、资本与技术输出等多种手段，深度介入对象国及其所在区域的水资源治理与社会经济发展，从根本上提升美国对地缘政治环境塑造的影响力。

第二，重视数据驱动方法，提升美国数据采集和分析的精度。《行动计划》提出，美国要解决包括气候变化、治理不善、跨界、污染和环境退化以及低效的农业实践等威胁水安全的问题，就必须在国际水事务相关的决策中采用数据驱动的方法。这一方法贯穿《行动计划》的每一部分。在实施过程中，科学技术机构和美国情报机构将参与决策、外交和规划的所有阶段。这些机构提供的关于水资源的研究和分析，包括近期和长期的压力和趋势，将被用于加强决策过程。此外，各部门和机构将支持伙伴政府收集和使用数据，以改善其决策。

美国将重点支持为合作伙伴提供高质量数据，并为支持数据收集与使用、跨产业水资源规划的最佳实践方法的现有工具提供相关培训。科学技术机构将通过机构间及与非政府伙伴合作，转化其掌握的国别和地区水资源禀赋与利用的信息数据——包括确定水资源的不安全状况和爆发潜在用水冲击的根本原因，形成可利用的数据格式。

第三，发挥私人部门与私人资本的辅助作用。政府与非政府部门（包括私营部门、学术界、慈善机构和地方社区）合作实施这一计划，以补充传统意义上国家间模式的不足。美国政府在水安全议题中与非政府部门合作的重点在于不但要运用以当地为主导的、适应性强的方

---

① 李志斐：《美国的全球水外交战略探析》，《国际政治研究》2018年第3期。

法，确保美国政府解决每个地区的实际需求，而且为了达成目标要充分利用市场力量，着力解决其获利和融资问题。例如，《行动计划》提到私营部门所掌握的大量资源对于创建和资助持久、可扩展的水资源挑战解决方案也至关重要，同样，私营部门也可以从与美国政府的合作中受益。美国政府将与各国的中央与地方各级政府、地区实体、执行伙伴、公民社会组织、私营部门等合作，推动普遍获得可持续且安全管理的供水、环境卫生和个人卫生服务；利用美国的相关政府机构，提供贷款、贷款担保、股权和政治风险保险，以支持私营部门在新兴市场投资供水、环境卫生和个人卫生领域；与广泛的全球农业市场参与者合作，促进对节水农业技术和耕作方法的私人投资，以解决农业占全球淡水使用量约七成的问题；与私营部门、学术界和社会组织合作，向全球公众传播水资源的关键数据。

此外，在上述三点水安全主题内容之外，美国新的全球水战略还有两点突出特征，具体如下。其一，格外强调保持或强化美国与水安全相关的国际领导力，并直接将全球水安全纳入美国外交政策和国家安全目标。其二，重视将水安全与跨界冲突、经济不平等、流行病与公共卫生、性别不平等、气候变化、粮食安全等相关议题相联系。既关注这些因素与水安全问题相互促成的因果关系，也重视所有关联问题的共同解决方法。从这两点不难看出，"安全化"是美国隐藏在水安全议题合作背后的大国竞争因素。例如，有研究认为，虽然中国没有加入湄公河委员会（以下简称"湄委会"），不过自1996年成为湄委会对话伙伴国以来，中国与湄公河国家的合作从未间断。真正把中国塑造为流域"安全威胁"的是以美国为首的域外大国。美国作为安全化行为体，以下游国家水安全为指涉对象，刻意渲染中国与下游国家的矛盾并将之安全化。①

---

① 华亚溪、郑先武：《澜湄水安全复合体的形成与治理机制演进》，《世界经济与政治》2022年第6期。

（二）关键支柱和优先领域

《行动计划》中提出三大关键支柱，分别是：（1）提升美国在全球行动中的领导地位，在不增加温室气体排放的情况下，实现普遍、公平地获得可持续、具有气候韧性、安全且有效管理的供水、环境卫生和个人卫生服务；（2）促进水资源和相关生态系统的可持续管理和保护，以支持经济增长、建立韧性、缓解不稳定或冲突风险，并加强合作；（3）确保通过多边行动调动合作，加强水资源安全。

三大支柱确定了美国未来十年开展全球水安全战略的重点和优先领域，为实现三大支柱的目标，美国提出的具体措施主要体现在以下三个方面。

第一，美国将继续提高在全球水安全领域的投入力度。如为达"支柱（1）"目标，美国提出了多层次、多角度的可操作政策。具体包括投资社区、为相关私营部门提供贷款及担保、强化循环再利用、提升全环节技术水平、纳入公共卫生考量、强化水质监测及重视公平性。

第二，以水资源可持续管理和保护为切入点，加强同一流域内国家间的合作。这一部分强调了水安全事关跨境冲突和水安全问题正在向高收入国家扩散的问题。具体行动包括以自然为本、由当地主导的解决方案，以及其他影响气候的方法，用于管理地表水和地下水，改善水质与供水。美国将重点支持为合作伙伴提供高质量数据，并为支持数据收集与使用、跨产业水资源规划的最佳实践方法的现有工具提供相关培训。美国还可以提供专家技术援助，以改善（包括地表水和地下水在内的）水资源管理和规划，包括跨政治边界协调，最大限度减少诸如从重要含水层开采地下水等对跨界资源的过度开采，尤其是在极易遭受冲突和脆弱性影响的地方。

第三，强化多边机制中的水安全议题，推动水安全议题的多边化、国际化。水资源或水安全议题向来是美国对外政策中的关键议题。有研究认为，水战略是美国外交的重要内容之一，是美国维护和拓展地区、全球利益的重要工具性手段。美国水战略的形成和发展，从根本上服务于美国全球战略的实施与布局。① 如前文所述，将水资源相关问题安全化，并直接将其纳入国家安全和外交政策目标是《行动计划》的突出特点之一。具体来说，美国政府将通过包括但不限于七国集团（G7）、二十国集团（G20）、联合国以及相关组织和倡议等区域和多边论坛，提升水资源议题的可见度，进一步致力于促进水资源合作。

总体来说，美国新的水安全外交战略核心是通过水的全球治理来巩固其全球霸权地位，主要表现在两个方面：一是通过地缘性介入，保障其水战略；二是通过对区域水治理体系的制度性嵌置和重构，保持其水战略的合法性和有效性。美国通过水战略的四条路径，即联盟和议题联系方式、同大国的协调方式、国际组织议题嵌入和网络化伙伴关系推进水安全政策和安全战略的制定，② 以此来维系其水安全领域的国际领导力。

二　美国全球水安全战略的涉华内容

《行动计划》虽然在正文中没有提及中国，但在其全球计划中，特别是在应对水资源挑战的工具和手段上，很多都针对中国及其周边国家，或对中国与周边国家开展正常的水资源合作造成干扰。《行动计划》的具体执行指导文件新版《水战略》中，三次把与中

---

① 李志斐：《美国的全球水外交战略探析》，《国际政治研究》2018 年第 3 期。
② 于宏源、李坤海：《地缘性介入与制度性嵌构：美国亚太区域水安全外交战略》，《国际安全研究》2020 年第 5 期。

国利益直接相关的湄公河流域作为合作范例。

在《行动计划》附录"东亚和太平洋地区水资源安全"部分，无端指责中国对下游国家造成的挑战，臆测该地区的水资源日益受到基础设施发展和气候变化的影响，可能导致严重的旱灾和洪灾，供水、环境卫生和个人卫生，跨境水资源冲突。这些推测性的问题又有可能会引发政治和经济争端，从而危及水资源、粮食和能源基础设施体系和安全。这部分的边条是，以某些不实或推测性的所谓"事实"为依据，进行可能性的臆测，最后得出似是而非的结论。为应对这些所谓"挑战"，引导出其主导话语权的湄公河—美国伙伴关系（Mekong-U. S. Partnership）和湄公河之友（Friends of the Mekong）等地区机制，借其声明优先考虑以解决方案为基础的跨境水资源管理方法。

针对以上涉华观点，中国需关注美国新的全球水战略给中国造成的主要风险点。

第一，美国旨在占据水资源议题的"道义制高点"，试图引领全球水资源治理的规范。新战略强调美国在"帮助"世界其他国家实现水资源安全的优势和意愿，重点关注脆弱国家和脆弱人群，"帮助"联合国实现其有关目标，从而占据"道义制高点"。同时，合作重点集中在全球广受关注领域，如气候和水资源管理、供水、环境卫生、个人卫生、基础设施、粮食安全、能源安全等，推动其国内实践及其规范向全球扩展。美国专司对外援助的国际开发署在水安全跨部门小组中扮演关键角色，负责对外水发展援助项目，涉及水资源管理诸多方面，包括水污染控制、水保存和再利用、管理总体设计、电力和设施、农业灌溉、废水处理。无论是从竞争性多边主义或制度竞争的角度出发，还是从国际领导地位的软实力和话语权出发，都必须注意美国关于水安全的几份关键文件都明确了要通过对外政策输出基础设施项目并制定了环境和气候标准。在作为中美博弈新前沿的湄公河次区域，水更成为美国在意识形态层面与中国进行博弈的工具。

第二，水资源数据搜集与转化应用，将成为美国作为域外大国，介入并推进与中国周边国家水资源合作的重要抓手。近年来，美国日益重视数据搜集在水资源管理领域的重要性。特别是在湄公河流域，美国实施了包括"湄公河水数据倡议""地球之眼"等项目：2017年，美国投入200万美元实施"湄公河水数据倡议"；截至2021年11月，有60多个政府和非政府伙伴陆续参与其中。这一"倡议"声称旨在通过数据共享和基于科学的决策，促进湄公河跨界管理。2019年，"湄公河水数据倡议"框架下的开放式数据共享平台"湄公河之水"网站初步建成，实现为35个全球伙伴提供40多个关于流域地图绘制和水文、天气预测、数据分析、生态系统方面的工具，实现了水相关数据、工具和资源在线共享。2020年12月，"湄公河水数据倡议"框架下的另一个基础设施——"湄公河大坝监测"系统启动，美国称第一次能获得澜沧江—湄公河全部河段干流大坝影响的透明数据。拜登政府上台后同样强调湄公河次区域内数字驱动、积极的流域规划对于实现水及相关资源公平和可持续利用以及解决跨界问题的重要性。尽管其遥感数据以及模型存在较大漏洞，且遭到中方的科学反驳，但由此造成的国际负面影响带给中国不小压力。通过《行动计划》，美国确立了以"数字驱动"的方式，继续强化在数据搜集领域的力度，且会通过鼓励社会、企业的更广泛参与，实现数据在"质"和"量"层面的双提升。湄公河地区、南亚地区仍将是美国实施这一计划的重点地区。

第三，美国会继续利用中国在上游水电站开发以及调度等经济开发活动，挑拨中国与流域内其他国家间关系，有意挑动、制造矛盾。有研究认为，美国在澜湄流域的水安全政策是基于政治、经济和意识形态目的，美国参与湄公河水治理的议程围绕"水安全化"

和"水—能源—粮食—环境安全纽带关联"（Water-Energy-Food-Environment Nexus）而展开。① 具体来说，一是无端指责中国控制着从青藏高原流出的所有主要河流上游，通过所谓"垄断资源"，以美国自身长年的固有行动逻辑为依据，臆测中国与其类似，目的也是满足国内需求或对流域内其他国家施加压力，给周边国家造成挑战；二是强调地区水资源安全受到主要河流流域大坝运行缺乏协调的影响，优先考虑全流域和跨国界协调的治理方法对维护水资源安全至关重要。指出包括湄公河在内的亚洲河流为水资源安全治理的复杂性提供了案例，可能成为爆发紧张局势的潜在来源，但同时也为新的合作形式，特别是东南亚国家间的合作提供了机会。可见，美国一方面臆测并刻意强调中国可能给周边国家带来的挑战，离间中国与周边国家关系；另一方面又故意将中国排除在外，挑动流域内其他国家间开展合作共同应对中国的重要性。

第四，发挥所在国地方和社会力量参与水资源治理以搅乱地区局势为其谋利，是美国推进与中国周边国家水资源合作的重要路径。该《行动计划》特别强调要发挥以"当地为主导的、适应性强的方法"推进其全球水资源安全管理。② 美国在此领域有长期实践和显著优势，而中国在此领域差距明显。《"十四五"水安全保障规划》在国内水安全上主张坚持政府主导、社会协同的原则，强化财政支持，加大金融支持力度，按照"市场化、法治化"导向推进投融资体制改革，鼓励和吸引社会资本积极参与水利工程建设，促进健全多元化水利投融资体系，保障水利建设资金需求。但在跨国水安全领域，如何加强协调，促进有序的多元参与，避免恶性竞争，是实现水资源可持续发展的关键。

---

① 屠酥：《中美博弈背景下美国参与湄公河水治理的行为逻辑及可适性分析》，《南洋问题研究》2022年第3期。
② 此外，宜对美国各非政府部门（组织）的资金支持与控制做注释说明。

第五，美国不断强化水资源安全的政治化、安全化和多边化，可能会进一步在中国与周边国家水资源合作中挑动矛盾、制造问题，并将其国际化。当前，水的安全化趋势进一步加大：一方面，水作为独立安全议题的重要性再度提升；另一方面，水与其他安全议题（如水资源与粮食、能源之间关系等议题）相结合，形成更为突出的安全纽带关系。《行动计划》指出，水资源管理可以直接影响政治结果，跨界水资源合作也被证明可以减少国家间冲突的风险。因此，需要一种全面的、基于系统的、超越政治边界的方法来解决日益严重的全球水安全问题，并确保水将加强而不是破坏美国的国家安全。美国通过强化水资源议题在全球或地区多边机制中的重要性，并与基础设施、农业发展、生态保护等众多议题相关联，或将进一步刻意激化在中国与周边国家间挑动矛盾、制造问题。

三 中国应对美国水竞争的新思路

针对以上涉华议题和风险，中国可以在以下五个方面加强应对。

第一，继续在相关议题领域加大投入，以务实、灵活、有用且真正能够落地并有助于改善民生的项目，增加中国在水资源领域的影响力。宜加强媒体宣传，建立区域水安全话语权与叙事体系。引导区域公众客观认知水安全，增进民众对水安全问题、水治理合作的理解，为可持续地开展地区水治理、应对水安全问题、提升水安全保障营造良好氛围。更好地让公众了解水资源安全、水资源开发利用以及治理的知识，形成区域水话语共有知识和共同规范。

第二，应在科学领域提前布局，做好应对美国对华"数据抹黑"的斗争。可加强与澜湄流域等其他国家的政策协调，推动全流域水文数据共享，尽快建立不受域外大国控制的、独立的水文数据分析模型，对全流域水资源进行共同监测和管理，更有效地应对洪旱灾害，更有针对性地开展合作和项目设计，促进流域内国家间科学共识的形成，以"先手棋"回应美国等域外国家的恶意挑拨。

第三，充分发挥澜湄合作机制在水资源合作领域的作用，不断加强和深化同湄公河委员会、大湄公河次区域经济合作机制、中南半岛三河流域合作机制等周边国家水资源合作机制的协同，在联合研究、技术合作、人员交流等方面开展更为紧密的合作，增强中国与周边国家在水资源领域的"黏性"和"韧性"，防止美国推动形成由其主导、流域内其他国家之间排除并针对中国的新的合作形式。在政策导向上，应在国内水治理规划的基础上，在与周边国家尤其是同流域国家的水合作上投入更多资源。[①] 同时，密切关注美国与印度、哈萨克斯坦等中国周边国家在水资源领域的新动向，防止美国在南亚、中亚国家中制造问题，挑起新的针对中国的行动。

第四，推动建立澜湄水资源多层治理模式，形成治理合力。凭借经济和技术优势，在澜湄流域国家提供更多有效的公共产品，以冲淡美国等域外国家的话语权。在流域制度建设方面，不断推动水资源国际机构的设立，以此协调各国立场和政策，开展更为务实的水资源合作；在议题合作方面，推动形成不同领域和议题的治理中心或治理主体，充分发挥不同行为主体的优势和能动性；在多行为体参与方面，不断完善政府引导、多方参与机制，包括加强国际合作网络伙伴关系，发挥国际机构的智力、资源和渠道优势，加强域内和域外国家间的政策协调和第三方合作，鼓励非政府组织积极参与到水资源合作项目实施中，充分利用企业以及金融机构的资源和渠道，为水资源合作提供资金支持。

第五，在总体坚持流域内的事情由流域国家自己管理原则的前

---

① 张励、卢光盛：《"水外交"视角下的中国和下湄公河国家跨界水资源合作》，《东南亚研究》2015 年第 1 期。

提下，推进"一河一策"差异化管理，能双边解决的事情坚持双边解决，无法通过双边解决的事情由流域内国家共同商讨解决。同时，在联合国、二十国集团、澜湄合作机制等全球和地区机制中加强中国水资源合作理念、合作模式和合作成果的宣介。有研究认为，在地缘安全视角下，中国国际河流的水资源开发利用经历了从"弱安全化"到"强安全化"再到"去安全化"的演进。[①] 淡化水资源议题的安全色彩，以务实合作对冲美国将水资源议题政治化、安全化的图谋。

[①] 钟苏娟、毛熙彦、黄贤金：《地缘安全视角下的中国国际河流水资源开发利用》，《世界地理研究》2022年第3期。

美国"印太战略"对湄公河水资源治理的布局和影响

安东程　刘　稚*

内容提要：作为美国整合印太地区进行战略布局以平衡中国影响力的地缘制衡框架，"印太战略"重视湄公河水资源治理对塑造中国周边战略环境的作用，把湄公河水资源治理视为对华制衡的重要切入口。美国"印太战略"从理念、机制和议程对湄公河水资源治理进行布局。作为湄公河水资源治理的主体，湄公河国家对美国参与湄公河水资源治理在地区和国家层面有相应的态度和回应。在中美战略竞争背景下，美国"印太战略"成为湄公河水资源治理的影响因素，对湄公河水资源治理的理念、机制和议程均产生影响。实际上，美国"印太战略"对湄公河水资源治理的布局表明，美国的真实意图是谋划湄公河国家成为遏华"代理人"，并不是真心实意帮助湄公河地区发展。中国可以结合全球发展倡议，重点强化满足湄公河地区发展需求的发展理念、机制和议程，应对美国"印太战略"对湄公河水资源治理的负面影响与挑战。

关键词："印太战略"；湄公河国家；水资源治理

---

* 安东程，广西民族大学民族学与社会学学院讲师；刘稚，云南大学国际关系研究院研究员。

美国近年力推的"印太战略"是其整合印度洋—太平洋地区进行战略布局以平衡中国影响力的地缘制衡框架。为在大国博弈中抢占先机，美国"印太战略"强调由其"塑造"中国周边战略环境，并且将湄公河地区列为围堵中国的重要方向，将湄公河水资源治理问题作为制衡中国的切入口。经过特朗普政府和拜登政府的持续推动，"印太战略"现已成为美国对华开展战略竞争的主要政策工具，也是中美博弈中影响湄公河国家战略选择的重要变量。湄公河地区是中国周边合作的优先方向和高质量共建"一带一路"的重点地区，及时研判、准确把握美国"印太战略"对中国与湄公河国家关系的影响和走向，并提出具有针对性、前瞻性、指导性的对策建议，对于打破美国"印太战略"遏华包围圈、打造澜湄国家命运共同体、塑造一个良好的周边环境具有十分重要的意义。

一 美国"印太战略"对湄公河水资源治理的布局

在新的对华战略竞争策略之下，美国重视湄公河水资源治理对塑造中国周边战略环境的作用。美国"印太战略"主要从理念、机制和议程层面对湄公河水资源治理进行布局。

（一）理念层面：提出所谓"自由开放的湄公河"

2021年7月，美国国务卿布林肯在东盟—美国特别外长会议中首次提出建立"自由开放的湄公河"地区，将"印太战略"正式延伸到湄公河地区。① 随着美国"印太战略"明确将湄公河地

---

① "Secretary Blinken's Meeting with ASEAN Foreign Ministers and the ASEAN Secretary General", U. S. Department of State, July 13, 2021, https://www.state.gov/secretary-blinkens-meeting-with-asean-foreign-ministers-and-the-asean-secretary-general/.

区视为重要组成部分，美国以由其制造的所谓"自由开放"理念对湄公河水治理重新定义。根据2022年拜登政府出台的《印太战略报告》对"自由开放"的印太地区做出的定义，"自由开放的湄公河"有两个着力点，具体如下。

一是美国"印太战略"要推动湄公河各国内部的"自由开放"。美国提出将努力支持开放社会，确保印太各国政府能够在"免受胁迫"的情况下做出"独立"政治选择，并通过加强所谓的"民主机制""新闻自由""公民社会"来达成这一目标。① 美国"印太战略"要通过支持湄公河非政府组织的活动、推广民主治理方式等手段，动员湄公河国家的社会力量，从而从社会文化层面塑造"自由开放"的湄公河地区秩序。早在2020年，美国就提出"印太透明倡议"，通过投入超过10亿美元的项目促进印太地区的公民社会、法治以及透明和负责任的治理。2021年2月，美国发布《印太加强跨境河流治理会议报告》，强调透明度、强有力的治理机构以及包括非政府组织和民间社会在内的政策和决策过程。② 毫无疑问，美国所谓"自由开放的湄公河"的意图是以"自由开放"之名离间中国与湄公河国家的关系。

二是美国"印太战略"要促进湄公河各国对外"自由开放"。美国提出与盟友伙伴加强合作，共同推动关键新兴技术、互联网、网络空间应用，促进"基于共识的"与"价值观相一致的"技术标准。③ 实际上，美国"印太战略"将在这些领域加大对华竞争态

---

① "Indo Pacific Strategy of the United States", The White House, February 22, 2022, https://www.whitehouse.gov/wp-content/uploads/2022/02/U.S.-Indo-Pacific-Strategy.pdf.
② "Indo-Pacific Conference on Strengthening Governance of Transboundary Rivers Report", East-West Center, February 25, 2021, https://www.eastwestcenter.org/publications/indo-pacific-conference-strengthening-governance-transboundary-rivers-report.
③ "Indo Pacific Strategy of the United States", The White House, February 22, 2022, https://www.whitehouse.gov/wp-content/uploads/2022/02/U.S.-Indo-Pacific-Strategy.pdf.

势，迫使湄公河国家在中美之间"选边站"，选择美国提供的方案，从而构建以美国为中心的湄公河地区秩序。

（二）机制层面：加强美湄伙伴关系和湄公河之友

随着美国"印太战略"的走深走实，美湄伙伴关系和"湄公河之友"既是美国加大对湄公河水治理施加影响的重要机制，也是美国试图挑动并联合湄公河国家试图围堵中国的重要抓手。

其一，美国"印太战略"对美湄伙伴关系加大投入。"湄公河下游倡议"是2009年奥巴马政府在"亚太再平衡"战略框架下发起的次区域合作机制。美国"印太战略"实施之后，美湄合作机制的发展有以下特点。第一，机制升级。2020年9月，在"印太战略"正式推出并实施之后，特朗普政府将"湄公河下游倡议"升级为"美湄伙伴关系"。拜登政府上台之后，继续利用美湄合作机制作为拉拢湄公河流域国家为其对抗中国的平台。2021年8月，美国国务卿布林肯在美湄伙伴关系外长会议上公布了4个旗舰项目，即"湄公河保障措施""湄公河水数据倡议""美湄伙伴关系1.5轨政策对话""探路者健康计划"，并通过了"三年行动计划（2021—2023年）"。[①] 第二，积极整合湄公河区域的机制力量。美国支持湄公河委员会在水资源治理中发挥作用，提供资金帮助提高湄公河委员会的专业性和权威性。美国推动"美—韩—湄公河委员会"伙伴关系，由韩国环境部、韩国水资源公司（K-water）、美国航空航天局（National Aeronautics and Space Administration，NASA）和美国陆军工程兵团（U. S. Army Corps of Engineers）就湄公河地区的水数据利用和能力建设展开合作，为来自柬埔寨、老挝、泰国和

---

① "Secretary Blinken's Participation in the Mekong-U. S. Partnership Ministers' Meeting", U. S. Department of State, August 3, 2021, https://www.state.gov/secretary-blinkens-participation-in-the-mekong-u-s-partnership-ministers-meeting/.

越南的专业人员提供培训活动，包括建模、水数据利用和知识转让。① 美国也支持泰国的次区域合作想法，即利用中南半岛三河流域合作机制（也称伊洛瓦底江—湄南河—湄公河三河流域经济合作战略，ACMECS）作为平台，协调湄公河水资源治理有关的项目。美国支持将"东盟方式"决策规范引入美湄伙伴关系，并且邀请印度、东盟轮值主席国参会。

其二，美国"印太战略"对"湄公河之友"的投入。2012年，美国成立"湄公河下游之友"，除湄公河五国外，还包括日本、韩国、澳大利亚、新西兰、欧盟、世界银行、亚洲开发银行。美国"印太战略"的推出，激活了域外大国对湄公河次区域的介入。这体现在以下两个方面。一方面，机制升级。2020年9月，随着"下湄倡议"升级至"美湄伙伴关系"，"湄公河下游之友"更名为"湄公河之友"。美国将"湄公河之友"视为其推进"印太战略"的平台。2021年8月，"湄公河之友"外长会议发表联合声明，强调该机制是印太合作的组成部分。② 2022年8月，美国在柬埔寨金边主持召开"湄公河之友"高官会议，邀请东盟秘书处和英国作为观察员参加会议，并且强调支持《东盟印太展望》。③ 另一方面，成员国之间的政策协同不断加强。2019年，"日本—美国—湄公河电力伙伴关系"正式启动，由美日联合为发展区域电网提供资金。自2019年启动"日本—美国—湄公河电力伙伴关系"（JUMPP）以

---

① "United States, South Korea, and Mekong River Commission Partnership Launches", Mekong-US Partnership, July 28, 2021, https://mekonguspartnership.org/2021/07/28/united-states-south-korea-and-mekong-river-commission-partnership-launches/.

② "Joint Press Statement of the Friends of the Mekong 'Recovery and Resilience'", U. S. Department of State, August 5, 2021, https://www.state.gov/joint-press-statement-of-the-friends-of-the-mekong-recovery-and-resilience/.

③ U. S. Press Statement on the Friends of the Mekong Senior Officials' Meeting, "Enhancing Cooperation: Coordinating with Friends and Allies", Mekong-US Partnership, August 2, 2022, https://mekonguspartnership.org/2022/08/03/u-s-press-statement-on-the-friends-of-the-mekong-senior-officials-meeting-enhancing-cooperation-coordinating-with-friends-and-allies/.

来，美国政府与日本政府协调，已开展了45项技术援助活动和书面评估，培训了425名湄公河官员，并正在开展另外37项活动，包括2022年对可再生能源的两次考察。随着"美日印澳"对话机制逐渐成熟，澳大利亚、印度也加大配合美国湄公河事务的力度。美国国际开发署（U. S. Agency for International Development，USAID）和澳大利亚外交和贸易部（Austrlian Government Department of Foreign Affairs and Trade，DFAT）就湄公河保障计划开展了合作，以加强湄公河下游铁路和能源项目的环境和社会标准，包括与东南亚最大的独立发电商之一开展活动。① 2022年，澳大利亚向柬埔寨、泰国捐赠世界卫生组织批准的"印度制造"疫苗。② 可以预计，美国与包括日本在内的盟友将在"印太战略"框架下持续加强在湄公河水资源问题上的协调配合。

（三）议程层面：加大湄公河水治理问题安全化力度

美国聚焦挑动湄公河国家与中国的水资源争议，意图主导推动水资源问题安全化，刻意引导只有制衡中国才能维护湄公河国家安全叙事。一方面，美国"印太战略"推动水治理问题安全化。2021年，美国利用"湄公河大坝监测"项目每周发布的中国11座大坝的水文和水位监测数据，恶意炒作"中国大坝导致湄公河流域干旱"等话题。而美国分别在2021年3月和9月举办美湄伙伴关系1.5轨政策对话，与湄公河国家政府、非政府组织、学界、企业代表讨论跨界水资源和能源相关问题。美国的目标是将湄公河水安

---

① U. S. Press Statement on the Friends of the Mekong Senior Officials' Meeting, "Enhancing Cooperation: Coordinating with Friends and Allies", Mekong-US Partnership, August 2, 2022, https://mekonguspartnership.org/2022/08/03/u-s-press-statement-on-the-friends-of-the-mekong-senior-officials-meeting-enhancing-cooperation-coordinating-with-friends-and-allies/.

② "Quad Joint Leaders' Statement", The White House, May 24, 2022, https://www.whitehouse.gov/briefing-room/statements-releases/2022/05/24/quad-joint-leaders-statement/.

全，推动湄公河水资源问题成为东盟中心议题。另一方面，美国"印太战略"强化水治理问题与其他领域的安全关联。"美湄伙伴关系"设置了四大合作领域，即经济互联互通、可持续的水资源、自然资源管理和环境保护、非传统安全问题以及人力资源开发，构建了"经济—水—环境—非传统安全"的议题关联。美国利用媒体、非政府组织炒作所谓"债务陷阱论"，如声称老挝因"东南亚蓄电池"水电等项目已陷入"债务陷阱"。2021年6月8日至10日，美国举办湄公河下游地区种子研讨会，目标是通过促进湄公河下游国家种子政策的合作与协调，促进粮食和水安全。[①] 2022年11月，美国副总统哈里斯访问泰国期间召集泰国北部参与气候行动和环境保护的民间社会领导人以及参与清洁能源转型的企业领导人召开圆桌会议，宣布新的资金用于支持湄公河次区域的清洁能源、互联互通和可持续经济发展。[②]

二 湄公河国家对美国"印太战略"布局湄公河水资源治理的态度和回应

作为湄公河水资源治理的主体，湄公河国家对美国参与湄公河水资源治理在地区和国别层面通过不同方式表明了态度并进行了回应。

（一）地区层面的态度

一方面，湄公河国家期待美国在经济领域对湄公河开发加大投

---

① "Mekong Regional Seed Program Resumes", Mekong-US Partnership, June 16, 2021, https://mekonguspartnership.org/2021/06/16/mekong-regional-seed-program-resumes/.

② "Readout of Vice President Harris's Roundtable Discussion with Environmental and Clean Energy Leaders in Thailand", U. S. Embassy & Consulate in Thailand, November 21, 2022, https://th.usembassy.gov/readout-of-vice-president-harriss-roundtable-discussion-with-environmental-and-clean-energy-leaders-in-thailand/.

入力度。湄公河国家重视对湄公河的开发。其中，缅甸较为注重湄公河的航运功能及水电开发。泰国对湄公河的利用侧重于农业灌溉。老挝对湄公河水资源的利用集中于水电开发。柬埔寨尤为重视湄公河的渔业价值和水电开发。越南在湄公河流域开发中特别关注对农业环境的保护。① 因此，湄公河国家希望在美国参与湄公河水治理的经济投入中获得资金、技术等实际利益。作为"日本—美国—湄公河电力伙伴关系"的一部分，湄公河国家与美国电力监管机构、电网运营商和私营公司会面，就电力系统现代化、脱碳的理念和实践进行交流。在2020年10月召开的印太加强跨境河流治理会议上，越南驻美大使何金玉（Ha Kim Ngoc）通过安全、发展和气候变化之间的联系，阐述了跨界河流治理的重要性；柬埔寨外交部发言人谭·宋瑞（Sounry Chum）重申了柬埔寨作为美湄伙伴关系2021年联合主席的承诺，并强调合作应对湄公河国家面临的气候和发展挑战；泰国驻美大使马纳斯维（Manasvi Srisodapol）指出，可持续的湄公河治理对于解决东盟内部的经济不平等问题十分重要。② 2020年，时任越南外交部部长范平明在越南主持的第53届东盟外长会议上表示，新的美湄伙伴关系有助于湄公河次区域的可持续发展，并帮助湄公河国家缩小发展差距，抓住新的机遇，克服挑战。③

另一方面，湄公河国家不愿跟随美国对抗中国，也不愿美国过度介入区域事务。湄公河国家很清楚，美国参与湄公河水治理有遏华意图。在中美战略博弈加剧的背景下，湄公河国家选择维持大国平衡政策，在实现自身利益最大化时，避免过度依赖任何一方，也

---

① 刘稚：《环境政治视角下的大湄公河次区域水资源合作开发》，《广西大学学报》（哲学社会科学版）2013年第5期。

② "Strengthening Transboundary River Governance Report", Mekong-US Partnership, February 26, 2021, https://mekonguspartnership.org/2021/02/26/strengthening-transboundary-river-governance-report/.

③ "U.S. to Give $153 Million to Mekong Countries for Collaborative Projects", Reuters, September 11, 2020, https://www.reuters.com/article/uk-asean-summit-mekong-usa-idUKKBN26221M.

不轻易选边站队。当中美博弈处于中等烈度时，湄公河国家为满足自身用水、周边安全等诉求，利用在中美两方下注的方式实现风险对冲。当湄公河国家面对中美在其地区内的高强度博弈时，开始通过推动湄委会的"本地化"和湄公河问题的"东盟化"，寻求联合夺回流域内水管理主导权，并降低中美大国在水议题上的影响。①

因此，湄公河国家对美国"印太战略"参与湄公河水治理持谨慎态度。与此同时，美国参与湄公河水治理带来的理念，也引发了湄公河国家的担忧。美国强调的所谓"民主治理"模式，很难被湄公河国家接受。

（二）国别层面的回应

越南迎合美国"印太战略"对湄公河问题的安全化，积极寻求将湄公河问题国际化和多边化。在美国"印太战略"出台之前，越南一直积极参与美国主导的"下湄公河倡议"（现为"美湄伙伴关系"）。2017 年 11 月 17 日，越南发布了关于"湄公河三角洲地区气候复原力和可持续发展"的第 120/NQ-CP 号决议（以下简称"120 号决议"），强调与国际发展伙伴发展战略伙伴关系，调动外部资源（资金、知识和技术）以应对气候变化和促进湄公河流域的可持续发展。② 美国"印太战略"推出之后，越南更加积极借助美国推动湄公河问题国际化。2020 年 7 月 14 日，作为越南担任 2020 年东盟轮值主席国框架内的活动之一，东盟关于次区域发展论坛将湄公河合作与东盟目标相结合在越南河内举行。③ 这是东盟首次就大湄公河次区域

---

① 张励、吴波汛：《小国水外交理论与湄公河国家在中美博弈背景下的战略选择》，《当代亚太》2022 年第 5 期。
② Truong-Minh Vu, Tram Nguyen, "Adapting to Nature: A Preliminary Assessment of Vietnam's Mekong Water Diplomacy since 2017", ISEAS Perspective, No. 66, 2021, p. 6.
③ 《2020 东盟轮值主席年：致力于一个团结、自强和适应的东盟共同体》，越通社，2020 年 7 月 14 日，https://zh.vietnamplus.vn/2020202东盟轮值主席年致力于一个团结自强和适应的东盟共同体/120052.vnp。

相关问题举行会议，越南借此倡导将澜湄次区域事务纳入更广泛的区域议程。在越南的推动下，在东盟与美、日、澳等伙伴国的对话会议中，湄公河问题的权重有所上升。2021年1月，越南和美国共同主办了美湄伙伴关系下的首次"湄公河之友"政策对话会，讨论可持续基础设施发展、人力资源开发、可持续用水、自然资源管理和环境保护等问题。① 2021年9月15日上午，越南驻美国大使何金玉出席美湄伙伴关系框架下1.5轨政策对话结果总结报告发布的在线研讨会。② 2022年6月，越南农业与农村发展部与美国国际开发署启动打击野生动物贩运的新项目，同意合作应对湄公河三角洲气候变化。③

泰国加强与美国的区域合作，寻求美国对次区域领导地位的支持。泰国对东南亚大陆国家的对外经济政策的核心是中南半岛三河流域合作机制。该战略由时任泰国总理他信提出并在2003年4月29日实施，旨在促进泰国、缅甸、老挝和柬埔寨之间的次区域合作。越南于2004年5月加入。为了推动中南半岛三河流域合作机制的发展，泰国宣布了一项新的基金，并且积极寻求美国的支持。2018年11月，美国正式接受泰国的邀请，成为中南半岛三河流域合作机制的发展伙伴，并通过"湄公河下游倡议"与中南半岛三河流域合作机制合作。④

---

① "United States and Vietnam Convene 17 Friends of the Mekong in Support of a Secure, Prosperous, and Open Mekong Region", Mekong-US Partnership, January 13, 2021, https://mekongus-partnership.org/2021/01/13/united-states-and-vietnam-convene-17-friends-of-the-mekong-in-support-of-a-secure-prosperous-and-open-mekong-region/.

② 《越南出席湄公河—美国伙伴关系1.5轨政策对话报告发布研讨会》，越通社，2021年9月16日，https://zh.vietnamplus.vn/越南出席湄公河美国伙伴关系15轨政策对话报告发布研讨会/145830.vnp。

③ "USAID, MARD Launch New Project to Combat Wildlife Trafficking, Agree to Partner on Addressing Climate Change in the Mekong Delta", U.S. Embassy & Consulate in Vietnam, June 13, 2022, https://vn.usembassy.gov/usaid-mard-launch-new-project-to-combat-wildlife-trafficking-agree-to-partner-on-addressing-climate-change-in-the-mekong-delta/.

④ "Remarks by Under Secretary David Hale at a Reception for Thailand National Day", U.S. Embassy & Consulate in Thailand, December 5, 2018, https://th.usembassy.gov/remarks-by-under-secretary-david-hale-at-a-reception-for-thailand-national-day/.

2019年4月，美国表示对泰国的建议感兴趣，即在其湄公河下游倡议基金下实施中南半岛三河流域合作机制优先项目，以支持AC-MECS基金。①

柬埔寨、老挝欢迎美国提出的经济类项目。作为发展中国家，柬埔寨和老挝将外交政策与经济利益相结合，通过对美经济合作服务国家发展议程，在获取经济利益的基础上使战略伙伴关系多样化。柬埔寨、老挝欢迎美国提出的中小型项目。例如，柬埔寨农林渔业部与美国国际开发署合作，分别于2019年和2021年建造了两个示范鱼类通道。② 美国国务院、美国能源部和老挝政府合作发展"智慧水电"项目。

三 美国"印太战略"对湄公河水资源治理的影响

在中美战略竞争背景下，美国"印太战略"成为湄公河水资源治理的影响因素，对湄公河水资源治理的理念、制度和议程均产生影响。

（一）美国"印太战略"对湄公河水资源治理理念的影响

作为中美博弈前沿的湄公河次区域，水治理成为美国在意识形态层面与中国进行博弈的工具。美国"印太战略"对湄公河水治理理念的影响主要体现在以下两方面。一方面，美国"印太战略"提出所谓的"自由开放的湄公河"理念，在湄公河问题上不断加大舆

---

① "Press Release: 1st Lower Mekong Initiative (LMI) Policy Dialogue", Ministry of Foreign Affairs of Thailand, April 30, 2019, http://www.mfa.go.th/main/en/news3/6886/102377-1st-Lower-Mekong-Initiative-(LMI)-Policy-Dialogue.html.

② "Cambodia Strengthens Local Fisheries through New Fishways", U.S Embassy in Cambodia, August 30, 2022, https://kh.usembassy.gov/cambodia-strengthens-local-fisheries-through-new-fishways/.

论投入，逐渐形成针对中国湄公河政策的话语体系。美国通过将科学话语转换为政治话语，政治化和安全化湄公河问题，淡化中国对湄公河的正面、积极影响，炒作并夸大中国对湄公河责任的缺失，削弱中国在湄公河问题上的话语权。① 另一方面，美国"印太战略"通过官方、非政府渠道塑造湄公河水治理话语，以美国为中心的话语削弱中国与湄公河国家逐渐形成的治理理念。美国"印太战略"的水治理话语体现了美国的多边主义理念，削弱或淡化合作共赢的理念，反而更强调国家间的差异性和冲突的必然性，重视秩序的确定性与同质性。② 而基于地区的现实需求，中国与湄公河国家的合作更重视发展的理念，提倡用发展的方法来治理湄公河水资源问题。③ 美国"印太战略"强调西方民主治理模式和价值观，将对中国与湄公河认可的发展理念形成一定冲击。

（二）美国"印太战略"对湄公河水资源治理制度的影响

美国"印太战略"导致湄公河水资源治理制度竞争格局更为复杂。一方面，美国主导的湄公河水治理制度对澜湄合作的制衡力度加大。美国注重对"美湄伙伴关系""湄公河之友"进行升级改造，加强美国主导的湄公河水治理制度建设，从而对澜湄合作进行围堵。同时，美国以"美湄伙伴关系""湄公河之友"为抓手，正在整合湄公河地区的不同水治理制度，试图利用域内的制度力量牵制澜湄合作的影响力。从美国的制度设计和布局来看，多层级伙伴关系体系既有助于美国获得广泛的资源支持，又通过不同机制间的

---

① 任华、卢光盛：《美国对中国湄公河政策的"话语攻势"：批评话语分析的视角》，《东南亚研究》2022年第1期。
② 李垣莹：《多边主义理念竞争：中美湄公河次区域合作机制之比较》，《外交评论（外交学院学报）》2021年第5期。
③ Li Zhang and Hongzhou Zhang, "Water Diplomacy and China's Bid for Soft Power in the Mekong", *The China Review*, Vol. 21, No. 4, 2021, pp. 56–59.

功能联结形成对中国"包围式"和"统一阵线式"的制衡，还能客观上削弱了澜湄区域内国家的主体地位。① 这将使域外大国参与湄公河次区域合作呈现上升势头，尤其使中美在湄公河地区的制度博弈更加白热化。另一方面，美国"印太战略"或提升湄公河委员会、东盟的影响力。美国"印太战略"提升了湄公河委员会作为专门的区域水资源管理组织的地位和作用，增强其专业性和权威性。与此同时，美国在美湄合作的官方文件中明确引入东盟规范，在美湄外长会中邀请东盟轮值主席国参会，鼓励东盟在湄公河问题上发展共同立场。作为对美国"印太战略"的回应以及在中美之间进行平衡的现实考虑，湄公河国家在未来中长期内除了保持自主式水战略和追随式水战略，将会不断升级对冲式水战略与抱团式水战略的力度。② 因此，美国"印太战略"不仅使湄公河水治理制度之间的竞争日益加剧，也使湄委会、东盟在水议题上的影响力加大，从而推动湄公河水资源治理制度竞争格局变化。

（三）美国"印太战略"对湄公河水资源治理议程的影响

美国"印太战略"推动湄公河水资源治理议程迅速安全化。美国作为安全化行为体，以下游国家水安全为指涉对象，挑动并渲染中国与湄公河国家的矛盾并将之安全化。③ 事实上，美国"印太战略"出台后，特朗普政府和拜登政府均力推湄公河"水安全化"以呼应其"印太战略"的实施，使湄公河水资源问题安全化出现迅速升级趋势。④

---

① 李志斐：《中美博弈背景下的澜湄水资源安全问题研究》，《世界经济与政治》2021年第10期。
② 张励、吴波汛：《小国水外交论与湄公河国家在中美博弈背景下的战略选择》，《当代亚太》2022年第5期。
③ 华亚溪、郑先武：《澜湄水安全复合体的形成与治理机制演进》，《世界经济与政治》2022年第6期。
④ 屠酥：《中美博弈背景下美国参与湄公河水治理的行为逻辑及可适性分析》，《南洋问题研究》2022年第3期。

具体而言，美国多次将湄公河次区域与"自由开放的印太地区"相联系，迎合了部分湄公河国家将水资源问题国际化、东盟化的诉求，加剧了湄公河水资源问题的安全化趋向。与此同时，美国加强了水治理问题与基础设施等议题的安全关联性，将基础设施、粮食等民生发展领域与水资源治理进行安全捆绑，加剧了湄公河水资源安全的泛化。在美国"印太战略"议程设置下，湄公河水资源治理问题被美国的对华战略竞争叙事所裹挟，被炒作成为地区安全问题。

四 结论

美国"印太战略"是影响中国与湄公河国家关系的关键性因素，其实质就是地缘政治冲突下权力结构重组所带来的影响。美国基于对华遏制的目的试图调整权力结构，对湄公河国家进行角色定位和实施拉拢策略，一定程度上影响湄公河国家对中美战略竞争的政策取向，从而形成分化中国与湄公河国家关系的压力。然而，美国"印太战略"能在多大范围、多大程度上，以什么方式发挥作用，主要取决于相关行为体的利益诉求和政策选择。

虽然湄公河地区是美国制衡中国的重要一环，但由于"一带一路"建设、澜湄合作的存在和发展，湄公河地区也是美国"印太战略"较薄弱的一环。湄公河国家对待中美关系多秉持大国平衡战略，以求自身利益的最大化，当湄公河国家对华需求超过对美需求，或二者基本平衡时，美国"印太战略"所能发挥的影响就是有限的。湄公河国家对"印太战略"的认知有一定共识，但内部具有差异性。湄公河国家的战略自主性将使美国"印太战略"的发展具有很大不确定性，这也是中国加强对美博弈、推动构建澜湄命运共同体的重要空间。

湄公河国家的优先需求是发展，把提高国家的经济收入和生活水平放在首位。实际上，美国"印太战略"对湄公河水资源治理的布局表明，美国谋划湄公河国家成为遏华"代理人"，进而分散遏华成本，并不是真心实意帮助湄公河地区发展。中国应该结合全球发展倡议，重点强化满足湄公河地区发展需求的发展理念、机制和具体行动，应对美国"印太战略"对湄公河水资源治理的负面影响与挑战。中国应积极引导"一带一路"建设与"东盟印太展望"有关互联互通、联合国可持续发展目标的对接，在"一带一路"建设和"东盟印太展望"的框架内与湄公河国家开展对话合作，尽快制订行动计划，建立专项工作组。中国需要回应湄公河国家民众的期待，积极承担大国责任，为湄公河地区提供需求较高的公共产品，让湄公河国家民众有实实在在的获得感。具体而言，以"一带一路"基础设施项目为抓手，构建多层次的地区公共产品供应网络，在地区、国家、地方、社会层面提供公共产品；引导企业、社会组织对周边国家开展一些社会治理活动，逐步拓展中国公共外交的力量；做好民心相通工作，重点向公共卫生、教育等民生领域倾斜。

美国对中国湄公河政策的"话语攻势":批评话语分析的视角*

任　华　卢光盛**

内容提要:2019年以来,美国在湄公河问题上不断加大舆论投入,逐渐形成了结构完善、功能齐全的对中国—湄公河政策话语体系,其目的不仅在于以合适的身份介入湄公河问题,更在于塑造和恶化针对中国的负面舆论环境。在话语主体结构上,美国对中国湄公河政策的话语呈现出水平话语结构和垂直话语结构相结合的特点;在内容结构上,则表现出强烈的互文性,将科学话语转换为政治话语,政治化和安全化湄公河问题,并妖魔化中国。其话语功能是在道德上美化美国行为的同时贬低中国,聚合本方力量,通过夸大中国对湄公河的负面影响、隐喻中国对湄公河责任缺失的方式,离间中国与湄公河国家之间的合作。因此,中国需从丰富话语主体

---

* 国家社会科学基金一般项目"美国对湄公河水资源问题的干预与中国的应对研究"(项目批准号:21BGJ022),中国博士后科学基金第68批面上资助项目"中国反恐国际话语权构建研究"(项目批准号:2020M683383),云南大学哲学社会科学创新团队项目(项目批准号:CY2262420212)。

** 任华,云南大学周边外交研究中心、国际关系研究院,教育部哲学社会科学实验室云南大学"一带一路"研究院助理研究员;卢光盛,云南大学国际关系研究院/区域国别研究院院长、教授、博士生导师。

结构和内容结构、改善在湄公河流域的话语模式和避免"鸵鸟心态"等方面，扭转在湄公河流域话语缺失的不利状况。

关键词：美国；中国；湄公河流域；批评话语分析

一 问题的提出与理论视角

（一）问题的提出

美国针对中国的湄公河政策是美国在全球范围内围堵中国的产物。2009年以来，随着"重返亚太"战略的提出，美国加大了对湄公河地区事务的介入。特朗普政府时期，湄公河问题在美国对华战略中的地位不断提升，美国更加重视在该地区与中国的竞争。美国不仅提出诸多地缘政治经济战略，还在舆论上逐渐形成侧重于批评中国的湄公河政策。从地缘来看，东南亚地区是美国"印太战略"的地理和外交中心，"湄公河—美国伙伴关系"是"印太战略"的一环，二者在湄公河地区的交汇形成了美国湄公河政策的大致框架与方向，这大大提升了湄公河地区在美国遏制中国发展及其影响中的地位。

美国湄公河政策的总体战略意图是，在维持美国影响力并全面主导湄公河地区各项事务的同时，遏制中国日益扩大的影响力，其策略是"接触"与"施压"并行。① 美国不仅通过"湄公河—美国伙伴关系""湄公河下游四国外长会议""湄公河下游之友"等机制，以及湄公河环境合作项目、湄公河可持续基础设施建设项目、湄公河智能基础设施项目、湄公河下游公共政策倡议等具体项目提升与湄公河国家的实质关系，还从2019年尤其是2020年5月以

---

① 罗圣荣：《美国对湄公河地区策略的调整与GMS合作》，社会科学文献出版社2019年版，第31—33页。

来，在湄公河问题上对中国频频发力，对中国形成"话语攻势"，并试图构建新的所谓"中国威胁论"。2020年12月15日，美国国务院资助的"湄公河水坝监测项目"正式启动，该项目的主要内容和目的是利用卫星遥感数据，"追踪"湄公河主要河段上13座大坝及发电能力超过200兆瓦的15个支流大坝的水库水位。① 拜登政府上台后，一定程度上延续了特朗普政府在湄公河问题上对中国的无端态度。2021年2月下旬，美国国务院发言人内德·普赖斯在推特上称，美国"对湄公河水位下降感到担忧"，并"与该地区一起呼吁中国及时分享重要的水资源数据，包括上游大坝运行的信息"②。可以预见，拜登政府会延续在湄公河问题上对中国的批评态度，其湄公河政策也会不断推进。

学界对美国和中国在湄公河地区的竞争以及美国对中国湄公河政策的研究侧重于从大国博弈、制度和理念等视角进行研究。李志斐认为，"美国在澜湄地区对中国采取了硬制衡和软制衡两种制衡方式，其中制度制衡是软制衡的主要内容，水资源安全问题是制度制衡的重要载体"③。王涛和杨影淇"通过分析保护多瑙河国际委员会、湄公河委员会和尼罗河流域倡议组织三个案例，可以看出由跨界河流合作机制与区域政治经济共同体组成的嵌套式机制的完整程度与跨界河流合作机制的有效性呈正相关"④。李垣莹认为，中国和美国多边主义理念的竞争是两国在湄公河次区域合作机制竞争的深层次原因，并在议题领域、合作路径以及预期收益三方面，以不

---

① 《美资助"湄公河水坝监测项目"将启动》，央视网，2020年12月14日，https://tv.cctv.com/2020/12/14/VIDEC01dZKlluOyBVN2hB8Pc201214.shtml。
② 《中国大坝造成东南亚国家缺水？专家：说法不实且忽略澜沧江水电项目积极作用》，环球网，2021年3月3日，https://world.huanqiu.com/article/429QJPC52OP。
③ 李志斐：《中美博弈背景下的澜湄水资源安全问题研究》，《世界经济与政治》2021年第10期。
④ 王涛、杨影淇：《嵌套式机制与跨界河流合作机制有效性》，《世界经济与政治》2021年第1期。

同的行动逻辑和行为实践体现出来。① 特朗普政府时期，美国的湄公河政策已经十分重视在舆论上对中国的批评，形成了结构完整、指向明确、影响恶劣的"批评话语"，恶意塑造中国在湄公河问题上的负面形象，营造其湄公河政策的话语环境。因此，基于现有研究，本文尝试从批评话语分析的视角，研究美国对中国的湄公河政策，并提出中国更好地在话语体系上应对美国话语攻势的思考与建议。

（二）理论视角

"批评话语分析"（Critical Discourse Analysis）又称批评性语篇分析，产生于20世纪80年代的英国，其源头为批评语言学。批评话语分析的主要代表人物有英国、法国、德国的几位反主流语言学家和社会语言学家，他们分别提出了不同的批评话语研究模式，形成了批评话语分析的不同流派：如诺曼·费尔克拉夫（Norman Fairclough）于1989年首次使用"批评话语分析"的概念，并提出了"描述"（Description）、"解读"（Interpretation）和"解释"（Explanation）的三维分析模式，② 这三种模式分别对应作为文本的话语、作为话语活动的话语和作为社会活动的话语；③ 克莱斯（G. Kress）将批评话语视为意识形态表达的方式；④ 富勒（R. Fowler）则认为，话语生产者对人际关系的调控性，或多或少忽视了对话语接受者情感认同的考量；等等⑤。

经过多年的发展，批评话语分析形成了较为完善和成熟的理论

---

① 李垣萤：《多边主义理念竞争：中美湄公河次区域合作机制之比较》，《外交评论（外交学院学报）》2021年第5期。
② Norman Fairclough, *Discourse and Social Change*, Cambridge: Polity Press, 1992；王泽霞、杨忠：《费尔克劳话语三维模式解读与思考》，《外语研究》2008年第3期。
③ 赵一农：《话语构建》，人民出版社2015年版，第177页。
④ G. Kress, *Linguisitic Processes in Sociocultural Practice*, Oxford: Oxford University Press, 1989.
⑤ R. Fowler et al., *Language and Control*, Landon: Routledge, 1979.

框架，对诸多领域的批评话语都有较强的解释力和应用价值。批评话语分析的研究对象一般为新闻报道、政治演说和官方文件等的语言和文本；在实际应用中，批评话语分析已经与语言学、认知学、社会学等领域紧密联系，形成不同领域内的批评话语研究。

国际关系领域内的批评话语研究主要集中于战争与冲突中的批评话语。美国是当前唯一的超级大国并且英语是当前使用最为广泛的语言，这使美国对他国的批评话语往往会产生重大影响。在历史上，美国经常利用其霸权地位，构建针对他国的"批评话语"，通过精心构建和操控的批评话语，以隐喻、夸张等方式，实现聚合本方力量、分化他方力量的效果。现阶段，已经有研究对美国在波斯尼亚战争、2003年的"伊拉克战争"，以及21世纪初以来在各国进行的反恐斗争等重大国际事件中的批评话语进行了研究。① 美国在能源战略、环境问题、新冠疫情防控等领域针对他国尤其是对中国的批评话语亦从未间断。② 但目前，还未有从批评话语分析的视角研究美国对中国湄公河政策的话语的相关成果。

因此，本文在诺曼·费尔克拉夫三维模式基础上，通过对美国对中国湄公河政策的话语进行分析，研究其背后的意识形态对抗和对湄公河地区国际关系的影响。研究美国对中国湄公河政策的话语，既是"知彼知己"以防患未然，也是从软实力角度具体研究如

---

① 参见［丹麦］莱娜·汉森《作为实践的安全：话语分析与波斯尼亚战争》，孙吉胜、梅琼译，世界知识出版社2016年版；Doaa Taher AL-dihaymawe et al., "Bush's Motivations in Staring the Iraq War 2003: A Critical Discourse Analysis", *Pal Arch's Journal of Archaeology of Egypt/Egyptology*, Vol. 18, No. 4, 2021, pp. 773 – 793; Khan Zubair etc., "A Critical Discourse Analysis of President Musharraf's Speeches: Legitimizing War on Terror", *Dialogue*, Vol. 14, No. 4, 2019, pp. 232 – 241。

② 参见赵秀凤、赵琳《特朗普政府能源战略话语研究——一项基于语料库的批评话语分析》，《中国石油大学学报》（社会科学版）2021年第1期；李炜炜《〈纽约时报〉中国环境形象建构的批评话语研究》，《湖南工业大学学报》（社会科学版）2020年第6期；葛厚伟《基于语料库的〈纽约时报〉涉华新冠肺炎疫情报道的话语分析》，《重庆交通大学学报》（社会科学版）2020年第6期；胡雯琦《中美媒体新冠肺炎疫情新闻语篇的批评话语分析》，《兰州职业技术学院学报》2021年第1期；等等。

何更好地维护国家安全。一方面是"知彼"。研究美国对中国湄公河政策的话语及其对话语的操控,有助于改善甚至逆转中国之前在湄公河问题上的话语窘境,提升中国在湄公河地区的国际形象,更好地维护中国的国家安全。另一方面是"知己"。在研究美国(官方、媒体、智库、非政府组织等行为体)针对中国的湄公河政策的话语主体结构、内容结构和话语功能的基础上,提出中国的湄公河政策应当丰富话语主体和内容结构、建立湄公河语料库与多元化话语模式上等,维护中国在湄公河地区的利益和国家安全。

二 美国对中国湄公河政策的话语结构

在湄公河问题上,美国智库和政府相互配合,2009年后就开始构建在湄公河问题上针对中国的话语环境。① 华盛顿智库"史汀生中心"(The Stimson Center)2010年曾发表研究报告,建议美国加强对湄公河下游国家的投入。② 美国政府则通过不断升级与湄公河国家的关系等方式,加大对湄公河流域的实质介入。从奥巴马政府2009年提出"湄公河下游倡议"到2021年8月美国副总统哈里斯在访问东南亚时,把"湄公河—美国伙伴关系"提升到与美日印澳"四方安全对话"同等重要的战略位置,③ 美国和湄公河国家的合作框架大大扩展。从话语结构来看,美国的做法是拉拢可能涉及湄

---

① 实际上,话语和话语环境存在着相互构建的关系。人的语言尤其是政治语言,都是为了适应一定的话语环境而形成的或者是根据一定的话语环境而设计。但是,话语、话语环境在不断重复的构建中会将话语主体的身份逐渐固化。

② 这个报告还建议:发挥美国在人力资源开发、技术和资金方面的优势,影响当地政府决策;加快美国重回湄公河流域的步伐,加强与湄公河委员会的接触,更多地支持其工作。参见尹君《近年来美国与湄公河流域国家多边关系的发展及影响》,载刘稚主编《大湄公河次区域合作发展报告(2015)》,社会科学文献出版社2015年版,第97—110页。

③ 《美国国务卿布林肯首访东南亚,欲达成这个目的》,《新京报》,2021年12月14日,http://www.bjnews.com.cn/detail/163945116093852.html。

公河地区的不同话语主体（主要是湄公河下游国家和美国在亚太地区的盟友），支持其在湄公河地区上的立场，使美国能够以合适的身份"合法"、公开地介入湄公河流域。

（一）美国针对中国湄公河政策的话语主体结构

话语主体结构反映的是话语背后不同话语主体之间的利益和权力关系。美国政府通过直接资助或者间接影响等方式，让多个涉及湄公河流域的话语主体按照美国政府的意图在湄公河相关议题上批评中国。美国针对中国湄公河政策的话语主体结构呈现出水平话语结构和垂直话语结构相结合的特点，其目的是通过不同的话语主体创造和积累在湄公河相关议题上对中国的批评话语。一方面，美国通过援助伙伴网络等方式，在一定程度上将美国和湄公河国家的利益捆绑起来，形成了水平话语结构，但这种话语结构较为松散；另一方面，在美国国内，美国政府通过资金资助、开展学术交流等方式，支持美国国内的话语主体（如媒体、智库、非政府组织）等，发布与湄公河相关的政治言论、新闻报道和科研报告等，形成垂直话语结构，这种话语结构较为紧密。

1. 水平话语主体结构

湄公河原本与美国并无直接的联系，更无除正常国家间外交之外的任何关系，但美国介入湄公河流域却由来已久。从历史来看，美国多年之前就开始试图在幕后操控者和直接参与者两种角色之间达成某种平衡，其目的在于既保证美国在湄公河流域的存在，又不至于在该地区与中国立即产生矛盾甚至形成尖锐的对立。美国很好地将其在湄公河地区的政治影响转化为对中国的批评话语，通过多种方式，创造了其针对中国的湄公河政策的水平话语主体结构。美国针对中国的湄公河政策的水平话语主体主要有美国在湄公河地区的盟友、湄公河流域国家（尤其是越南）、湄公河地区的非政府组织等。美国通过与越南等湄公河流域国家的合作、为湄公河地区的非政府组织站台、与日本等域外但地理距离较近的盟友国家协同等方式，建构了针对中国的湄公河政策的水平话语主体结构。其策略主要有以下两方面。

一方面，美国通过伙伴关系网络建设，将自身"塑造"成为湄公河所谓地区的"相关方"，为其在湄公河地区创造了合适的介入身份和"合法性"。在奥巴马政府时期，美国就提出了"密西西比河—湄公河"合作计划，将远在万里之外的密西西比河与湄公河结成姊妹关系。① 2020年9月11日，为了增强对湄公河地区的影响力，美国与柬埔寨、老挝、缅甸、泰国、越南和东盟秘书处共同启动了"湄公河—美国伙伴关系"，并宣布将为湄公河流域国家提供1.5亿美元的援助，以此为借口"帮助"东南亚国家解决湄公河相关问题。② 通过伙伴关系网络的建设，美国获得了湄公河地区"相关国家"的身份，并推动形成配合美方在湄公河地区遏制中国的松散同盟。美国在不断扩展其水平话语主体结构的同时，将其角色从局外人转化为"局内人"，填充和改变其之前在湄公河地区的陌生人角色，并为其参与湄公河地区相关议题和建构针对中国的批评话语提供话语身份。

另一方面，美国加强同湄公河流域国家的合作，加强在湄公河地区的实质影响。美国着重拉拢湄公河沿岸国家——其中越南回应与表现最为积极。通过与越南的合作，美国增强了其在湄公河相关议题上的话语权。对越南而言，其自身实力有限，依靠自身力量难以实现其某些发展战略。因此，越南对美国参与湄公河区域合作十分热心，双方一拍即合。2020年10月28—29日，时任美国国务卿蓬佩

---

① 邓涵：《美国在澜沧江—湄公河的"水"到底有多深？》，澎湃在线，2020年6月7日，https://m.thepaper.cn/baijiahao_7745440。
② 李志斐、王婧：《美国与湄公河国家合作步步升级》，《世界知识》2020年第22期。

奥访问越南，期间，不仅宣称"渴望越南能迈出实质步伐参与'印太战略'"，还给越南带去了两百万美元的"洪涝援助"，意图将越南拉入其湄公河政策阵营中。除此之外，美国不仅自身参与湄公河议题，还拉拢其盟友如日本①、韩国等，通过湄公河委员会等既有的制度平台或者新成立美国主导的制度平台（如湄公河—美国伙伴关系、湄公河下游倡议、公私伙伴关系）等，以向湄公河国家提供大量资金与发展项目为主要方式，构建了其湄公河政策的话语同盟，形成水平话语主体结构。湄公河下游5个国家均有水电开发项目，地区电网等基础设施建设有巨大的市场需求。2019年8月，美国与日本结成"湄公河电力伙伴关系"，积极介入湄公河电力部门的私人投资和跨境能源贸易。② 类似的还有"湄公河下游之友"外长会议（柬埔寨、老挝、缅甸、泰国、越南、美国、日本、韩国、澳大利亚和新西兰十国及欧盟）、美国政府的湄公河下游流域计划、日本—湄公河伙伴关系计划和韩国—湄公河开发合作计划等，这些计划具有很明显的针对性和排他性。未来，中国可能面临以美国为首的部分国家在更深层次上的围堵。

2. 垂直话语主体结构

美国对中国湄公河政策的垂直话语主体主要包括美国官方机构、智库、学者，以及美国支持下的非政府组织（主要是美国国内的非政府组织）和媒体等。美国通过直接资助等方式将这些原本分散的话语主体有机地结合起来，不断创造、积累针对中国的批评话语语料库，并以互文的形式发布对湄公河地区的政治言论、新闻报

---

① 2012年，日本非政府组织"湄公河观察"资深顾问土井寿行说："日本自2007年以来在湄公河地区越来越多地参与开发，这是外务省的自主计划。他们的重点是在中国身上，目的就是要把中国排除在外。"参见《外电：美日韩遏制中国在湄公河影响力》，中日经济交流网，2012年4月24日，http://cjkeizai.j.people.com.cn/98733/7797810.html。

② 邓涵：《美国在澜沧江—湄公河的"水"到底有多深？》，澎湃在线，2020年6月7日，https://m.thepaper.cn/baijiaohao_7745440。

道和科研报告等。

美国政府的多个机构及非政府组织如美国国务院、美国地质调查局、美国国际开发署等都参与和制造了在湄公河问题上针对中国的批评话语。参与的方式多种多样，既有针对中国的直接批评，也有资金资助和开展学术交流（包括学术会议）等方式，支持美国的智库、非政府组织和学者开展对湄公河水资源问题的考察和研究，制造针对中国的批评话语。2010年，美国国家民主基金会曾资助缅甸河流网络和克钦发展网络小组参与反对密松大坝项目；缅甸河流网络和克钦发展网络小组借助"非政府组织"的名头接受美国政府资助，长期发布批评中国、泰国和印度等国家在缅甸部分地区投资修建水电项目的报告；"缅甸项目"由此成为美国国家民主基金会在东南亚地区资助最多的项目，年均经费超过400万美元，"环境保护"是其主要的借口和议题。[①] 上述这些垂直话语主体在政府操控下成了美国在湄公河地区与中国对抗的工具。

一般来说，在垂直话语结构中，各个话语主体的地位是不平等的，存在着权力和知识的深度共生关系。[②] 美国一直坚持所谓的"言论自由"和"新闻自由"的政策，美国智库、学者也一直以独立于政府的角色和形象出现，媒体甚至被称为"第四权力"。然而，在湄公河问题上，美国智库、学者、媒体与美国政府保持高度一致。美国政府及其下属机构通过各种方式资助和影响美国智库、学者和媒体以相同的语料库相互支撑（即后文的"互文性"），在湄公河问题上创造出了近乎一致的批评话语。2020年4月，受美国政

---

① 彭念：《警惕美打湄公河"生态牌"》，环球网，2020年9月17日，https://m.huanqiu.com/article/3zudASVTnxM。
② 法国哲学家米歇尔·福柯（Michel Foucault）的"权力话语理论"深刻揭示了权力和知识之间共生的深度关联，参见 Miche Fouault, *The History of Sexuality*, Vol. 1, translated by Robert Hurley, New York: Random House, 1978；丁礼明《福柯权力话语的理论渊源与哲学诉求》，《江苏师范大学学报》（哲学社会科学版）2019年第5期。

府资助的非政府组织地球之眼（Eyes on Earth）和史汀生中心，以及美国国会成立的美国东西方研究中心（East-West Center）发布了关于澜沧江—湄公河的用水报告《在自然条件下湄公河上游水流量监测》，将2019年湄公河地区遭受旱情归咎于中国在上游的水库建设和水资源管理，用"数据"的形式炒作湄公河水资源问题。①

在实际操作中，美国政府依靠上述话语主体结构，以较小的成本和合适的身份，建构起了针对中国的湄公河政策话语同盟，达到了以下目的：一方面，建构其在湄公河地区的话语身份，协调与其他湄公河国家和盟友针对中国的一致立场；另一方面，建构起针对中国的批评话语环境，挑拨起中国与湄公河国家之间的对立身份。

（二）美国对中国湄公河政策的话语内容结构

后结构主义大师德里达认为，"文本之外别无他物"②。从内容来看，美国对中国湄公河政策的话语呈现明显的互文性（intertextuality）③，其特征是在某个主体的批评话语中大幅度、交叉引用其他话语主体的文本。美国通过对文本的同化、剪切等方式，将其中的话语改造成对美国有利的批评话语，以便更好地实施话语操控。因此，这部分以文本分析为主要方法，以美国媒体近年来在湄公河问题上针对中国的报道为文本，以亚里士多德古典修辞学的"三诉

---

① 翟崑、邓涵：《湄公河地区国家应维持来之不易的互信与共识》，环球网，2020年8月22日，https://opinion.huanqiu.com/article/3zZRcjPMskD。

② 谢立中：《走向多元话语分析：后现代思潮的社会学意涵》，中国人民大学出版社2009年版，第18页。

③ 互文性是法国符号主义学家、女权批评家克里斯蒂娃（Julia Kristeva）在1980年首次提出的概念：任何文本都是由多条隐喻像马赛克一样拼接而成的，任何文本都是对另一文本的消化和转换。参见 Julia Kristeva, *Desire in Language: A Semiotic Approach to Literature and Art*, New York: Columbia University Press, 1980。关于互文性更深入的研究，也可以参见［美］詹姆斯·保罗·吉《话语分析导论：理论与方法》，杨炳钧译，重庆大学出版社2011年版，第48—50页；［丹麦］莱娜·汉森《作为实践的安全：话语分析与波斯尼亚战争》，孙吉胜、梅琼译，世界知识出版社2016年版，第60—78页。

诸",即理性诉诸(logos)、情感诉诸(pathos)和人品诉诸为框架,① 分析美国对中国湄公河政策的话语内容结构。

1. 理性诉诸

通常情况下,官方对外话语中的互文联系会运用一些通常被认为与对外政策分析无关的文本,如研究报告、科学考察报告等。湄公河问题的核心是水资源问题,涉及诸多当今尚未解决的科学问题,美国在该问题上用将科学话语转变(即语码转换,code switching)为政治语言或者将两者混合在一起的互文方式,表达其理性诉求。

在对中国湄公河政策上,美国十分重视研究报告、科学考察报告等科学语言在其批评话语中的地位,试图通过具有一定科学意义的文本与话语,建构与官方话语的互文联系,增强其政治话语的可信度。美国对中国湄公河政策的话语以专业性的科学外交(science diplomacy)②为掩饰,通过对科学工具、科学报告等进行剪切、重组等方式实现内容操控。美国政府十分重视各种科学工具的演示,试图以科学的方法和名义,以科学为内容,构建其对中国湄公河政策的具体话语内容。在使用这些他们所谓的科学工具和科学话语的时候,美国刻意将中国因素抽象化、突出并作为负面因素处理,具有明显的偏向性,诱导受众将中国因素与负面性联系在一起。美国国务院、

---

① 亚里士多德认为:"由演说提供的或然式证明分为三种。第一种是由演说者的性格造成的,第二种是由听者处于某种心情而造成的,第三种是由演说本身有所证明或似乎有所证明而造成的。"(亚理斯多德:《修辞学》,罗念生译,生活·读书·新知三联书店1991年版,第24—25页。罗念生将作者的名字翻译为"亚理斯多德",本文则使用常用的"亚里士多德")学者将亚里士多德的上述论述以及关于修辞术及修辞的三段论总结为人格诉诸(ethos,或人品诉诸)、情感诉诸(pathos)和理性诉诸(logos)(相关研究参见卢薇《新解亚里士多德的〈修辞学〉中理性诉诸、人品诉诸及情感诉诸间关系》,《牡丹江大学学报》2009年第6期;汪希平《亚式"三诉诸"与伯克"同一论"的糅合——以米歇尔·奥巴马北大演讲为例》,《六盘水师范学院学报》2015年第6期;刘婧、谢文奇《基于亚里士多德三诉诸策略的政治演讲分析——以普京演讲为例》,《现代交际》2020年第15期;等等)。因国家不涉及"人品诉诸",因此,本文仅从理性诉诸和情感诉诸两方面进行分析。

② Eyes on Earth, "Forecast Mekong: Virtual River of Life", United States Geological Survey, July 1, 2012, https://www.usgs.gov/media/videos/forecast-mekong-virtual-river-life.

美国地质调查局与其大学合作伙伴开发了一个图形可视化工具（GVT），该工具主要展示土壤和水评估模型工具（Soil and Water Assessment Tool，SWAT）的结果，从而帮助决策者和规划者沟通和评估复杂的河流情景。美国将该工具应用于湄公河地区，与湄公河委员会合作，运用计算机、水文测量和SWAT可视化技术，以加强从源头到三角洲的湄公河流域河流生命知识和模型的集成。① 事实上，这些科学工具和话语带有极大的局限性，只能反映湄公河流域水资源和水文的部分情况，而且许多科学语言使用的抽象化工具并非放之四海而皆准，其模型在湄公河地区的适用性仍然存疑。

美国将科学话语转换为中国在湄公河问题上的负面作用和应当承担的责任，其做法是将科学话语中的隐喻性②与中国因素联系，构建中国在湄公河问题上的负面作用。

2. 情感诉诸

美国对中国湄公河政策的情感诉诸主要指美国通过将湄公河问题政治化和安全化，有意识地将中国因素妖魔化，激发湄公河国家在该问题上对中国的敌意，离间中国与湄公河国家之间的正常关系。

为了在湄公河问题上制造湄公河国家对中国的敌意，美国政府做了长期的准备，步步为营，大致分为三个步骤，具体如下。第一步，宣告美国的战略意图。2017年11月，美国政府发布了《全球水战略》报告，③试图构建起"水治理—价值观—经济—安全"之间的关联。第二步，高调介入地区事务。2018—2019年，美国发布"印太战略"，其重要目标之一就是在东南亚地区寻找支撑点，应

---

① Eyes on Earth, "Forecast Mekong: Virtual River of Life", United States Geological Survey, July 1, 2012, https://www.usgs.gov/media/videos/forecast-mekong-virtual-river-life.

② 科学概念往往抽象且深奥难懂，科学家常常借助隐喻来表达。当发明或发现了新事物，科学家往往通过类比和联想的方式，用原有的词语给科学概念命名，这种概念间的类比和联想即为隐喻。关于科学话语的隐喻性研究，可参见周福娟《论科学语言的主观性》，《苏州科技学院学报》（社会科学版）2015年第4期。

③ 刘博：《美国全球水战略分析研究》，《水利发展研究》2017年第12期。

对中国的影响。2018年，蓬佩奥宣布美国将在印太地区投资1.13亿美元用于数字连接、能源项目和基础设施建设三大领域，其中1000万美元的专项资金用于"美国—东盟联通行动计划""湄公河下游行动计划"等有关东盟地区的机制建设。① 这进一步构建了治理—经济—安全之间的关联。第三步，与湄公河国家开展具体合作。2019年以来，美国和越南在湄公河问题上更加密切合作，试图通过话语危机制造针对中国的安全危机。与美国政府上述三个步骤相配合甚至更早的是，美国媒体在湄公河问题上不断炒作所谓的"中国水资源威胁论"等论调，多个美国知名媒体发表了针对中国的多篇报道，在中国对湄公河上游流量的"限制"与湄公河下游"干旱"之间建立起直接的因果联系。

新闻标题是新闻文本的重要组成部分，其主要特征是"显著性"②。"新闻标题以高度浓缩的语言提示文章最主要或最值得注意的内容，为广大读者浏览报刊起着向导作用。"③ 美国媒体在新闻标题的用词上，将"毁坏""水霸权""威胁""杀死""限制"等极具负面和贬义色彩的词与中国联系起来，描述了一个极不负责任、自大傲慢的中国形象，构建中国在湄公河问题上的"显著性"，以赋予中国在湄公河问题上极为负面的影响的方式，离间中国与湄公河国家的关系。

美国在湄公河问题上在塑造美国的"美德"和"好意"的同时，重点塑造中国的"霸权地位""傲慢"等负面形象，进而故意

---

① 蔡祖丞：《特朗普政府"印太"战略在东南亚的实施及其反响》，《战略决策研究》2019年第5期。

② （报纸版面）设计的各个元素通过各种方式在不同程度上吸引读者：前景或背景的布置，相对的大小，音调或者色彩的对比清晰度的差异；等等，参见［新西兰］艾伦·贝尔（Allan Bell）（［澳大利亚］彼得·加勒特（Peter Garrett）《媒介话语的进路》，徐桂权译，展江校，中国人民大学出版社2016年版，第150页。

③ 赖彦：《新闻标题的话语互文性解读——批评话语分析视角》，《四川外语学院学报》2009年第S1期。

激起湄公河国家在湄公河问题上对中国的敌意。美国媒体借助多种不同类型的话语主体,通过"震撼"和"有冲击力"的新闻标题塑造中国在水问题上的"霸权地位""傲慢"等形象。

美国深知在湄公河问题上,湄公河国家是最为重要的拉拢对象。因此,美国政府和媒体一直通过各种方式煽动湄公河国家的不安全感,使某些湄公河国家已对中国产生非理性的敌意。在湄公河问题上,美国采取了趋异修辞策略,[①] 以情绪化的宣传方式离间和煽动湄公河国家对中国的敌意,挑起湄公河国家对中国的愤怒情绪。美国媒体认为,中国通过欺骗、隐瞒等方式,有意识和人为地造成了湄公河下游的干旱,而且这是干旱的唯一原因。无论中国在湄公河问题上做出何种反应和行动,甚至是中国主动承担责任,美国媒体也总是能找到污名化中国的说辞和方式。这反映出美国媒体已经完全失去独立的判断,成为美国政府在湄公河问题上针对并压制中国的工具。

除了《纽约时报》,其他美国媒体如《华盛顿时报》、美联社等也积极配合美国政府的湄公河政策,从不同角度将对中国的批评转化为湄公河国家对中国的愤怒。美联社的《中国在东南亚缺乏诚意》一文,不仅把中国在湄公河上游的大坝与湄公河沿岸国家民众的日常生活联系起来,而且鼓动湄公河国家和湄公河沿岸民众要求中国承担责任,具有极强的煽动性。

美国媒体的报道在湄公河问题上对中国的态度呈现"一边倒"的状况。中国不仅被塑造为湄公河沿岸环境变化、水资源短缺、下游国家(尤其是越南)的农业生产等问题的"罪魁祸首",有些新闻报道甚至还将湄公河问题与中国香港事务放在一起,更突出了美

---

① 趋异修辞策略,是指在语言交际过程中,说写者有意保持或者强化自己的语言特点,拉开与听读者的距离,以顺利达到交际目标的一种策略。参见郑荣馨《哲学视野中的趋异修辞策略》,《深圳教育学院学报》(综合版) 2002 年第 1 期。

国媒体试图通过新闻报道制造中国的"水霸权"以及更为混乱或者"邪恶"的中国形象,挑起湄公河国家尤其是民众对中国的愤怒情绪的险恶用心。

三 美国对中国湄公河政策的话语功能及影响

特定的话语可塑造威胁身份,叙述危机故事,对言语对象制造话语障碍,形成话语压力,建构话语危机,影响相关政策,使特定问题安全化,并影响安全程度的高低,导致不同的安全政策,甚至助推战争。① 美国对中国湄公河政策的话语最终目的是在西南方向上构建围堵中国的话语同盟,削弱中国的影响力。

(一)聚合和离间功能

现阶段,美国在湄公河地区不仅开始了实质性介入,而且试图利用其话语聚合以美国为中心的一方力量,制造中国和湄公河国家之间的矛盾,最终使美国掌握在湄公河问题上的主导权。

美国刻意塑造其在湄公河问题上的道德典范和价值观标杆的良好形象。在讨论对外政策时,言说者不仅要描述身份,而且要表明自己具备渊博的知识,对政治家而言,还要表现出责任心和说服力。② 为了实现其目标,美国刻意展示其对湄公河流域的责任和"突出贡献",以隐藏其战略目标。

第一,美国继续强化其在湄公河问题上与域内国家的共同利益,将美国的战略目标与湄公河国家甚至东盟国家进行捆绑。在2019年"湄公河下游倡议"部长级会议上,美国与域外行为体联

---

① 孙吉胜:《从话语危机到安全危机:机理与应对》,《国际安全研究》2020年第6期。
② [丹麦]莱娜·汉森:《作为实践的安全:话语分析与波斯尼亚战争》,孙吉胜、梅琼译,世界知识出版社2016年版,第234页。

合介入的内容更为多样。例如，美国联合韩国推动利用卫星图像来评估湄公河洪水和干旱状况的项目；联合日本发起"日本—美国湄公河电力伙伴关系"，发展湄公河地区电网，并承诺提供2950万美元的资金；与世界银行、澳大利亚、法国和日本的专家合作，为老挝的55座水坝进行安全检查。① 在美国驻华大使馆的网页上，美国公开宣称"湄公河—美国伙伴关系是其印太愿景和与东盟战略伙伴关系不可或缺的组成部分"②。

第二，美国突出其在重大现实问题上对湄公河国家的贡献（如在过去20多年间美国与湄公河国家在传染病领域的合作），还通过许诺未来会增加对湄公河国家的援助和投资、协助湄公河国家打击跨国犯罪（包括毒品走私，人口、武器和野生生物的贩运；等等），为塑造其在湄公河地区的道德典范和价值观标杆的形象做铺垫。

第三，美国还通过对比的方式，进一步塑造其在湄公河地区积极和正面的形象。美国政府使用"支持经济增长""发展基础设施""再投入数十亿美元""帮助""增进发展和经济增长""加强对能源安全和电力部门发展的支持"等褒义词描绘美国在湄公河地区的行为，③ 这与其在对中国湄公河政策的话语中使用大量负面和贬义词形容中国的行为形成了鲜明的对比。而美国对维护其全球水事务领导地位、分享地区发展红利、遏制中国影响力、输出美式价值观等战略意图则避而不谈。

---

① 张励：《美国"湄公河手牌"几时休》，《世界知识》2019年第17期。
② 参见《湄公河—美国伙伴关系：湄公河地区理应获得良好的伙伴》，美国驻华大使馆和领事馆，2020年9月15日，https://china.usembassy-china.org.cn/zh/tag/%E7%BB%8F%E6%B5%8E%E4%BA%8B%E5%8A%A1/。
③ 《湄公河—美国伙伴关系：湄公河地区理应获得良好的伙伴》，美国驻华大使馆和领事馆，2020年9月15日，https://china.usembassy-china.org.cn/zh/tag/%E7%BB%8F%E6%B5%8E%E4%BA%8B%E5%8A%A1/。

（二）夸大和固化功能

美国官方机构和媒体在新闻标题和语篇中通过突出中国在湄公河问题上的"威胁"以及责任缺失的形象，塑造和夸大中国在湄公河问题上的负面作用。

第一，美国媒体在湄公河问题上的报道不是基于客观事实和中立的立场，突出中国的"威胁"已经成为其报道习惯。在报道中，美国媒体常常在新闻标题中以重点突出中国的方式，夸大中国因素对湄公河问题的影响，其策略是将"中国"作为报道的"主位"，将"威胁"等负面词作为"述位"①。美国媒体的多篇报道中，"中国"基本都作为主位（标题或者句子的主语位置）出现，但"威胁"等负面词作为标题的述位也同时出现，且与主位一一对应，其意在将"中国"视为湄公河问题的起源，突出中国在湄公河诸多问题中的"中心"地位，在中国与对湄公河国家的威胁之间建立必然的联系。

第二，美国联合其他水平话语主体共同塑造中国在湄公河问题上责任缺失的负面形象。美国利用湄公河地区一些国家和组织（尤其是越南和湄公河委员会）在湄公河问题上对中国的偏见，要求中国承担更多的责任。美国对中国的批评话语已经对越南、湄公河委员会等产生了一定的影响。近年来，越南所处的湄公河三角洲地区粮食安全问题凸显，贫困人口增加，越南借助湄公河委员会向中国发难。2020 年 4 月，湄公河委员会发布了《2020 年 1—7 月湄公河下游流域水文条件》报告，在继续无端指责中国在上游不断抽水，造成下游干旱，需要中国为下游补水的同时，还要求中国应当在旱

---

① 捷克语言学家马斯修斯（Mathesius）、菲尔巴斯（Firbas）等提出"主位"（Theme）和"述位"（Rheme）的概念，在一个完整的句子中，用于引出话题的成分是主位；主位以外的成分均为述位，述位是句子叙述的核心。参见唐青叶《语篇模式类型与语篇分析》，《山东外语教学》2002 年第 4 期。

季提供更多的水文资料。虽然该报告同时指出，由于湄公河支流的流入在流量中所占比例更大，中国水电运行对下游的影响不那么明显，但其将干旱等极端气候归罪于中国的倾向已经十分明显。①2020年6月16日，湄公河委员会发布的《2019年度报告》的第一部分又要求中国披露上游大坝的安全标准。②

第三，美国还试图削弱中国在湄公河问题上的话语权，进一步固化湄公河国家对中国在湄公河问题上"不负责任"的负面形象。具体体现在以下两个方面。一方面，胡乱指责中国未能承担应有的和充分的国际责任；另一方面，认为即使中国承担了一定的责任，但仍然未能满足下游国家的所有诉求。美国鼓动湄公河各国要求中国承担更多的责任，兑现其分享水资源的承诺，公开并常年发布有关数据。③ 同时，美国还要求中国分享包括水坝运营数据在内的上游数据，并要求该数据必须通过湄公河委员会渠道而不能通过别的平台分享。④

（三）隐喻功能

美国媒体通过不同的语篇模式隐喻中国在水资源问题上对湄公河国家、湄公河沿岸民众产生了严重威胁。

第一，模糊跳跃的语篇模式。⑤ 故事是重要的模糊跳跃的语篇

---

① "Hydrological Conditions in the Lower Mekong River Basin in January-July 2020", Mekong River Commission, August, 2020, https://www.mrcmekong.org/assets/Publications/SitRHydrological-conditions-in-LMB-in-Jul-Dec-2020.pdf.

② Annual Report 2019, Mekong River Commission, June 16, 2020, https://www.mrcmekong.org/assets/Publications/AR2019-Part-1.pdf.

③ Brian Eyler, Yun Sun, "Discussing China's Dams on the Mekong", The Stimson Center, June 16, 2020, https://www.stimson.org/2020/discussing-chinas-dams-on-the-mekong/.

④ 《中国修建11座大坝影响湄公河安全？汪文斌：美方有关人士应当加强学习》，观察者网，2020年9月16日，https://www.guancha.cn/politics/2020_09_16_565361.shtml.

⑤ 模糊跳跃的语篇模式是指前后句子的主位、述位之间字面表层意思联系模糊，没有衔接关系，而前后句子语义与主题意义则一脉相承（连贯）。参见唐青叶《语篇模式类型与语篇分析》，《山东外语教学》2002年第4期。

模式之一，其在传播中由于形象具体、与普通民众日常生活贴近等优势往往会取得事半功倍的效果。美国媒体以讲故事的方式，企图达成从共情到共识的逻辑。

美国媒体对故事中的强弱主体进行变换，博取美国与湄公河国家及其民众的共情，影射中国因素在湄公河问题上的负面作用。《纽约时报》的《被杀死的"神"：大坝和中国力量如何威胁湄公河》一文将湄公河沿岸民众的日常生活中通过故事的方式描述出来，刻意塑造湄公河国家一些边远地区的贫困落后状况与中国的作为之间的强烈反差，隐喻中国是湄公河问题的"麻烦制造者"，企图通过共情的方式使湄公河国家达成与美国共同遏制中国在湄公河地区影响的共识。

第二，直线延续的语篇模式。① 在直线延续的语篇模式背后，是美国在湄公河问题上坚持"下游干旱—上游拦水—中国蓄意"的逻辑闭环。

美国媒体十分善于通过小人物（小主位）讲述大事情（大述位），以"小"和"大"的强烈对比和直线延续的语篇模式，隐喻中国在湄公河问题上"蛮横无理""自以为是"的形象。在《被杀死的"神"：大坝和中国力量如何威胁湄公河》一文中，《纽约时报》仅仅通过对当地民众、环保组织等非专业话语主体的采访，在没有充分的科学证据、严谨论证的情况下，就依靠"推理"得出中国水利水电建设股份有限公司在老挝承建的南乌江流域水电站导致老挝征地拆迁并引发许多矛盾的结论，甚至夸大其词地认为，中国承建的水电站将会扼杀湄公河的未来，其用意十分险恶。

美国媒体的报道模式虽然存在重大的逻辑缺陷和虚构事实的现象，但由于其阅读对象大多为辨别力较差的普通民众，且采用了更

---

① 直线延续的语篇模式是指前后句子的主位对应衔接，属于种属、同一或派生关系。参见唐青叶《语篇模式类型与语篇分析》，《山东外语教学》2002 年第 4 期。

容易被普通人接受的讲故事等形象、生动的报道方式,其影响十分恶劣。美国媒体与美国政府配合,对中国湄公河政策的话语既达到通过语言构建事物的目的,又塑造了对中国湄公河政策的话语环境和话语合法性及其在道德和伦理上的美好形象,并以此污蔑甚至妖魔化中国的形象,塑造针对中国的话语威胁。

四 中国应对美国"话语攻势"之思考

美国对中国湄公河政策的话语以多种方式试图构建有利于美国的话语环境,以此制造中国在湄公河问题上的话语危机,威胁中国的安全。对此,中国尚缺乏足够的应对措施,这导致中国逐渐处于不利地位。从历史发展的角度来看,话语没有明确的边界,因为在历史的发展过程中,人们总是改变旧话语,创造新话语,争夺话语边界,扩展话语边界。[①] 当前,美国对中国湄公河政策的话语存在诸多逻辑和科学上的缺陷与不足,这同样在透支美国政府和媒体的公信力。中国应在客观、科学地评价美国对中国湄公河政策的话语影响的基础上,从话语主体结构、话语内容结构等方面构建与美国批评话语相匹配的话语体系。

第一,丰富中国在湄公河问题上的话语结构尤其是水平话语主体结构。

中国在湄公河问题上的话语主体以官方话语主体和垂直话语主体结构为主,结构单一。但中国可利用的第三方话语主体(尤其是水平话语主体)实际上很多,只是目前未充分利用。中国应尤其重视引入第三方水平话语主体,形成更为丰富、多样化的水平话语主体结构。

美国对中国湄公河政策的水平话语结构并非铁板一块,湄公河委

---

① [美] 詹姆斯·保罗·吉:《话语分析导论:理论与方法》,杨炳钧译,重庆大学出版社2011年版,第31页。

员会是中国可利用的水平话语主体之一。湄公河委员会是湄公河地区的重要话语主体之一，长期致力于成为区域知识的中心，因而其在湄公河问题上应成为中国积极争取的话语主体，而不是被推向美国。湄公河委员会实际上试图在中国和美国之间寻求一种平衡，而不是作为任何一方的工具。2020年4月，美国通过"数据"炒作中国与湄公河下游国家之间的水资源共享问题，在其报告中多次强调中国试图削弱湄公河委员会；对湄公河委员会积极澄清"2019年湄公河地区的干旱主要是由于雨季降雨极少，季风雨推迟到来和提前离开造成"的说法却不予采信，并且通过假意与湄公河委员会进行"数据和信息交换与共享"，快速获得湄公河地区的数据信息（部分水文信息为中国提供），进而通过美国的新平台重新包装后"重磅推出"。①

实际上，湄公河委员会的一些报告十分有利于中国构建在湄公河问题上的水平话语结构。2020年初，在湄公河委员会发布的《2020年1—7月湄公河下游流域水文状况》报告中，湄公河委员会表现出试图加强与中国合作的意愿，其语气也较为中和，使用了"与中国和缅甸的合作……至关重要""成员国可以考虑中国要求""可以考虑要求中国进行补水"② 等较为中性的表述方式和词语，而不是将中国看作湄公河问题上的负面因素加以排斥。湄公河委员会还表现出较为强烈的与中国合作的愿望，认为中国2016年提供水文资料是非常好的举动，甚至还认为，在之前的一些报告中存在着对中国的误解。③ 中国可利用此契机，进一步增强与湄公河委

---

① 邓涵：《美国在澜沧江—湄公河的"水"到底有多深？》，澎湃在线，2020年6月7日，https://m.thepaper.cn/baijiahao_7745440。

② "Hydrological Conditions in the Lower Mekong River Basin in January-July 2020", Mekong River Commission, August 2020, https://www.mrcmekong.org/assets/Publications/SitRHydrological-conditions-in-LMB-in-Jul-Dec-2020.pdf, p. 1.

③ "Hydrological Conditions in the Lower Mekong River Basin in January-July 2020", Mekong River Commission, August 2020, https://www.mrcmekong.org/assets/Publications/SitRHydrological-conditions-in-LMB-in-Jul-Dec-2020.pdf, p. 1.

会的联系，而不仅仅满足于当前的伙伴关系（中国和缅甸一直是湄公河委员会的观察员国），或者对其敌视，或简单地将其看作越南和美国在湄公河问题上向中国发难的工具。

除美国以外，其他国家的水平话语主体也十分关注湄公河地区存在的诸多问题，而且其话语并非都是针对或者污名化中国。2020年7月，清华大学水文水资源研究所公布的一项研究结果显示，中国大坝能够在雨季储水、旱季放水，有助于解决湄公河流域的干旱问题。① 在这份报告公布后召开的线上会议中，英国牛津大学戴维·格雷（David Grey）教授、美国伊利诺伊大学姆里吉苏·斯瓦帕兰（Murugesu Sivapalan）教授、湄公河委员会首席战略和合作伙伴官员阿努拉克·基蒂昆（Anoulak Kittikhoun）以及澜湄六国的十余位专家、代表一致认为，该报告方法先进、数据翔实，准确揭示了湄公河流域干旱特性、2019年干旱成因及湄公河主要断面天然流量的地区组成，科学阐明了澜沧江梯级水库对湄公河干旱在总体上具有的减缓作用，有利于增进澜湄流域上下游理解与互信，进一步促进澜湄水资源合作，共同应对澜湄流域干旱等问题。② 同时，中国可以国际组织③的名义，或与其合作等方式，由中国牵头、资助，组建以中国研究人员为主体的联合项目组（或者其他工作组），对湄公河上游甚至是全流域进行多种形式的科学考察，发布甚至是重新包装相应的研究报告等，构建和丰富中国在湄公河问题上的水

---

① 田富强、刘慧等：《澜湄流域干旱特性与水库调度影响评估研究》，澜湄水资源合作信息共享平台，2020年7月，http://cn.lmcwater.org.cn/authoritative_opinion/study/202007/P020200719663211378886.pdf。该报告的英文版本参见清华大学土木水利学院网站，http://www.civil.tsinghua.edu.cn//upload/file/20200715/1594791768224016662.pdf。

② 《澜湄流域干旱和水库调度影响评估获国际专家高度评价，清华团队助力澜湄水资源合作》，清华大学土木水利学院，2020年7月15日，http://www.civil.tsinghua.edu.cn/he/essay/102/3887.html。

③ 如世界自然基金会曾经于2000年在中国云南省昆明市设有项目办公室（2017年后撤销），其主要致力于在滇西北地区开展综合保护与发展项目及在中国西南开展贫困与环境项目的研究、示范和相关政策倡导工作。

平话语结构。

第二，丰富中国在湄公河问题上的话语内容结构，尤其是要通过丰富科学话语的方式构建中国在湄公河问题上的话语互文性。

在湄公河问题上，中国亟须改变目前的话语模式，更加重视科学话语的作用，以丰富中国在湄公河问题上的语料库，构建中国在湄公河问题上的互文结构。中国的话语主体严重依赖官方，且官方与智库、学者等话语主体自说自话，各自的话语缺乏联系。不仅如此，中国媒体关于湄公河问题的报道大多是对官方话语的简单复述或者转发，导致在话语语料库、话语互文性等方面难以形成与美国匹配或竞争的话语体系。

就美国针对中国湄公河政策的话语而言，中国做出了一定的回应，但内容以政治话语为主，话语内容结构过于单一。2020年8月24日，李克强总理在出席澜湄合作领导人会议时承诺，中国将向湄公河五国提供澜沧江汛期水文资料，提前通报上游流量变化信息，克服困难增加旱季出境水量，帮助下游国家缓解旱情。① 2020年9月8日，中国外交部发言人赵立坚称，2019年以来，美国不断炒作湄公河水资源问题，故意制造热点，挑拨地区国家关系，破坏澜湄合作气氛。② 中国外交部认为，美方的相关报告明显违背事实，已被诸多国际水利专家认定为存在重大缺陷，但未能进一步指出美国报告的哪些内容违背事实，国际水利专家认定的"重大缺陷"是什么，说服力有限。

中国可尝试创造和丰富在湄公河问题上的话语语料库和科学话语，在证伪美国的科学话语的同时，丰富中国在湄公河问题上的话语内容结构。美国对中国湄公河政策的话语实际上很容易证伪，只

---

① 《李克强在澜沧江—湄公河合作第三次领导人会议上的讲话》，中国政府网，2020年8月24日，http://www.gov.cn/xinwen/2020-08/24/content_5537041.htm。
② 《美政客称中国操纵湄公河水资源 外交部驳斥》，人民网，2020年9月9日，http://usa.people.com.cn/n1/2020/0909/c241376-31854829.html。

是中国在很多时候没有找到正确的证伪方式。2020年12月7日，中国水电水利规划设计总院从科学的角度称澜沧江水电起到了缓解下游旱情的作用，水力发电只是利用水的势能，并不会使水量减少，更加不会导致下游发生干旱。①但中国需要更多的智库、科学家在美国和湄公河问题上发声，改变中国在湄公河问题上话语主体结构单一、回应和证伪方式过于简单的困境，形成更加有效的、令人信服的话语体系。因此，中国拓展在湄公河问题上的科学话语，可以借鉴美国科学话语构建的方式，丰富中国在湄公河问题上的话语内容结构。

美国在湄公河问题上持续发力，其对湄公河国家政府和民众的影响虽仍待考察，但表明中美在该问题上展开激烈交锋的可能性增大，中国仅仅依靠以官方为主的垂直话语主体结构，难以应对美国在多方面的发难。更为严重的是，除美国之外，中国还面临着湄公河国家在湄公河问题上的压力。缅甸、老挝、泰国、柬埔寨、越南等湄公河下游国家认为，位于湄公河上游的中国大坝加剧了这些国家的干旱情况，给其粮食安全带来威胁。中国政府反驳称，中国修建的大坝与下游国家面临的干旱情况无关，但这也难以让湄公河国家信服。

中国应当丰富在湄公河问题上的话语模式，在单纯的线性模式基础上，尤其要增加互动话语模式。②与美国对中国湄公河政策的话语重视科学话语、话语语料库十分丰富的特点相比，中国大多数的话语没有提供足够的有利于中国和证伪美国话语的证据，其结果是可信度大打折扣。英国和美国之前拍摄的一些纪录片，多处影射

---

① 《挑拨澜湄合作的谎言一戳就破——驳中国操纵湄公河水资源谬论》，中国水电水利规划设计总院，2020年12月7日，http://www.creei.cn/portal/article/index/id/25713.html。
② 互动话语模式指自觉或不自觉指导我们的实际行动和交流的模式。参见［美］詹姆斯·保罗·吉《话语分析导论：理论与方法》，杨炳钧译，重庆大学出版社2011年版，第84页。

中国在湄公河问题上的作为。英国广播公司（BBC）的《苏·帕金斯游历湄公河（2014）》（*The Mekong River with Sue Perkins 2014*）介绍了帕金斯在越南、柬埔寨等国湄公河流域的所见所闻，其中涉及的一些问题有污名化中国的倾向。比如在介绍湄公河下游的越南的渔民和农民生活方式的改变后，得出的结论是上游（意指中国）大坝的影响；在介绍柬埔寨的野生动物被猎杀并濒临灭绝及其原因时，除了讲到当地人为了经济利益而捕杀动物，还讲到这些野生动物可以用来做中药材并被卖到2000千米以外的地方，这同样暗指造成这些现象的原因在中国。① 美国CNN纪录片《湄公河之谜》（*Mysteries of the Mekong*）也存在类似的问题。这些纪录片以科学调查和科学话语方式，突出其科学性、真实性和形象性，非常隐蔽地将其意图和价值观隐藏起来，其传播效果比政府宣言、外交辞令、政治宣传等政治话语更具感染力和可信性。因此，中国也可以通过资助有官方背景的机构（高校、科研机构、智库、民间组织、非政府组织等），拍摄反映湄公河生态环境、人文环境等方面的纪录片，丰富和优化中国在湄公河问题上的话语主体、话语结构和话语模式。

第三，改变中国在湄公河问题上的鸵鸟心态和敏感心态，重视与湄公河国家在湄公河问题上的关系构建，正视美国对中国湄公河政策的话语。

在湄公河问题及美国对话湄公河政策的话语上，中国呈现出明显的鸵鸟心态和敏感心态，在应对美国或者湄公河国家在湄公河问题上对中国的批评时，中国一般首先想到的是控制事态发展，减少受众，以"严正""郑重"等较为生硬的政治话语和方式回应，而不是以科学的话语体系和话语逻辑应对。面对美国对中国湄公河政

---

① 具体参见BBC专门设立的该纪录片网站，https://www.bbc.co.uk/programmes/bo4plh4f。

策的话语,中国大多时候扮演着"抗拒性听者"① 的角色(甚至在面对湄公河国家对中国的批评话语时也扮演同样的角色),回应的模式呈现出明显的"冲击—回应"特点。这种模式最大的缺陷在于中国的回应往往滞后且无力,无法达到预期效果。而在回应之前的这段时间内,美国对中国的批评话语已经在湄公河国家广泛传播,使湄公河国家及其民众产生了先入为主的印象和对中国无所作为的直观感受,进而使中国后续回应的可信度大打折扣。这种做法无疑增加了中国应对湄公河问题的难度,将湄公河问题的主动权和话语权拱手让与美国。

美国对中国湄公河政策的话语发布时间亦十分巧妙,造成其话语更容易被"证实"的假象。美国政府、智库和非政府组织(如"地球之眼"、东西方研究中心、史汀生中心)的各类报告、《纽约时报》等媒体的报道等大多选择湄公河流域的旱季(11月至次年3月)以及雨季到来之前(4—5月)这两段时间发布。这两段时间要么是湄公河即将迎来旱季,湄公河的预期水位会有明显的下降,要么是雨季到来前湄公河水位最低的时间。因此,中国可以重点在这两段时间之前做好准备,以更加自信的态度应对,做到未雨绸缪。同时,中国也应当主动构建与湄公河国家的话语关系,而非逃避责任或者回避相关国家尤其是湄公河国家的关切。

五 结 论

批评话语分析以问题为导向。② 因此,本文以美国对中国湄公

---

① "抗拒性听者"(或"抗拒性读者")是指受话者故意拒绝接受说话者期望受话者接受的知识,拒绝做出说话者期望受话者做出的假设和推理。参见[美]詹姆斯·保罗·吉《话语分析导论:理论与方法》,杨炳钧译,重庆大学出版社2011年版,第23页。
② 辛志英:《话语分析:理论、方法与流派》,厦门大学出版社2020年版,第109页。

河政策的话语及其文本为主要研究对象，在研究其话语的结构、功能与影响的基础上，提出中国应构建与美国对中国湄公河政策的话语相匹配的话语体系。

美国对中国湄公河政策的"话语攻势"对中国国家安全提出了新的严峻挑战。21世纪初以来，美国多个战略如"亚太再平衡"战略、"印太战略"等都在湄公河地区交汇，试图在硬实力方面阻止中国的和平崛起和影响力的扩大，以维持有利于美国的地区国际关系格局。从现实来看，美国在舆论上的投入比在中国周边维持军事存在等离岸制衡方式上的投入要小得多，但随着中国和美国力量的此消彼长，未来美国会更加重视低成本的舆论攻势。

美国在湄公河问题上对中国持续发力，是在软实力方面对中国施加压力的重要举措。在舆论上，美国已经逐渐构建起其对中国湄公河政策的话语体系，以"四两拨千斤"的低成本方式开辟针对中国的新议题。在话语主体结构上，美国对中国湄公河政策构建了以美国政府为中心的水平话语主体结构和垂直话语主体结构，为其介入湄公河问题创造了合适的话语环境和话语身份；在话语内容结构上，美国通过对科学话语转码的方式实现了在湄公河问题上的理性诉求；美国政府和媒体以妖魔化中国、政治化和安全化湄公河问题的方式实现了其在湄公河问题上的情感诉求。美国对中国湄公河政策的话语初步实现了聚合本方力量，夸大和隐喻中国在湄公河问题上的负面作用，分化中国与湄公河国家在湄公河问题上的合作。

中国应当在客观评价美国对中国湄公河政策话语影响的基础上，建立中国湄公河政策的话语体系。首先，中国应通过科学研究、智库及与第三方合作等方式，建立中国湄公河政策的水平话语结构和话语体系；其次，丰富中国湄公河政策的话语内容结构和传播模式，建立关于湄公河问题的语料库，改变当前较为单一的话语模式；最后，中国在湄公河问题上应正视湄公河国家在湄公河问题上的合理诉求，防止湄公河问题从话语危机转化为安全危机。

在湄公河问题上，湄公河国家和美国具有一定的共同利益，中国无法在湄公河问题上完全排除美国的影响。因此，研究和剖析美国对中国湄公河政策的话语，既是"知彼知己"防患未然，也是从软实力角度研究如何更好地维护国家安全的重要方面。

美国"湄公河水战略"：
意图、调整与发展

张 励*

内容提要：自第二次世界大战爆发以来，美国一直视湄公河地区为"兵家必争之地"，拜登政府更将其视为"中美战略竞争前沿"。随着中美在多领域战略竞争的升级，拜登政府对紧邻中国西南周边的湄公河地区高度关注，并趁新冠疫情蔓延与湄公河旱情暴发之机，迅速继承"奥巴马湄公河遗产"与"特朗普湄公河遗产"，新增、扩充与升级"水战略工具箱"，形成了一套全新的"美国湄公河水战略"，以期打造"中美湄公河新战场"。拜登政府的"湄公河新攻势"无疑将对澜沧江—湄公河合作机制新"金色五年"的发展、"'一带一路'东南亚板块"的高质量建设、澜湄国家命运共同体的深入构建等带来隐患。未来，美国基于制衡中国的战略目标，将不断增强水战略投入力度、深度打造"水联盟"、塑造"中美湄公河水战场"、革新"水舆论战"的传播模式与传播议题。

---

* 张励，复旦大学一带一路及全球治理研究院副研究员、上海高校智库复旦大学宗教与中国国家安全研究中心研究员、博士生导师。

大国水博弈与美国水战略

关键词： 美国水战略；湄公河；战略竞争；澜湄国家命运共同体

自美国杜鲁门政府至拜登政府的 70 多年时间里，美国在湄公河地区（缅甸、老挝、泰国、柬埔寨、越南）大致经历了"布局—扩张—收缩—重返—重塑"五个阶段。在 2009—2021 年的十余年里，美国高度注重通过水战略来增强其在湄公河地区的地缘政治经济影响力，以制衡"中国的经济和政治影响力顺着湄公河流入东南亚"[1]。2009 年，奥巴马政府"重返湄公河"，塑造了以"湄公河下游倡议"（Lower Mekong Initiative）为代表的具有水资源合作功能的多边合作机制。其继任者特朗普政府通过调整"湄公河下游倡议"平台结构[2]并建立"湄公河—美国伙伴关系"（Mekong-U.S. Partnership）以凸显和强化水资源议题，"以河之名"强势介入该地区，与域内国家展开博弈。2021 年，拜登政府上台仅 1 个月，就迅速继承和升级"奥巴马湄公河遗产"与"特朗普湄公河遗产"。即通过在国内外释放湄公河重要信号，借助智库、媒体与非政府组织"三频共振"，塑造并开启"湄公河科技战"，组建与运作"水联盟"的"内外双环"等，多维度全面升级"湄公河水战略"，借助水议题"重塑"地区秩序，开辟继"网络战""科技战""贸易战""关税战"之外的"湄公河对抗新战场"。

本文首先分析美国不断升级"湄公河水战略"的战略意图，在此基础上重点探讨美国拜登政府"湄公河水战略"的政策调整与全新动向；剖析美国升级"湄公河水战略"对"'一带一路'东南亚板块"的推进，澜沧江—湄公河合作机制新"金色五年"的发展，

---

[1] Sebastian Strangio, *In the Dragon's Shadow: Southeast Asia in the Chinese Century*, New Haven, CT: Yale University Press, 2020, p. 57.

[2] "Joint Statement on the Eleventh Ministerial Meeting of the Lower Mekong Initiative", U.S. Department of State, August 4, 2018, https://2017 – 2021.state.gov/joint-statement-on-the-eleventh-ministerial-meeting-of-the-lower-mekong-initiative/index.html.

以及对中国西南周边安全等方面带来的地缘政治经济影响；最后研判未来美国"湄公河水战略"的发展趋势。

一 美国不断升级"湄公河水战略"的战略意图

自20世纪50年代至今的70多年里，"湄公河水战略"是美国"推回共产主义"在东南亚影响的一张牌。美国通过深度参与湄公河下游调查协调委员会（Committee for Coordination of Investigations of the Lower Mekong Basin）等方式，推行"湄公河水战略"，服务于美国的战略目标。[①] 20世纪90年代末至2016年，美国在迈过越南战争失利影响后，目睹大湄公河次区域经济合作（Greater Mekong Subregion Economic Cooperation）以及中国—东盟经济合作的发展，认为湄公河地区是其全球战略的关键地区之一。于是，通过建立"湄公河下游倡议"等方式重返湄公河地区，对冲中国在东南亚的地缘政治经济影响力。2017—2020年，美国视湄公河地区为推进其"印太战略"的重要区域，升级创立"湄公河—美国伙伴关系"，发布《湄公河—美国伙伴行动计划（2021—2023）》（Mekong-U. S. Partnership Plan of Action 2021 – 2023）。[②] 2021年至今，拜登政府更加重视和不断升级"湄公河水战略"，不仅将湄公河地区视为大国竞争2023年的前沿阵地，也欲借重塑东南亚布局之机重振美国全球影响力（见图1）。拜登政府的"湄公河水战略"，企图开辟大国竞争新领域；发展"河海战略"布局需求；弥补美国"湄公河机制"与"澜湄合作机制"的发展落差；遏制中国"水话

---

① Ashok Swain, *Managing Water Conflict: Asia, Africa and the Middle East*, London: Routledge, 2004, p. 120; Nguyen Thi Dieu, *The Mekong River and the Struggle for Indochina: Water, War, and Peace*, Westport: Praeger, 1999, p. 84.

② "Mekong-U. S. Partnership Plan of Action 2021 – 2023", Mekong-U. S. Partnership, 2021, https://mekonguspartnership.org/about/plan-of-action/.

语权",将湄公河塑造为大国对抗"新战场"。

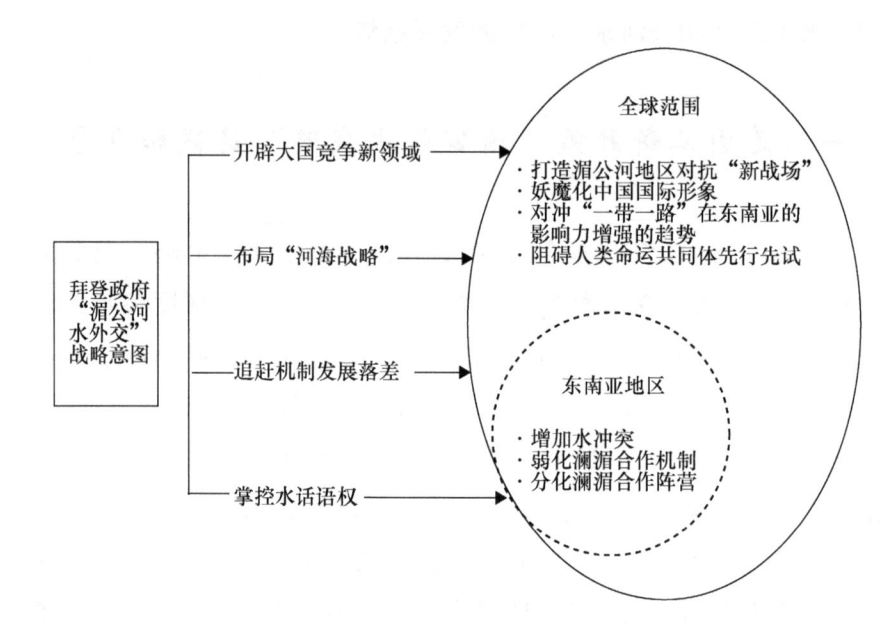

```
拜登政府           ┌─ 开辟大国竞争新领域 ─→  ┌─────全球范围─────┐
"湄公河            │                         │ ·打造湄公河地区对抗"新战场" │
 水外交"           ├─ 布局"河海战略" ──────→│ ·妖魔化中国国际形象         │
 战略意图          │                         │ ·对冲"一带一路"在东南亚的   │
                   │                         │  影响力增强的趋势           │
                   ├─ 追赶机制发展落差 ───→  │ ·阻碍人类命运共同体先行先试 │
                   │                         │   ┌───东南亚地区───┐       │
                   │                         │   │ ·增加水冲突    │       │
                   └─ 掌控水话语权 ────────→ │   │ ·弱化澜湄合作机制│      │
                                             │   │ ·分化澜湄合作阵营│      │
                                             │   └────────────────┘       │
                                             └─────────────────────────────┘
```

图 1　拜登政府"湄公河水战略"战略意图

资料来源：笔者自制。

（一）开辟对华战略竞争的新领域

随着美国对华战略竞争加剧，美国除借口所谓"民主""人权"制造负面议题之外，还瞄准网络、5G、半导体芯片、贸易、关税等科技与经贸领域，打"网络牌""科技牌""贸易牌"和"关税牌"。不仅如此，近年来，美国借助"印太战略"，在湄公河水问题上做文章，打"环境牌"。湄公河议题是关乎生计的重要议题，又与中国西南地区安全和澜沧江—湄公河合作机制（以下简称"澜湄合作机制"）发展紧密相关。美国以生计、环境为突破口，更易引起流域内的共鸣与全球范围内的同情感，吸引眼球和扩大站边群体。尤为重要的是，通过打湄公河"环境牌"，有助于开辟大国对抗的新领域，形成政治、经济、科技、环境等多维立体联动攻势，并在湄公河沿线国家乃至东南亚国家之间打入楔子。

(二) 布局"河海战略"

美国早在21世纪初就开始布局"河海战略",将"湄公河水冲突"与地区敏感问题相挂钩,从而希望形成"议题联动"并使地区局势更为复杂化。2010年,美国智库伍德罗·威尔逊国际学者中心就在其网站发文,诬蔑中国通过湄公河"胁迫"东南亚国家,让东南亚国家支持中国在东南亚地区的资源开发战略。① 此后,美国通过不断向东南亚国家尤其是越南释放中国欲借湄公河大坝建设、水资源开发,钳制下游国家命脉以左右它们国家决策的错误信号,挑起国家纷争。拜登政府对"湄公河水战略"的升级,意在激起东南亚国家对中国的焦虑,形成湄公河与南海联动的"河海战略",搅局东南亚地区安全。

(三) 弥补美国"湄公河机制"与"澜湄合作机制"的发展落差

美国的"湄公河机制"包含原有的"湄公河下游倡议"与近年来推行的"湄公河—美国伙伴关系",但这两者的发展速度与中国2016年倡导的"澜湄合作机制"存在一定差距。2016年,中国与湄公河国家启动了澜湄合作机制,在政治安全、经济和可持续发展、社会人文三方面发展迅速。澜湄合作机制将水资源列为五大优先领域之一,与湄公河委员会(Mekong River Commission)合作紧密,特别是在合作机制、技术培训、救灾等方面取得了重要成果。②

---

① Russell Sticklor, "Managing the Mekong: Conflict or Compromise", New Security Beat, December 1, 2010, https://www.newsecuritybeat.org/2010/12/managing-the-mekong-conflict-or-compromise/.

② Li Zhang and Hongzhou Zhang, "Water Diplomacy and China's Bid for Soft Power in the Mekong", *The China Review*, Vol. 21, No. 4, 2021, pp. 52–55.

在2020年举行的澜湄合作第三次领导人会议上，中国提出从2020年开始与湄公河国家分享澜沧江全年水文信息，将水资源合作推向新高度。①

尽管美国的"湄公河机制"起步比中国早，但是，"雷声大雨点小"。2009年，美国与老挝、泰国、柬埔寨、越南成立"湄公河下游倡议"，以提升美国在湄公河地区的影响。2012年，又将缅甸正式纳入该倡议。② 2018年，美国与湄公河国家在第十一次"湄公河下游倡议"部长会议上重新调整了"湄公河下游倡议"的议题优先顺序，将水资源放在第一位，并签署了《2016—2020年湄公河下游倡议总体行动计划》，着重强调了正在实施的《湄公河水资源数据倡议》。③ 2020年，美国将"湄公河下游倡议"升级为"湄公河—美国伙伴关系"，以期不断提升与湄公河国家在水资源等领域的合作关系。2021年，美国又着力推动通过《湄公河—美国伙伴行动计划（2021—2023）》。④ 但"湄公河下游倡议"迭代升级速度缓慢，因此，在与中国的湄公河地区的机制竞争与水资源管理竞争上逐渐失去优势。⑤ 拜登政府推出"湄公河—美国伙伴关系"，是希望弥补美国"湄公河倡议"的发展落差，与中国展开拆台竞争。

---

① 《李克强在澜沧江—湄公河合作第三次领导人会议上的讲话》，新华网，2020年8月24日，http://www.xinhuanet.com/politics/leaders/2020-08/24/c_112640 7739.htm。

② "Lower Mekong Initiative", U. S. Department of State, February 21, 2019, https://www.state.gov/lower-mekong-initiative/.

③ "Joint Statement on the Eleventh Ministerial Meeting of the Lower Mekong Initiative", U. S. Department of State, August 4, 2018, https://www.state.gov/joint-statement-on-the-eleventh-ministerial-meeting-of-the-lower-mekong-initiative/.

④ "Mekong-U. S. Partnership Plan of Action 2021－2023", Mekong-U. S. Partnership, 2021, https://mekonguspartnership.org/about/plan-of-action/.

⑤ Kay Johnson, Panu Wongcha-um, "Water Wars: Mekong River Another Front in U. S. -China Rivalry", Reuters, July 24, 2020, https://www.reuters.com/article/us-mekong-river-diplomacy-insight-idUSKCN24P0K7?taid=5f1ac05e68ab86000188b147&utm_campaign=trueAnthem%3A+Trending+Content&utm_medium=trueAnthem&utm_source=twitter.

（四）牵制"一带一路"倡议在湄公河地区的发展

自 2013 年中国提出"一带一路"倡议以来，美国从一开始的谨慎接触迅速转为公开质疑与反对，其主流媒体《纽约时报》《华盛顿邮报》《华尔街日报》对"一带一路"倡议的动机、可行性及影响报道更以消极负面为主。① 拜登政府上台后，更是通过升级和推出"湄公河—美国伙伴关系""重建更美好世界"（Build Back Better World）、"印太经济框架"（Indo-Pacific Economic Framework）等一系列措施来对冲中国"一带一路"倡议，打乱既有区域经济合作。而"因水而生，因水而兴"的湄公河地区是"'一带一路'东南亚板块"经济合作的重要组成部分，更是 2020—2021 年"一带一路"倡议的经济逆势增长点（见表 1）。湄公河国家亟须通过"一带一路"倡议，推动本国流域内的湄公河水利设施建设，促进本国经济发展。特别是老挝欲通过打造"东南亚蓄电池"来"电力富国"，摆脱贫困。中国在湄公河流域投资规划建设的 11 座水电站中，有 7 座位于老挝，2 座位于老挝与泰国边界，2 座位于柬埔寨。② 同时，中国大力发展同五个湄公河国家的"一带一路"电力互联互通建设。为牵制"一带一路"倡议推进，拜登政府上台仅一个月就通过不断炒作湄公河"水紧缺恐慌"③，试图阻碍"一带一路"建设在湄公河地区的顺利推进。同时，美国与印太盟友及伙伴等合力，不断制造"湄公河舆论战"，抹黑"一带一路"倡议。

---

① 韦宗友：《美国对"一带一路"倡议的认知与中美竞合》，《美国问题研究》2018 年第 1 期；韦宗友：《美国媒体对"一带一路"倡议的认知——基于美国三大主流媒体的文本分析》，《国际观察》2018 年第 1 期。

② Truong-Minh Vu, "Between System Maker and Privileges Taker: The Role of China in the Greater Mekong Sub-region", *Revista Brasileira de Política Internacional*, Vol. 57, 2014, p. 166.

③ "Transparency Needed in Mekong River Management", VOA, March 6, 2021, https://editorials.voa.gov/a/transparency-needed-in-mekong-river-management/5803420.html。

表1　　　　2018—2021年中国与湄公河国家
贸易额和中国投资额　　　　（单位：亿美元）

国家	2018年		2019年		2020年		2021年	
	贸易	投资	贸易	投资	贸易	投资	贸易	投资①
缅甸	152.4	2.7	187.0	2.4	188.9	2.6	186.2	—
老挝	34.7	14.3	39.2	11.8	35.5	12.4	43.5	—
泰国	875.2	6.4	917.5	9.0	986.3	8.2	1311.8	—
柬埔寨	73.9	6.4	94.3	6.9	95.6	9.1	136.7	—
越南	1478.6	12.3	1620.0	13.0	1922.8	13.8	2302.0	—
总额	2614.8	42.1	2858	43.1	3229.1	46.1	3980.2	—

资料来源：笔者根据中华人民共和国商务部公开资料整理所得。

二　拜登政府"湄公河水战略"的政策调整

2021年1月拜登政府正式上台后，继承"奥巴马湄公河遗产"与"特朗普湄公河遗产"并调整精度，新增、扩充与升级"美国水战略工具箱"，形成了一套全新的"湄公河水战略"，加大湄公河重返力度，积极"重塑"湄公河地区秩序。

（一）释放湄公河地区对美国战略重要性的强烈信号

首先，炒作湄公河水资源议题。2021年2月，美国国务院发言人内德·普赖斯（Ned Price）借湄公河季节性干旱之机，炒作湄公河水短缺，表达对中国水文数据与大坝运行信息所谓"不透明"的"担忧"。② 美国众议院外交事务委员会也声称，将通过加

---

① 截至2022年3月21日，中国商务部关于2021年1—12月中国对湄公河国家投资额暂未公布。

② Ned Price, "Supporting a Healthy, Sustainable Mekong River", U. S. Department of State, February 23, 2021, https://www.state.gov/supporting-a-healthy-sustainable-mekong-river/.

强国际伙伴关系，应对气候变化挑战，提高国会对湄公河问题的认知。①

其次，强化湄公河议题合作机制，深化水合作。拜登政府上台后继承特朗普政府于2020年9月建立的"湄公河—美国伙伴关系"，于2021年3月召开首届"湄公河—美国伙伴关系1.5轨政策对话"。6月，副国务卿温迪·谢尔曼（Wendy Sherman）访问柬埔寨，指出美国打算与柬埔寨合作担任2022年东盟轮值主席国，确保美国在应对湄公河地区政治和安全挑战上发挥建设性作用。② 同月，美国国务院负责东亚与太平洋事务高级官员梅健华（Kin W. Moy）与柬埔寨共同主办首届湄公河—美国伙伴关系高级官员年度会议。会议讨论了推进可持续水资源、电力伙伴关系、自然资源管理和环境保护等议题。梅健华强调，美国致力于一个安全、繁荣和开放的湄公河次区域。③ 8月，国务卿安东尼·布林肯（Antony Blinken）又分别主持"湄公河—美国伙伴关系"部长级会议与"湄公河部长之友会议"，强调美国对湄公河地区的重视，关注环境保护与水资源管理，支持发挥湄公河委员会的作用；等等。④

最后，重视重塑美国在湄公河地区的影响力。2021年7月，布林肯在东盟—美国外长特别会议期间，强调美国将与东南亚站在一

---

① "Strengthening Transboundary River Governance Report", Mekong-U. S. Partnership, February 26, 2021, https://mekonguspartnership.org/2021/02/26/strengthening-transboundary-river-governance-report/.
② "Deputy Secretary of State Wendy Sherman's Visit to Cambodia", U. S. Department of State, June 1, 2021, https://www.state.gov/deputy-secretary-of-state-wendy-shermans-visit-to-cambodia/.
③ "Mekong-U. S. Partnership Senior Officials' Meeting", U. S. Department of State, June 30, 2021, https://www.state.gov/mekong-u-s-partnership-senior-officials-meeting/.
④ "Secretary Blinken's Participation in the Mekong-U. S. Partnership Ministers' Meeting", U. S. Department of State, August 3, 2021, https://www.state.gov/secretary-blinkens-participation-in-the-mekong-u-s-partnership-ministers-meeting/; "Secretary Blinken's Participation in the Friends of the Mekong Ministers' Meeting", U. S. Department of State, August 5, 2021, https://www.state.gov/secretary-blinkens-participation-in-the-friends-of-the-mekong-ministers-meeting/.

起应对中国影响，承诺将继续支持湄公河—美国伙伴关系下的所谓"自由开放的湄公河地区"①。这是美国第一次在"自由开放的印太"战略框架下，提出"自由开放的湄公河地区"，凸显湄公河地区在美国"印太战略"中的重要地位。在8月召开的第11届东亚峰会（East Asia Summit）外长会议期间，布林肯重申美国对建设"自由开放的湄公河"次区域的重视。② 拜登政府还表示，支持"东盟印太展望"，加强美国在"东盟印太展望"框架下与东盟的合作。此外，美国积极通过双边及多边对话机制提升在湄公河地区的影响力。例如，通过美国国际开发署对湄公河地区的保障措施（USAID Mekong Safeguards）、日美—湄公河电力伙伴计划、湄公河—美国伙伴关系、湄公河—美国伙伴关系1.5轨政策对话系列等，重塑美国在湄公河地区的影响力。③

（二）借助智库、媒体与非政府组织"三频共振"，掌握"湄公河话语权"

拜登政府借助智库的"研究引导功能"与媒体的"故事叙述功能"，不断加强关于湄公河议题的平台交流、研究论证与叙述传播，保持民众对湄公河议题的持续关注。美国智库史汀生中心与东西方研究中心是推动美国"湄公河"相关议题研究的重要智库机构。在拜登政府支持下，2021年3月，史汀生中心联合国际自然联盟召开了第一次"湄公河—美国伙伴关系

---

① "Secretary Blinken's Meeting with ASEAN Foreign Ministers and the ASEAN Secretary General", U. S. Department of State, July 13, 2021, https://www.state.gov/secretary-blinkens-meeting-with-asean-foreign-ministers-and-the-asean-secretary-general/.

② "Secretary Blinken's Participation in the East Asia Summit Foreign Ministers' Meeting", U. S. Department of State, August 4, 2021, https://www.state.gov/secretary-blinkens-participation-in-the-east-asia-summit-foreign-ministers-meeting/.

③ "U. S. Support for the ASEAN Outlook on the Indo-Pacific", U. S. Department of State, August 4, 2021, https://www.state.gov/u-s-support-for-the-asean-outlook-on-the-indo-pacific/.

1.5 轨政策对话"①。美国国务院负责东亚与太平洋事务的首席副助理国务卿克夏（Atul Keshap），英国驻柬埔寨大使蒂娜·雷德肖（Tina Redshaw）等200多位来自政府、非政府组织、民间社会、学界、企业界、美国"东南亚青年领袖计划"的代表讨论了湄公河跨界水资源、能源等主题。②史汀生中心还着力推动"湄公河大坝监测"（Mekong Dam Monitor）系统，发布系列研究报告。③东西方研究中心则于2021年2月发布了《加强跨界河流治理的印太会议报告》，该报告集合了美国国务院主办的"印度—太平洋地区加强跨界河流治理会议"的主要内容，包括湄公河治理的政策建议、合并湄公河国际组织的可行性、将民间社会和次国家政府纳入决策过程等。④

在美国智库的湄公河议题"引导"下，媒体与非政府组织通过炒作湄公河水议题进一步强化"湄公河话语权"。美国"美国之音"（Voice of America）、"人权观察"（Human Rights Watch）等美国政府宣传机构和国际非政府组织通过刊发和转载等方式，诋毁中国在湄公河上游建造大坝对河流产生"负面影响"，以此为借口要求中国提供境内更多的大坝数据。⑤媒体与非政府组织还通过泰国、柬埔寨以及湄公河委员会等"第三方视角"，渲染中国建筑的大坝

---

① "Stimson Center and IUCN Conclude Productive Mekong-U. S. Partnership Track 1. 5 Policy Dialogues", Stimson, April 7, 2021, https://www.stimson.org/2021/stimson-center-and-iucn-conclude-productive-mekong-u-s-partnership-track-1-5-policy-dialogues/.

② "Mekong-U. S. Partnership Track 1. 5 Policy Dialogue Opening Plenary", Stimson, March 18, 2021, https://www.stimson.org/event/mekong-u-s-partnership-track-1-5-policy-dialogue/.

③ Richard Cronin, "There's Still Hope for the Mekong: China Inevitably Has Become a Major Focus of Concern about Extreme Drought in the Lower Half of The River", Stimson, February 16, 2021, https://www.stimson.org/2021/theres-still-hope-for-the-mekong/; Courtney Weather, et al., *Mekong Infrastructure Tracker 2020 Annual Report*, USAID, Stimson and The Asia Foundation, April 22, 2021; Brian Eyler, Courtney Weatherby, *The Mekong Matters for America and America Matters for the Mekong*, East-West Center and Stimson, April 28, 2020.

④ East-West Center, *Indo-Pacific Conference on Strengthening Governance of Transboundary Rivers Report*, February 25, 2021, p. 6.

⑤ "Mekong River at 'Worrying' Low Level Amid Calls for More Chinese Dam Data", VOA, February 13, 2021, https://www.voanews.com/a/east-asia-pacific_mekong-river-worrying-low-level-amid-calls-more-chinese-dam-data/6201989.html; Scott Ezell, "4 Dams on the Upper Mekong in Yunnan, China: 2011–2019", The Diplomat, May 5, 2021, https://thediplomat.com/2021/05/4-dams-on-the-upper-mekong-in-yunnan-china-2011-2019/.

可能会对湄公河国家沿岸居民生活生计、生态环境产生"破坏"。①美国通过加大对中国"水舆论战"的力度与规模,误导湄公河国家对中国的认知,夯实美国的"湄公河话语权"。

(三) 塑造并开启"湄公河科技战"

拜登政府还通过"湄公河网络安全"与"湄公河数据话语"等科技手段,塑造湄公河水议题的全新工具。随着中美在科技领域的竞争升温,拜登政府开始将湄公河议题"科技化",期望炒作湄公河数据安全议题引发湄公河国家担忧。拜登政府上台后继承了2020年12月由特朗普政府启动的"湄公河大坝监测"系统,强调水数据共享,希望通过"湄公河水数据倡议"(Mekong Water Data Initiative),加强湄公河国家和湄公河委员会对于湄公河跨界水资源的管理,恶意渲染中国在湄公河上游建造大坝对泰国、老挝等下游国家水安全的不利影响。② 同时,美国还造谣抹黑中国"窃取"部分湄公河国家的水文数据信息,从而加大湄公河国家对中国的离心力。③

---

① Vijitra Duangdee, "Damming of the Mekong: Thai Villagers Lament a River in Crisis", VOA, April 17, 2021, https://www.voanews.com/a/east-asia-pacific_damming-mekong-thai-villagers-lament-river-crisis/6204703.html; Birgit Schwarz, John Sifton, "Left with Fish too Small to Sell in Cambodia's Mekong River Basin: How a China-Built Dam Destroyed an Ecosystem and Livelihoods", Human Rights Watch, August 10, 2021, https://www.hrw.org/news/2021/08/11/left-fish-too-small-sell-cambodias-mekong-river-basin; Sebastian Strangio, "Mekong River Commission Calls for Improved Hydropower Data Sharing", The Diplomat, July 1, 2021, https://thediplomat.com/2021/07/mekong-river-commission-calls-for-improved-hydropower-data-sharing/.

② "Remarks at The Mekong-U.S. Partnership Track 1.5 Policy Dialogue Opening Plenary", U.S. Embassy & Consulates in China, March 22, 2021, https://china.usembassy-china.org.cn/remarks-at-the-mekong-u-s-partnership-track-1-5-policy-dialogue-opening-plenary/.

③ "Four Chinese Nationals Working with the Ministry of State Security Charged with Global Computer Intrusion Campaign Targeting Intellectual Property and Confidential Business Information, Including Infectious Disease Research", The United States Department of Justice, July 19, 2021, https://www.justice.gov/opa/pr/four-chinese-nationals-working-ministry-state-security-charged-global-computer-intrusion; Prak Chan Thul and James Pearson, "Chinese Hackers Stole Mekong Data from Cambodian Foreign Ministry-Sources", Reuters, July 22, 2021, https://www.reuters.com/world/asia-pacific/chinese-hackers-stole-mekong-river-data-cambodian-ministry-sources-2021-07-22/; Paul Mozur and Chris Buckley, "Spies for Hire: China's New Breed of Hackers Blends Espionage and Entrepreneurship", The New York Times, August 26, 2021, https://www.nytimes.com/2021/08/26/technology/china-hackers.html?_ga=2.232357151.1691242212.1630228955-98822862.1613181367.

（四）组建与运作"水联盟"的"内外双环"

拜登政府对"湄公河水联盟"进行了内外环的高阶重构（见图2）。

第一，通过"湄公河—美国伙伴关系"构建与湄公河国家的"水联盟内环"。拜登政府借助"湄公河—美国伙伴关系"，不断加深同湄公河国家的内部关系。首先，美国搭建水资源交流合作平台，以构建六国间全方位的沟通渠道。"湄公河—美国伙伴关系"涵盖1.5轨对话、政策对话、高级官员会议、部长级会议、领导人会议等多层级沟通平台。美国借此了解与抓住湄公河国家水合作、水争端解决的需求，从而搭建起与湄公河国家水合作的畅通渠道。其次，美国从水经济与水数据角度入手，满足湄公河国家的水利益诉求。"湄公河—美国伙伴关系"为湄公河国家提供了"东南亚智能电力项目"（Southeast Asia Smart Power Program）、"湄公河能源安全/电力部门计划"（Mekong Energy Security/Power Sector Program）、"湄公河水数据倡议"、"湄公河大坝监测"等[①]它们所急需的内容。美国借助能源发展项目与水数据监控项目，捆绑湄公河国家的能源安全与水灾害应对等关键议题，从而助其构建"水联盟内环"。最后，美国通过"湄公河—美国伙伴关系"拉拢其与湄公河委员会[②]的关系，分化中国与湄公河委员会的合作。拜登政府首先新增湄公河委员会秘书处为"湄公河之友"成员，以加强相互间的水资源安全合作。同时，美国借湄公河委员会，以期裹挟中国，获取更多中国境内的水文数据，并要求中国将数据通过湄公河委员会进行分享。

---

① "Mekong-U.S. Partnership Plan of Action 2021-2023", Mekong-U.S. Partnership, 2021, https://mekonguspartnership.org/about/plan-of-action/.

② 湄公河委员会成立于1995年，泰国、老挝、柬埔寨和越南四国为成员国，中国与缅甸为对话伙伴，重点在湄公河流域综合开发利用、水资源保护、防灾减灾、航运安全等领域开展合作。

```
        湄公河之友
        (水联盟外环)

          湄公河—美国
           伙伴关系
          (水联盟内环)
```

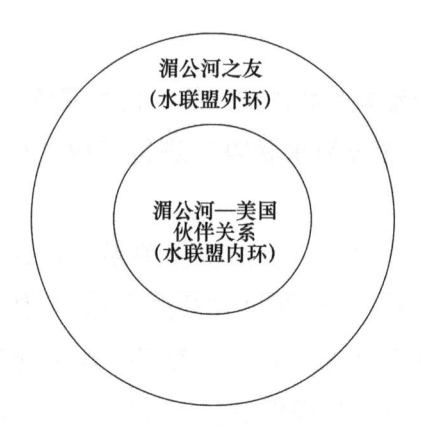

图 2　拜登政府"湄公河水联盟"的"内外双环"

资料来源：笔者自制。

第二，通过"湄公河之友"塑造"水联盟外环"，并将五眼联盟与美日印澳四国机制作为外环联盟的重要组成部分。首先，美国扩大"湄公河之友"（Friends of the Mekong）成员数量，并纳入更多的五眼联盟、美日印澳四国机制成员。美国原有的"下湄公河之友"就涵盖日本、澳大利亚、新西兰等部分五眼联盟与美日印澳四国机制国家（见表2）。2021年，拜登政府又新增英国、印度为"湄公河之友观察员"（见表3），从而彻底将五眼联盟与美日印澳四国机制成员纳入"湄公河之友"，塑造起"水联盟外环"。这样可方便五眼联盟与美日印澳四国机制成员在湄公河的水、气候、环境、能源、粮食等方面发挥重要影响，将湄公河问题"国际化"，并对冲中国与湄公河国家的澜湄水资源合作。其次，美国在"水联盟外环"下与盟国展开"联合项目"，以加强对湄公河国家的投入力度，发挥外环联盟作用。拜登政府联合日本与湄公河国家发展电力伙伴关系，①促进湄公河地区的电网现代化，重点支持越南竞争

---

① Kei Koga, "Japan-Southeast Asia Relation: A Diplomatic 'New Normal' in the Indo-pacific Region", *Comparative Connections*, Vol. 23, No. 1, 2021, p. 153.

性电力批发市场的实施与竞争性电力零售市场的设计。① 同时，美国联合韩国启动湄公河地区水资源数据利用和能力建设的合作，意在为柬埔寨、老挝、泰国和越南提供有关建模、水数据利用和知识转移等主题的培训活动等。②

表2　　　　　　　拜登政府的"湄公河之友"成员结构

"湄公河之友"参与国	流域国家	五眼联盟	美日印澳四国机制	其他国家	国际组织
美国		●	●		
缅甸	●				
老挝	●				
泰国	●				
柬埔寨	●				
越南	●				
日本			●		
韩国				●	
澳大利亚		●	●		
新西兰		●			
欧盟					●
英国（观察员）		●			
印度（观察员）			●		
亚洲开发银行					●
世界银行					●
湄公河委员会秘书处					●
东盟秘书处（观察员）					●

资料来源：笔者根据网络公开资料自制。

---

① "United States Hosts Vietnam Webinar Series Towards Modernizing Vietnam's Power Sector", Mekong-U. S. Partnership, February 5, 2021, https://mekonguspartnership.org/2021/02/05/united-states-hosts-vietnam-webinar-series-towards-modernizing-vietnams-power-sector/.

② "United States, South Korea, and Mekong River Commission Partnership Launches", Mekong-U. S. Partnership, July 28, 2021, https://mekonguspartnership.org/2021/07/28/united-states-south-korea-and-mekong-river-commission-partnership-launches/.

表3　"下湄公河之友"至"湄公河之友"的升级变化

组织名称	"下湄公河之友"	"湄公河之友"
时间跨度	奥巴马政府时期至特朗普政府时期	特朗普政府时期至拜登政府时期
成员构成	成员：美国、缅甸、老挝、泰国、柬埔寨、越南、日本、韩国、澳大利亚、新西兰、欧盟、亚洲开发银行、世界银行	成员：美国、缅甸、老挝、泰国、柬埔寨、越南、日本、韩国、澳大利亚、新西兰、欧盟、亚洲开发银行、世界银行、湄公河委员会秘书处* 观察员：英国*、印度*、东盟秘书处

注：*表示拜登政府时期新增成员。

资料来源：笔者根据网络公开资料自制。

三　拜登政府"湄公河水战略"对中国影响分析

拜登政府升级"湄公河水战略"、塑造"中美湄公河新战场"的举动，将对"一带一路"项目推进、中国地区机制建设及中国在周边的国际形象，产生诸多不利影响。

（一）冲击澜湄合作机制的发展速度与中国国际机制建设能力

澜湄合作机制是流域内首个由中国、柬埔寨、老挝、缅甸、泰国、越南六国共商共建共享的次区域合作机制，体现了中国全方位、多领域的机制建设能力。自2016年澜湄合作机制启动以来，在安全、经济、环境、人文等领域取得重要成果，同时该机制一直强调把湄公河水资源合作放在优先领域，提倡"同饮一江水，命运紧相连"的精神。因此，拜登政府敏锐地观察到湄公河是中美地缘竞争重要场所，[1]关乎澜湄六国联系与发展的命脉，所以希望通过

---

[1] David Hutt, "Laos, China and Transnational Security of Electricity Production", *Journal of Greater Mekong Studies*, Vol. 4, 2020, p. 65.

升级"湄公河水战略"来打破澜湄合作机制的快速发展。美国一方面不断升级"湄公河—美国伙伴关系",拉拢湄公河国家在其框架内处理水资源合作议题。另一方面,美国又向流域国家炒作"湄公河问题",通过新冠疫情、"世界水日"发布的用水紧张报告等给湄公河国家施加新的用水压力和制造水恐慌。美国"湄公河外交"的直接目的,是在湄公河国家中播下对中国湄公河水资源合作诚意乃至区域机制建设能力的怀疑种子,给渐入佳境的澜湄合作机制运作造成阻力,阻碍"澜湄速度"和"澜湄效率"。

(二)影响"一带一路"倡议项目推进

东南亚地区是新冠疫情下中国"一带一路"倡议的重要逆势增长点,新冠疫情期间中国对湄公河国家的贸易与投资额更呈现逆势上涨趋势。拜登政府通过升级"湄公河水战略",打"环境牌",冲击"一带一路"倡议在湄公河地区的顺利推进。2009—2021年,美国向湄公河国家提供了43亿美元援助,[①] 其中大部分资金来自美国国务院与美国国际开发署。这些资金中的一部分主要流向非政府组织与智库等,鼓动当地社区与民众参加,[②] 为阻挠中国湄公河地区的水利设施项目提供"舆论与数据支持"。例如,中国在缅甸、柬埔寨、老挝投资建设密松水电站、塞桑河下游2号水电站与南欧江流域梯级水电站等"一带一路"重大项目时,受美国支持的非政府组织与智库渲染、炒作环境、民生议题,指责大坝建设破坏了沿岸生态环境以及他们所信仰的"母亲河",

---

① Antony J. Blinken, "The United States and the Friends of the Mekong: Proven Partners for the Mekong Region", U. S. Department of State, August 5, 2021, https://www.state.gov/the-united-states-and-the-friends-of-the-mekong-proven-partners-for-the-mekong-region/.

② U. S. Mission China, "Launch of the Mekong-U. S. Partnership: Expanding U. S. Engagement with the Mekong Region", U. S. Embassy & Consulates In China, September 15, 2020, https://china.usembassy-china.org.cn/launch-of-the-mekong-u-s-partnership-expanding-u-s-engagement-with-the-mekong-region/.

阻挠项目推进。① 其中密松水电站受阻搁置，后两座水电站克服困难开始投产运行。另外，美国通过"湄公河—美国伙伴关系"，推动"美国国际开发署湄公河保障""湄公河水数据倡议""湄公河大坝监测"等治理标准、数据追踪项目，② 发布不利于"一带一路"建议项目的技术信息与数据，阻挠项目实施。

（三）影响中国在东南亚国家的形象

拜登政府的"湄公河水战略"，对中国在东南亚的国家形象建设，无疑造成挑战。美国通过抓住干旱、洪涝之机，由官员、智库、媒体、非政府组织共同发动"水舆论战"，以塑造中国是"湄公河破坏者"的假象。同时，美国不断炮制与发酵所谓的"大坝威胁论""环境破坏论""水数据窃取论""电网债务陷阱论"，试图误导湄公河区域民众和国际社会破坏中国地区形象，疏离东南亚国家与中国的关系。根据东盟2021年和2022年的两份民调，虽然76.7%的东南亚国家受访者认为，中国在东南亚地区的经济影响力最大，但仍有50.7%的受访者认为，"中国在东南亚日益增长的经济主导地位和政治影响力"可能会恶化他们对中国的正面印象。72.2%的受访者同意或强烈同意"东盟应将湄公河问题纳入其议程"。③ 50.6%的受访者认为，可通过东盟主导湄公河倡议，或由东

---

① "Damming the Mekong Basin to Environmental Hell", *The Japan Times*, August 20, 2019, https://www.japantimes.co.jp/opinion/2019/08/20/commentary/world-commentary/damming-mekong-basin-environmental-hell/; "Cambodia Dam Destroyed Livelihoods of Tens of Thousands: HRW", RFI, August 10, 2021, https://www.rfi.fr/en/cambodia-dam-destroyed-livelihoods-of-tens-of-thousands-hrw; "Cambodia: China's 'Belt and Road' Dam is a Rights Disaster", Human Rights Watch, August 10, 2021, https://www.hrw.org/news/2021/08/10/cambodia-chinas-belt-and-road-dam-rights-disaster#.

② "Mekong-U.S. Partnership Plan of Action 2021 – 2023", Mekong-U.S. Partnership, 2021, https://mekonguspartnership.org/about/plan-of-action/.

③ "The State of Southeast Asia: 2021 Survey Report", The ASEAN Studies Center at ISEAS-Yusof Ishak Institute, Singapore, February 10, 2021, p. 18.

盟与其对话伙伴和国际组织进行密切合作。① 因此，从近几年的民调结果来看，美国通过湄公河水战略已造成了东南亚国家对中国水合作的部分信心流失，并对中国在东南亚的国家形象造成负面影响。

四　未来美国湄公河水战略的发展趋势

拜登政府上台后继承和升级美国湄公河水战略以对抗中国日益增长的国际机制建设能力与周边地缘政治经济影响力，并欲确保湄公河国家不会对美国和东盟关系造成影响。② 随着美国对华战略竞争加剧，其以湄公河为重要抓手之一来实现其制衡中国战略目标的意愿与趋势会逐渐增强。未来美国将通过不断强化水战略投入力度、深度打造"水联盟"、制造中美湄公河水摩擦、革新"水舆论战"传播模式与传播议题等途径来推进美国地区战略。

（一）美国将不断加大湄公河水战略的投入力度

纵观20世纪50年代至今的70多年里，美国的湄公河水战略投入力度总体呈现加大趋势：从协助湄公河国家开展区域合作并帮助其建设湄公河下游调查协调委员会，③ 到持续提供水资源管理、农业灌溉、电力设施等水发展援助，以及开始将湄公河水议题不断"安全化"与"国际化"，层层递进，服务美国东南亚政策需求。

---

① "The State of Southeast Asia: 2022 Survey Report", The ASEAN Studies Center at ISEAS-Yusof Ishak Institute, Singapore, February 15, 2022, p. 19.
② Ashley Townshend, et al., *Correcting the Course: How the Biden Administration Should Compete for Influence in the Indo-Pacific*, United States Studies Center at the University of Sydney, 2021, p. 26.
③ Ashok Swain, *Managing Water Conflict: Asia, Africa and the Middle East*, London: Routledge, 2004, p. 120; Nguyen Thi Dieu, *The Mekong River and the Struggle for Indochina: Water, War, and Peace*, Westport: Praeger, 1999, p. 84.

随着当下及未来较长一段时期中美竞争加剧，美国湄公河水战略的投入力度将会进一步加强。

首先，美国将继续加强"湄公河—美国伙伴关系""湄公河之友"以及"湄公河—美国伙伴关系1.5轨政策对话"交流合作平台建设，推进其东南亚水战略。美国将不断增强湄公河水资源合作规则制定与水资源项目推动，将"湄公河—美国伙伴关系""湄公河之友"打造成湄公河国家讨论水资源议题的重要平台。

其次，通过"湄公河—美国伙伴关系1.5轨政策对话"机制，增强美国湄公河话语权，优化其湄公河水战略。

最后，通过副总统、国务卿、副国务卿、大使等高级别官员访问和政策宣示，持续传递美国对东南亚（特别是湄公河）水资源的重视。拜登执政以来，布林肯、副国务卿谢尔曼等诸多官员在出访东南亚及其他场合，反复提及湄公河水资源问题。在首届"湄公河—美国伙伴关系1.5轨政策对话"上，美国驻缅甸、老挝、泰国、柬埔寨、越南五国大使悉数参会，并在开幕式发言。

未来，美国高官会进一步在湄公河议题上"合力发声"，强化美国湄公河水战略。

（二）美国将打造项目联合与机制联动的"水联盟"

美国还特别重视国际伙伴关系建设，为湄公河水战略争取更为广泛的支持。拜登执政后，更注重多边主义与盟友力量，在水资源数据利用与电力建设等方面同韩国、日本联合，共同展开与湄公河国家的合作。未来美国将在项目联合与机制联动两个层面建设"水联盟"。

第一，在项目联合层面，美国在"重建更美好世界"和"印太经济框架"下与日本、韩国等盟友展开基建合作。湄公河地区是

"一带一路"倡议的重要区域,也是急需优质基础设施的地区。美国可能通过加强与盟友在水利及相关附属基础设施上的合作,抗衡中国的水基建能力,对冲"一带一路"倡议。此外,日本一直注重东南亚的水务市场,涉足水电公用事业、水务治理等业务。① 同样,韩国也将湄公河地区视为改变对外经贸关系发展格局,并提高对外经济合作水平的重点地区,水利基础设施建设是关注重点之一。② 因此,未来美国及其盟友在共同利益驱动下将进一步提升"水联盟"的项目覆盖范围与数量,提升水基建能力。

第二,在机制联动层面,美国将充分利用印太盟友及伙伴的双边机制,推动"水联盟"下的水机制联动。无论是日本的"湄公河国家—日本峰会"、韩国的"湄公河国家—韩国外长会议",还是印度的"湄公河—恒河合作",都涉及湄公河水资源管理与水利援助等重要内容。未来,美国会在其"印太战略"框架下,加强盟友间的机制联动,乃至设立"湄公河水联盟"水资源管理规则,助力美国水外交,阻挠"一带一路"倡议在湄公河地区乃至东南亚地区的项目推进与合作机制。

(三) 美国将持续塑造割裂澜湄合作的"中美湄公河水战场"

美国将以水为牌,通过塑造"湄公河水战场"与"河海战场",打乱澜湄合作与东南亚区域合作的整体格局。自2016年澜湄合作启动以来,中国与湄公河国家在机制建设、水资源合作、经贸发展、人文交流等方面发展迅速,③ 中老、中柬、中缅命运共同体

---

① 贺平:《区域公共产品与日本的东亚功能性合作——冷战后的实践和启示》,上海人民出版社2019年版,第260—264页。
② 张励:《韩国水外交的战略目标、实践路径与模式分析——以2011—2019年湄公河地区为例》,《韩国研究论丛》2020年第1期。
③ 刘卿:《澜湄合作进展与未来发展方向》,《国际问题研究》2018年第2期;马婕:《澜湄合作五年:进展、挑战与深化路径》,《国际问题研究》2021年第4期;卢光盛:《澜湄合作:制度设计的逻辑与实践效果》,《当代世界》2021年第8期。

相继落地。① 美国不愿意看到除自身之外的国家在东南亚的影响力日渐扩大,因此,通过"无形的水战争"来切入东南亚地区事务,在中国与东南亚国家之间打入楔子。

第一,美国将通过塑造"湄公河水战场",造成中国与湄公河下游国家的隔阂。澜沧江—湄公河牵连整个流域六国的经济发展、政治交往与生态安全等。拜登政府意识到,澜沧江—湄公河一江连六国的"地理优势",也能转换为"地理劣势"。拜登执政以来,通过前沿外交、舆论传播等方式,挑拨澜沧江—湄公河沿线六国关系。未来,随着美国政府"印太战略"推进,澜湄合作受到干扰乃至割裂的概率也将提高。

第二,通过塑造"河海战场",拉大中国与东南亚国家的离心力。美国多次在涉及东南亚国家的会议中炒作所谓"湄公河问题"。未来,拜登政府将会继续塑造"湄公河水战场"与"河海战场",推动"河海联动",离间湄公河沿岸国家关系。

(四)美国将会全面革新湄公河"水舆论战"的传播模式与传播议题

美国一直将湄公河"水舆论战"视为其湄公河水战略的重要部分。② 2020年起,美国开始转换模式,进一步更新湄公河"水舆论战"的传播模式与传播议题。

第一,美国逐渐形成"政府资助—智库产出—媒体与国际非政府组织扩大影响—政府引述"的系统传播模式。在20世纪末21世纪初,美国主要通过政府或媒体直接发声的方式,进行湄公河"水舆论战",为其湄公河水战略造势。随着中国在"水舆论战"的经

---

① 王毅:《奋楫五载结硕果,继往开来再扬帆——纪念澜沧江—湄公河合作启动五周年》,《人民日报》2021年3月23日第6版。
② 张励:《新冠疫情下美国掀湄公河水舆情风云》,《世界知识》2020年第12期;张励:《美借湄公河对华大打"水舆论战"》,《环球时报》2020年9月15日第7版。

验积累和积极应对，美国开始探索新的传播方式。美国更多鼓励智库、非政府组织参与"水舆论场"打"水舆论战"，并辅之以翔实的水文信息数据库，提升其"水舆论战"的精准度和社会参与度。

第二，美国逐渐转向"民众生计+国家战略利益+公司利益"的复合型传播议题。美国现有水舆论战多通过"环境牌"等议题进行渲染、抹黑，其传播议题相对单一，受众较窄。未来，美国可能强化湄公河议题设置，加大澜沧江—湄公河沿岸国家的相互猜忌。同时，通过炒作所谓的"洞里萨湖逆流论""粮食威胁论"等，加剧柬埔寨、老挝、越南民众疑惧心理。此外，通过传播"电网债务陷阱论"，抹黑中国在东南亚地区的电力基础设施建设，为美国"印太经济框架"中涉及电力基础设施项目服务。

五　结　论

在世纪疫情与中美竞争交织叠加的背景下，美国已将湄公河水战略视为推进美国"印太战略"、离间中国与东南亚关系的重要举措之一。拜登执政后，继承"奥巴马湄公河遗产"与"特朗普湄公河遗产"，不断升级和调整美国湄公河水战略精度。拜登政府通过在其国内外释放强烈的水战略信号，借助智库、媒体与非政府组织"三频共振"，开启"湄公河科技战"，组建"水联盟"的"内外双环"，形成一套带有拜登政府特色的湄公河水战略。

对于中国而言，除了要密切关注美国湄公河水战略新动向，有必要将水资源合作列为澜湄合作机制的重中之重，与湄公河国家共同推动澜湄水资源合作提质升级，提高应对日益复杂的水资源问题的综合治理能力，同时，中国与湄公河国家应不断加强相互间的政学媒深度互动与联合研究，建立湄公河水合作研究网络，共同培养六国未来水治理人才，构建起澜湄国家命运共同体。

拜登政府的美国全球水战略：
意图、执行和影响

尤 芮[*]

内容提要：2022年10月，拜登政府出台了最新的《美国政府全球水战略》。相较于特朗普政府时期，拜登政府在战略意图、执行机构、重点区域和重点议题等方面进行了全方位调整。在战略意图上，美国开始将水安全和国家安全紧密相连，以水战略为载体重建美国盟伴关系，以水援助为突破点打开他国市场。执行机构体系朝着关注技术援助和发展私营投资的方向变革，执行计划趋向精细化，执行内容趋向全面化。战略优先区域将重点从中东和非洲地区转为印太和非洲地区。战略重点议题中，美国开始逐步凸显对华竞争态势，围绕"和中国竞争""促进包容性发展"和"缓解气候危机"三个重点。以数据驱动的科学技术援助、同私营部门合作等投资援助、深入对象国政治环境的本土化策略以及重建全球盟伴关系为四条实施途径全面展开战略行动。美国将水事务作为实现国家利益和对华制裁的战略工具，这一趋势若得以蔓延将严重影响全球水

---

[*] 尤芮，复旦大学国际关系与公共事务学院博士研究生。

治理的成效，中国有必要在防范之时扭转美国错误认知，推动全球水治理迈向公平、有效与团结和合作的道路。

关键词：美国；全球水战略；拜登政府；中美竞争；气候变化

无论是作为万物生命之源的最基本角色，还是作为全球经济动力的高级角色，水都至关重要。随着人口增长、城镇化、流行病传播、森林砍伐和气候变化，各个国家和地区的水安全都迎来了日益严重的挑战。① 全世界现有约1/4的人仍无法获得安全可饮用的水。② 美国较早注重到水事务在全球治理中的作用，并有意识地在该领域树立领导权威。美国以往强调其对全球水治理的贡献并力图保持领导地位，近年来则将全球水安全和美国自身国家安全相联系，将水事务纳入美国总体对外活动和国家安全战略，以资金、技术等手段推动水战略，维护自身国家安全。美国水战略从本质而言，是以"援助、支持"等途径悄然介入他国水治理，从而实现自身全球利益和巩固其全球霸权地位的战略手段，特别是拜登执政以来，更成为其"拉帮结派"、推行价值观联盟的重要工具。因此，深入了解拜登政府的美国全球水战略，有助于把握拜登政府在非传统安全问题上的治理特点，尤其是在中美战略博弈的国际背景下，中国除却要积极应对美国在贸易、科技等领域的战略竞争，有必要了解其在非传统安全领域的战略布局，并做好相应防范对策。

2017年10月，特朗普总统签署了美国第一份《美国政府全球水战略》（U.S. Government Global Water Strategy，以下简称"GWS2017"），并首次将水战略活动纳入国家总体战略。2022年10月初，拜登政府正式出台了全新的《美国政府全球水战略》（以

---

① "White House Action Plan on Global Water Security", The White House, June, 2022, https://www.whitehouse.gov/wp-content/uploads/2022/06/water-action-plan_final_formatted.pdf.

② "Drinking-water", World Health Organization, September 13, 2023, https://www.who.int/news-room/fact-sheets/detail/drinking-water.

下简称"GWS2022"),对美国水战略的优先事项和战略途径等进行了全方位调整。本文通过梳理美国政府的官方原始资料,分析拜登政府美国全球水战略的目标定位调整、执行机构体系变革和主要工作重点转移,进一步评估该战略的国际影响。

一 GWS 的发展和战略意图

美国将水发展事务作为重要外交事项至今约有 50 年历史,起初是以政府部门针对其他国家进行援助为主要方式,重点援助区域为中东和非洲地区。作为美国政府国际发展援助的主要领导者、协调者和提供者,美国国际开发署(USAID)最早承担这一责任。在 20 世纪 70 年代,美国国际开发署开始将其国际援助重点从技术和资金转移到强调"基本人类需求"。[①] 由此,美国国际开发署开展水战略援助,以提供健康和卫生用水为基本目标,并成为美国全球水战略的主要领导者。20 世纪 80 年代,美国在斡旋和解决中东事务时,"果断"地将水问题的协商与解决作为平息中东国家冲突的一把"钥匙",统筹协调国际开发署等十几个政府部门参与到对中东的水战略活动中。[②] 1988 年,美国国际开发署在《水和废水机制评估指南》(Guidelines for Institutional Assessment Water and Wastewater Institutions)中开始使用"WASH"指称"水、环境卫生和个人卫生"项目。[③] 这一说法至今在国际背景下被广泛使用。1992 年,美国国际开发署官员和相关技术人员前往俄罗斯,对俄罗斯的供水系统、水质等进行了全面检测,并发布了文件《侦察报告:供水、废水和水管理问题》(Reconnais-

---

[①] "USAID History", U. S. Agency for International Development, https://www.usaid.gov/who-we-are/usaid-history.

[②] 李志斐:《美国的全球水外交战略探析》,《国际政治研究》2018 年第 3 期。

[③] "Guidelines for Institutional Assessment Water And Wastewater Institutions", WASH Technical Report No. 37, February 1988, http://www.ehproject.org/pdf_docs/pnaaz336.pdf.

sance Report: Water Supply, Wastewater, and Water Management Issues)。① 2004 年，美国国际开发署在报告《水与冲突：关键问题与经验教训》（Water and Conflict: Key Issues and Lessons Learned）中指出水的战略性地位，将水资源的分配、使用不平等和国际冲突相联系，从认知上提升了水在美国国际议题上的影响力。②

在经历约 30 年的援助投入和认知转变后，美国开始将水战略议题上升到国家战略，2005 年，美国总统小布什签署了《参议员保罗西蒙 2005 水法案》（Senator Paul Simon Water for the Poor Act of 2005），首次将"水、环境卫生和个人卫生"（Water Supply, Sanitation, and Hygiene，以下简称"WASH"）项目列为美国外交政策的优先事项。美国国际开发署和美国国务院通过上述项目应对世界范围内的用水困境。③ 此后，美国水战略事务开始在战略高度进行更新拓展，2010 年，美国国际开发署发布的《水、环境卫生和个人卫生规划指南》（Programming Guidelines for Water, Sanitation, and Hygiene）提出当时美国政府的三项 WASH 政策——2005 年的《参议员保罗西蒙 2005 水法案》、美国国际开发署和国务院水资源行动框架、自 2008 年以来的 WASH 项目专项拨款，并表示美国国际开发署支持建立能够利用美国援助和规模经济提供更高效援助的区域和全球伙伴关系。④ 在 2013 年 10 月 15 日，华盛顿大学撰写了名为《水、美国外交和美国领导力》（Water, U. S. Foreign Policy and American Lead-

---

① Robert Thomas et al., "Point Source Pollution in the Danube River (Summary)", WASH Field Report No. 374, July 1992, https://pdf. usaid. gov/pdf_ docs/PNABN955. pdf.

② Kramer, Annika, *Water and Conflict: Key Issues and Lessons Learned* (*Policy briefing for USAID*), Berlin, Bogor, Washington, D. C. : Adelphi Research, Center for International Forestry Research, Woodrow Wilson International Center for Scholars, 2004.

③ "Public Law 109-121-DEC. 1, 2005", Library of Longress, https://www. congress. gov/109/plaws/publ121/PLAW-109publ121. pdf.

④ "Programming Guidelines for Water, Sanitation, and Hygiene", USAID, https://pdf. usaid. gov/pdf_ docs/PNADY972. pdf.

ership）的报告，在其中指出，"今天应对水资源挑战不仅是好的政策，也是好的政治。目前，'水援助'在全国民意中处于良好地位，得到了民众和两党的一致支持。采取行动的时机已经成熟。美国政府有潜力将水的'好处'最大化，有机会在外交政策的三个方面（发展、外交和国防）开辟或在某些情况下保持领导作用"①。进一步将水资源放置在美国处理外交事务乃至提升全球领导力的重要地位。美国政府和国际开发署发布的《2013—2018 年水与发展战略》（USAID Water And Development Strategy 2013 – 2018），是美国第一个全球水资源与发展战略，提出通过和受援国当地合作，加强财政投资，利用科学技术等方式推动水资源管理以及应对相应的粮食危机。②

2014 年 12 月，奥巴马政府通过了《参议员保罗西蒙 2014 水法案》（Senator Paul Simon Water for the World Act of 2014）。该法案首次提出要制定全面的"美国全球水战略"，并且要在 2032 年之前实现每五年一次的战略更新。根据法案规定，2017 年美国国会出台了第一个美国全球水战略，愿景是建立一个水安全的世界，使人们拥有足够数量和质量的可持续水供应，以满足人类、经济和生态系统的需求，同时管理洪水和干旱的风险，并提出四个重要的战略目标——"增加可持续获得安全饮用水和卫生设施的服务，规范关键性的卫生行为；鼓励合适的淡水资源治理和保护；推动跨界水资源的合作；加强水部门的管理、财政和机制建设"。③ 拜登政府上台后，对美国全球水战略事务进行了新的调整。2022 年 6 月，拜登政府副总统哈里斯发布了《白宫全球水安全行动计划》（White House Action

---

① Marcus King, *Water, U. S. Foreign Policy and American Leadership*, Working Papers 2013 – 11, The George Washington University, Institute for International Economic Policy, 2013.
② "Usaid Water and Development Strategy 2013 – 2018", USAID, https://www.globalwaters.org/sites/default/files/Water%20and%20Development%20Strategy%202013-2018.pdf.
③ "U. S. Government Global Water Strategy", USAID, https://www.usaid.gov/sites/default/files/documents/US-Global-Water-Strategy-2022.pdf.

Plan on Global Water Security），指出全球水安全对美国国家安全至关重要。这项行动计划提出了一种创新的、全政府参与（whole-of-government approach）的行动方式。该方式强调需要明确地将水安全与国家安全联系起来，以提高全球气候复原力；要促进使用数据驱动的方法；要更有效地利用资源；要与各国、各地区的地方政府和土著人民以及包括私营部门在内的非政府实体合作。同时，确定了行动计划的三大支柱：支柱一，在控制温室气体排放的情况下，推动美国发挥全球领导作用，以实现普遍和公平地获得可持续的、适应气候变化的、安全和有效管理的WASH服务；支柱二，促进水资源及相关生态系统的可持续管理和保护，以加速经济增长，增强抵御能力，减少不稳定或冲突的风险，并加强合作；支柱三，确保多边行动以达成合作，促进水安全。① 在该行动计划的政策指导下，2022年10月，拜登政府的GWS2022应运而生，其愿景为"建立水安全的世界，具体指可持续地获得安全饮用水、环境卫生和个人卫生服务，以及维持生态系统和农业、能源和其他经济活动所需的水"。目标是在此之上实现世界范围内的健康、繁荣、稳定和复原力。同样，对特朗普政府提出的四个战略目标略作调整：将"加强水务部门的管理、财政和机制建设"调整为"加强水务部门的治理、融资、机制和市场建设"；将"鼓励合适的淡水资源治理和保护"调整为"改善适应气候变化的淡水资源和相关生态系统的保护和管理"；将"增加可持续获得安全饮用水和卫生设施的服务，规范关键性的卫生行为"调整为"增加平等获得安全、可持续和适应气候变化的饮用水以及环境卫生服务的机会，规范关键的卫生行为"；将"通过促进跨界水资源合作减少冲突"调整为"预测和减少与水有关的冲突和脆弱性"。此外，重新确定了水战略的重点实施区域和重点工作内容，明

---

① "White House Action Plan on Global Water Security", The White House, https://www.whitehouse.gov/wp-content/uploads/2022/06/water-action-plan_final_formatted.pdf.

确了各执行机构之间的分工和职责，制定了新的战略途径，规划了美国全球水战略在之后五年的战略蓝图。

美国水战略事务开展至今经历了项目援助、认知转化和上升为国家战略的阶段，其战略目标名义上看似为解决全球水危机，背后的战略意图却主要围绕其自身国家利益展开。美国一直将水战略视为巩固其全球领导力、维护地区秩序的战略工具。在拜登政府时期，美国水战略相较其前任有所调整。

第一，推进水战略以保障美国国家安全。以往美国强调海外水资源危机对本国国家利益的影响，比如中东地区等水资源短缺导致的冲突会影响对美国的能源供应，水资源缺乏带来的粮食产量变化会影响美国的粮食安全……因此，为了维护美国的海外利益，美国有必要身担其责。现在，美国则以本国水危机为"抓手"，认为在全球气候危机的背景下，没有国家能够独善其身，从解决本国水资源问题延伸到海外，从这个角度出发，再结合传统的海外利益战略目标，声明"很明显，没有全球水安全，美国就无法实现其外交政策和国家安全目标"。拜登政府通过宣扬自身出台的《两党基础设施法》（Bipartisan Infrastructure Law），认为这些国内努力加强了美国政府长期以来在水安全（包括环境卫生和个人卫生）方面的贡献和国际领导力。2022年10月发布的《美国国家安全战略》（National Security Strategy）指出，美国要掌握技术、网络空间安全和经贸领域的规则制定权。[①] 美国将强调用数据驱动的方法进行与国际水事务有关的决策；并规定在实施美国水安全行动计划的过程中，科学技术机构和美国情报界将参与到政策制定、外交和规划的所有阶段，[②] 进一步实现美国的国家安全战略。

---

① "National Security Strategy", The White House, https://www.whitehouse.gov/wp-content/uploads/2022/10/Biden-Harris-Administrations-National-Security-Strategy-10.2022.pdf.
② "White House Action Plan on Global Water Security", The White House, https://www.whitehouse.gov/wp-content/uploads/2022/06/water-action-plan_final_formatted.pdf.

第二,开展水战略以重建美国盟伴关系,提升美国全球影响力。对水资源短缺、基础设施不足、财政能力不足等国家和地区进行水事务援助,是美国过去几十年彰显国力、加强对地区乃至全球水事务话语权的传统手段。近年来,拜登政府在此基础上开始注重和地区乃至多边组织就水发展议题达成合作,包括但不限于 G7、G20 和联合国组织。比如美国和 G7 在其发起的"全球基础设施倡议"中将水议题作为健康、性别和气候这三个主要部门的重要元素。不同于特朗普政府,拜登政府除却通过水援助提升美国的国际声誉,还将水发展事务作为美国重建盟伴关系、重新抢占国际组织话语权的战略工具。

第三,水战略可以推动美国打开他国市场,获得经济效益。不同于中国的水援助,美国除却基于政府官方部门设立的援助项目,还基于其特点,提倡和私营部门合作共同致力水事务援助;从而推动美国企业打入其水战略对象国的市场,为美国占领水相关产业的国际市场,提升经济实力和全球资本影响力。特别是在拜登治下这一趋势愈发明显,美国国际贸易管理局(ITA)在 GWS2022 中明确指出,其工作就是确定那些最有希望扩大美国出口以及美国政府资源可以进行最有效部署的市场,[①] 从另一侧面缓解美国面临的经济危机。

二 GWS 的机构组织架构演变

美国全球水战略有着一套较为完整的执行机构体系,包括十余个政府部门和 100 多个相关组织,互相协调,配合工作。GWS2022 相较 GWS2017 在执行机构的体系构成和工作内容上都有所调整。

[①] "U. S. Government Global Water Strategy, ITA Plan", USAID, https://www.usaid.gov/sites/default/files/documents/US-Global-Water-Strategy-2022.pdf, p. 73.

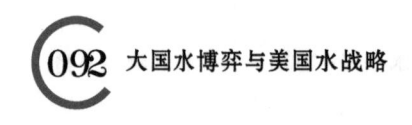

（一）机构组织成员的变革

GWS 执行机构体系中的部门依据行政职能被划分为四类：政策协调类、资本投资类、技术输出类和军事民用类。[①] 本文基本遵循这一划分标准，不过因拜登政府对 GWS 国防力量的调整，将军事民用类调整为军事国防类。GWS2022 的执行机构体系较之前体现以下特点：政策协调类部门保持，资本投资类部门变更，技术输出类部门变更，军事国防类部门扩展（见图1）。

2017年GWS执行机构体系

2022年GWS执行机构体系

政策协调类	资本投资类	技术输出类	军事国防类
	美国财政部（U.S. Department of the Treasury）海外私人投资公司（Overseas Private Investment Corporation）	美国开垦局（U.S. Bureau of Reclamation）国家标准与技术研究院（National Institute of Standards and Technology）	美国空军部队（U.S. Air Force）
美国国务院（U.S. Department of State）美国国际开发署（U.S. Agency for International Development）	美国国际贸易署（International Trade Administration）美国千禧年挑战公司（Millennium Challenge Corporation）	美国航空航天局（National Aeronautics and Space Administration）美国农业部（U.S. Department of Agriculture）美国国家海洋和大气管理局（U.S. Department of Commerce National Oceanic and Atmospheric Administration）美国国家环境保护局（U.S. Environmental Protection Agency）美国地质调查局（U.S. Geological Survey）美国疾控中心（Centers for Disease Control and Prevention）	美国陆军工程兵团（U.S. Army Corps of Engineers）
	美国国际开发金融公司（U.S. International Development Finance Corporation）美国贸易及开发署（U.S. Trade and Development Agency）		美国国防部（U.S. Department of Defense）

图1 GWS2017 与 GWS2022 执行机构体系变革

资料来源：笔者自制。

---

① 李志斐：《美国的全球水外交战略探析》，《国际政治研究》2018 年第 3 期。

一是政策协调类。美国国务院和国际开发署依旧是美国全球水战略最主要的政策制定者、执行者和协调者，负责制定GWS的基本政策方针，同其他行政部门、相关组织协调沟通，推进系统性的战略工作。

二是资本投资类。第一，取消的正式机构包括美国财政部和海外私人投资公司。美国财政部的主要职能是管理美国政府的财政，职责范围覆盖国内与国际。海外私人投资公司成立于1971年，主要负责向发展中国家和新兴市场的投资项目提供直接贷款和贷款担保。在2019年其和美国国际开发署的部分小型办事处合并成为美国国际开发金融公司。① 第二，新增的部门包括美国贸易及开发署和美国国际开发金融公司。美国贸易及开发署旨在"促进美国私营部门参与发展中国家和中等收入国家的发展项目"并"帮助美国公司参与海外项目的竞争"。其双重使命在美国对外援助机构中是独一无二的：在促进对象国基础设施建设和达成经济发展成果的同时，它的任务是通过出口帮助美国创造就业机会。② 美国国际开发金融公司则是海外私人投资公司的升级版，相较海外私人投资公司，其主要投资低收入国家和中等收入国家的发展项目；③ 放宽了对投资者美国公民身份的要求；承担更大的项目风险负担；投资总支出上限也从290亿美元翻番至600亿美元。④ 观上可知，美国财政部的职责相较而言更为全面，涵盖美国内政经济的方方面面。新增的两个执行机构更强调美国对外融资支持，目标区域为发展中国

---

① "Overview", U. S. International Development Finance Corporation, https://www.dfc.gov/who-we-are/overview.
② "About Us", U. S. Trade and Development Agency, https://www.ustda.gov/about//
③ Akhtar, Shayerah I., Brown, Nick M., "U. S. International Development Finance Corporation: Overview and Issues (Report)", Congressional Research Service, January 10, 2022, p. 13.
④ Runde, Daniel F., Bandura, Romina, "The BUILD Act Has Passed: What's Next?", Center for Strategic and International Studies, https://www.csis.org/analysis/build-act-has-passed-whats-next.

家，强调和私营部门合作，以实现美国对外援助和促进美国出口的双重目标。

三是技术输出类。取消的正式机构包括美国开垦局和国家标准与技术研究院。美国开垦局成立于1902年，以其在美国西部17个州修建的水坝、发电厂和运河而闻名，负责美国国内相当一部分农业用水和水电生产。① 国家标准与技术研究院则是美国国家测量标准实验室，隶属美国商务部，职责是以推进度量衡学、标准和技术来强化美国经济安全。② 这些机构的取消和拜登政府的全球水战略重点相关，针对美国国内的水利建设，拜登政府通过设立《两党基础设施法》等国内法提供法律依据和经济支持，从而使GWS的重点完全转向海外，而非放弃国内建设。例如，美国开垦局最近发布新闻宣布"美国开垦局破土动工了一项由拜登总统的《两党基础设施法》资助的、耗350万美元的建设项目，旨在恢复特拉基运河的安全、长期运营"③。

四是军事国防类。主要将参与政府机构美国空军部队直接更换为美国国防部。美国国防部下属陆军部、海军部和空军部三个军事部门。此外，国防情报局、国家安全局、国家地理空间情报局和国家侦察局四个美国国家情报部门也隶属国防部。更有国防后勤局、国防卫生局等诸多美国国防机构，④ 美国国防部的加入全方位增强了GWS的军事国防力量。

GWS2022的战略实施计划也更为精细。GWS2017中只有美国国务院和美国国际开发署以"具体机构的特定计划"（Agency-Specific Plans）开展行动，其他所有政府机构的计划被统称为"其他

---

① USBR, https://www.usbr.gov/main/about/mission.html.
② "About NIST", National Institute of Standards and Technology, https://www.nist.gov/about-nist.
③ "Groundbreaking ceremony kicks off Bipartisan Infrastructure Law-funded Project to Modernize the Truckee Canal", USBR, November 4, 2022, https://www.usbr.gov/newsroom/news-release/4366.
④ DoD Websites, https://www.defense.gov/Resources/Military-Departments/.

的美国政府机构计划"(Additional U. S. Government Agency Plans)。该战略实施的特征是以政策协调类机构为核心,其他机构负责相关行动的执行。而在GWS2022中,所有的执行机构都制订了一套适合自身的"具体机构的特定计划",以每个成员机构为核心各自形成小而精细的战略系统,彼此配合形成庞大而完整的GWS战略实施系统。

(二) 机构工作内容的变更

1. 执行机构拟完成战略目标的全面化

总体而言,GWS2022中的大部分执行机构对以往规定要完成的战略目标进行了扩展,即对水战略实施内容趋向全面化(见表1)。

表1　　　　　　GWS执行机构拟完成战略目标的变更

执行机构	GWS2017执行机构、完成的战略目标				执行机构	GWS2022执行机构拟完成的战略目标			
	战略目标					战略目标			
	加强水务部门的管理、财政和机制建设(SO4)	增加可持续获得安全饮用水和卫生设施的服务,规范关键性的卫生行为(SO1)	鼓励合适的淡水资源治理和保护(SO2)	通过促进跨界水资源合作减少冲突(SO3)		加强水务部门的治理、融资、机制和市场建设(SO1)	增加平等获得安全、可持续和适应气候变化的饮用水和卫生服务的机会,规范关键的卫生行为(SO2)	改善适应气候变化的淡水资源和相关生态系统的保护与管理(SO3)	预测和减少与水有关的冲突和脆弱性(SO4)
美国国务院	✓	✓	✓	✓	美国国务院	✓	✓	✓	✓
美国国际开发署	✓	✓	✓	✓	美国国际开发署	✓	✓	✓	✓
美国国际贸易局	✓				美国国际贸易局	✓			
美国千禧年挑战公司	✓	✓	✓		美国千禧年挑战公司	✓	✓	✓	
美国疾控中心		✓			美国疾控中心		✓		
美国航空航天局	✓		✓	✓	美国航空航天局	✓		✓	✓
美国农业部		✓		✓	美国农业部		✓	✓	✓

续表

执行机构	GWS2017 执行机构、完成的战略目标				GWS2022 执行机构拟完成的战略目标				
	战略目标				执行机构	战略目标			
	加强水务部门的管理、财政和机制建设(SO4)	增加可持续获得安全饮用水和卫生设施的服务,规范关键性的卫生行为(SO1)	鼓励合适的淡水资源治理和保护(SO2)	通过促进跨界水资源合作减少冲突(SO3)		加强水务部门的治理、融资、机制和市场建设(SO1)	增加平等获得安全、可持续和适应气候变化的饮用水和卫生服务的机会,规范关键的卫生行为(SO2)	改善适应气候变化的淡水资源和相关生态系统的保护与管理(SO3)	预测和减少与水有关的冲突和脆弱性(SO4)
美国国家海洋和大气管理局	✓	✓			美国国家海洋和大气管理局	✓	✓	✓	
美国国家环境保护局	✓	✓			美国国家环境保护局				
美国地质调查局			✓	✓	美国地质调查局			✓	✓
美国陆军工程兵团	✓	✓	✓	✓	美国陆军工程兵团	✓	✓	✓	✓
美国财政部	✓	✓	✓	✓	美国贸易及开发署	✓			
国家标准与技术研究院	✓	✓			美国国防部	✓	✓	✓	✓
海外私人投资公司	✓	✓	✓		美国国际开发金融公司	✓	✓	✓	
美国空军邮队	✓			✓					
美国开垦局	✓		✓	✓					

注：为方便观察，将 GWS2017 的战略目标根据 GWS2022 的关联性进行了位置调整。

资料来源：笔者自制。

明显可见，GWS2022 各部门意图达成的战略目标范围更加广泛。首先，GWS2017 和 GWS2022 的大部分部门（除部分技术输出类部门，如美国国家海洋和大气管理局以及美国地质调查局）都致力于加强水务部门的能力建设和饮用水及相关卫生服务的获取。针对前者，GWS 的所有机构一起推动加强水务部门的建设，这为实现民众普遍获得水和卫生设施的服务以及获得更广泛的水安全进展提供基础。① 因此，该战略目标被视为实现其他战略目标的基础。作为后者，提供可靠饮用水及卫生服务和相关基础设施，是美国 WASH 项目的传统工作内容。

与 GWS 2017SH 相比，GWS2022 增加了达成其他两个战略目标的行动部门，即改善适应气候变化的淡水资源和相关生态系统的保护与管理；预测和减少与水有关的冲突和脆弱性，并在途径上深入贯彻"全政府参与"的行动方式，在议题上强调气候变化危机，带有鲜明的拜登政府的意识形态色彩。简单举例，美国国际开发署在以往基础上新增了战略目标四，提出加强人道主义、发展和建设和平之间的一致性，以解决由水资源驱动的冲突和脆弱性。同时，在战略目标一的投资基础上，美国国际开发署还把实施战略目标三的重点放在以数据为依据、更具包容性并增强应对气候变化能力的规划、决策和地方行动。② 美国国际开发金融公司制定了一项比海外私人投资公司更为全面的水战略，设立基金支持和鼓励私营部门投资，缓解因气候变化导致的水资源损失。③ 美国疾控中心通过提供技术支持和培训等方式加强对流行病传播的控制，以防止气候变化造成的以水为媒介传播的疾病对社会弱势群体的影响。④ 美国航空航天局、美国农业部等职能部门皆通过专业技术援助尽力达成战略目标。美国国防部在《国防部气候风险分析》（Department of Defense Climate Risk Analysis）中列出了其在海外面临的水资源挑战，并且评估了水和气候安全、冲突及脆弱性之间的联系。⑤

---

① "U. S. Government Global Water Strategy, USAID Agency Plan", USAID, https://www.usaid.gov/sites/default/files/documents/US-Global-Water-Strategy-2022.pdf, p. 33.

② "U. S. Government Global Water Strategy, USAID Agency Plan", USAID, https://www.usaid.gov/sites/default/files/documents/US-Global-Water-Strategy-2022.pdf, pp. 28–48.

③ "U. S. Government Global Water Strategy, DFC Plan", USAID, https://www.usaid.gov/sites/default/files/documents/US-Global-Water-Strategy-2022.pdf, p. 124.

④ "U. S. Government Global Water Strategy, CDC Plan", USAID, https://www.usaid.gov/sites/default/files/documents/US-Global-Water-Strategy-2022.pdf, p. 66.

⑤ "Department of Defense Climate Risk Analysis", DoD, https://media.defense.gov/2021/Oct/21/2002877353/-1/-1/0/DOD-CLIMATE-RISK-ANALYSIS-FINAL.PDF.

2. GWS 和其他领域的政策联结

作为最主要的政策实施者，美国国际开发署的实施计划除了促进《白宫全球水安全行动计划》提出的三大支柱，还与许多其他政府机构的具体战略、政策和计划具有双向关系，既受益于其战略和规划，又有助于双方达成各自的战略目标。美国国际开发署将 GWS 的战略目标和包括但不限于以下领域的政策联结起来（见表2）。GWS 通过加强水务部门建设推动美国反腐败目标，促进种族平等；通过保障水资源的平等获得以达成儿童、妇女和少数群体等边缘人群的水资源获取，实现包容性发展；通过改善水资源管理加强对生物多样性的保护，缓解气候变化带来的生态危机；减少水带来的冲突和脆弱性有助于推进实现《美国预防冲突和促进稳定的战略》。所有战略和政策的实施同样反作用于 GWS 的战略目标达成。

表2 美国国际开发署下的 GWS 与其他政府机构政策联结

政策领域	政策文件	GWS 战略目标（Strategic Objectives, SO）
民主、人权、治理与稳定（Democracy, Human Rights, Governance, and Stabilization）	《美国反腐败战略》（U.S. Strategy on Countering Corruption）	SO1
	《美国民主、人权和治理战略》（U.S. Strategy on Democracy, Human Rights, and Governance）	
	《美国预防冲突和促进稳定的战略》（U.S. Strategy to Prevent Conflict and Promote Stability）	SO3、SO4
环境和自然资源管理（Environment and Natural Resources Management）	《美国国际开发生物多样性政策》（USAID Biodiversity Policy）	SO3
	《美国国际开发署气候战略》（USAID Climate Strategy）	
	《美国全球粮食战略》（U.S. Global Food Security Strategy）	

续表

政策领域	政策文件	GWS战略目标（Strategic Objectives, SO）
性别平等和赋权（Gender Equality and Empowerment）	《国家性别公平与平等战略》（National Strategy on Gender Equity and Equality）	SO2
	《美国国际开发署性别平等和女性赋权政策》（The USAID Gender Equality and Women's Empowerment Policy）	
	《美国国际开发署经济增长政策》（USAID's Economic Growth Policy）	
健康和营养（Health and Nutrition）	《采取行动：预防儿童和产妇死亡》（Acting on the Call: Preventing Child and Maternal Deaths）	SO1、SO2
	《美国国际开发署加强卫生系统的愿景》（USAID's Vision for Health Systems Strengthening）	
	《美国全球粮食战略》（U.S. Global Food Security Strategy）	SO3
	《美国国际开发署多部门营养政策》（USAID Multi-Sectoral Nutrition Policy）	
包容性发展（Inclusive Development）	《通过联邦政府促进种族平等和支持缺乏服务的社区》（Advancing Racial Equity and Support for Underserved Communities through the Federal Government）	SO1
	《总统关于促进世界各地性少数群体的人权备忘录》（Presidential Memorandum on Advancing the Human Rights of LGBTQI + Persons Around the World）	
	《美国国际开发署残疾群体政策》（USAID Disability Policy）	SO2
	《美国国际开发署LGBT行动愿景》（USAID LGBT Vision for Action）	
	《美国国际开发署青年参与发展政策》（USAID Youth in Development Policy）	
	《美国政府推进保护和照顾困境儿童战略》（U.S. Government Advancing Protection and Care for Children in Adversity Strategy）	SO3
	《美国国际开发署关于促进原住民权利的政策》（USAID Policy on Promoting the Rights of Indigenous Peoples）	
	《美国国际开发署当地能力发展政策》（USAID Local Capacity Development Policy）	

续表

政策领域	政策文件	GWS战略目标（Strategic Objectives, SO）
本土化（Localization）	《美国国际开发署私营部门参与政策》（USAID Private Sector Engagement Policy）	SO1、SO2
	《美国国际开发署在持续城市化的世界中提供可持续服务的政策》（USAID Sustainable Service Delivery in an Increasingly Urbanized World Policy）	
	《白宫关于联邦劳动力多元化、平等、包容和可及性的行政命令》（White House Executive Order on Diversity, Equity, Inclusion, and Accessibility in the Federal Workforce）	
	《美国国际开发署多元化、平等、包容和可及性战略》（USAID Diversity, Equity, Inclusion, and Accessibility Strategy）	
本土化（Localization）	《美国国际开发署公平行动计划》（USAID Equity Action Plan）	SO1、SO2
	《美国国际开发署建立复原力以应对周期性危机的政策》（USAID Building Resilience to Recurrent Crisis Policy）	
复原力（Resilience）	《美国国际开发署气候战略》（USAID Climate Strategy）	SO2、SO3、SO4
	《美国国际开发署加强卫生系统的愿景》（USAID's Vision for Health Systems Strengthening）	

注：战略目标一（SO1）：加强水务部门的治理、融资、机制和市场建设；战略目标二（SO2）：增加平等获得安全、可持续和适应气候变化的饮用水和卫生服务的机会，规范关键的卫生行为；战略目标三（SO3）：改善适应气候变化的淡水资源和相关生态系统的保护和管理；战略目标四（SO4）：预测和减少与水有关的冲突和脆弱性。

资料来源：笔者自制。

三 GWS 的内容调整：优先区域和主要议题

（一）GWS2022 的战略重点实施区域

美国通过对世界各地进行水事务援助以维护自己的海外战略

利益，提升自身的全球领导力。根据《白宫全球水安全行动计划》，美国将全球划分为6个水区域，并对这些区域的气候和水资源管理，水的基础设施建设，治理、制度和政治动态以及地区关键问题进行安全评估和情况概括（见表3）。从地区来看，中东和北非地区、南亚和中亚地区以及撒哈拉以南的非洲地区面临着较为严峻的水资源获得和基础设施建设问题。在制度和政治动态方面，美国着重强调中国的水电开发对下游国家的不利影响，并认为除却欧亚大陆的其他地区均缺乏水资源管理的统合性能力和有效制度。

表3　　美国制定并发布的区域水安全概况

地区	气候和水资源管理	WASH项目和基础设施建设 治理、制度和政治动态	地区关键问题
东亚和亚太	洪水和干旱等气候问题导致水资源短缺，引发粮食和能源危机	普遍改善，仍面对很大的气候变化压力	上游国家与下游国家存在水资源竞争	水资源短缺；水资源的政治和经济争端；水、粮食和能源基础设施和安全；上游国家对下游国家造成不利影响
欧洲及欧亚大陆	干旱和极端降水等气候问题引发粮食危机；城市化发展引发生态系统危机	比其他地区的情况较好	良好的水治理合作框架，《欧盟水框架指令》（EU Water Framework Directive）；《欧盟水倡议》（the EU Water Initiative）	跨界水资源管理；环境资源监管
中东和北非	极端干旱和海平面上升等气候问题引发的淡水短缺；海水淡化引发环境破坏	比其他地区的情况严峻	各国为主体进行，但各自管理水资源的能力差别很大	跨界水资源管理
南亚和中亚	极端干旱等气候问题导致地下水减少引发的粮食和能源危机	比其他地区的情况严峻	总体缺乏跨界水资源管理	上游国家对下游国家造成的不利影响；阿富汗水危机带来的人道主义危机
撒哈拉以南的非洲	干旱等气候问题；人口基数大；当地资金有限	比其他地区的情况严峻	国家和城市各自为主体制定管理政策，缺乏整合化的数据和资金支持	融资困难；水资源短缺；跨界水争端

续表

地区	气候和水资源管理	WASH 项目和基础设施建设	治理、制度和政治动态	地区关键问题
西半球	气候问题：加拿大面临的冰川融化；拉美地区遭受的干旱	因地而异，北方的情况较好，南方的情况较严峻	在拉美地区，水资源管理因国家和城市的能力差异较为分散。城市化加快给城市水治理带来挑战，应该将大型城市中心作为改善水资源管理的重点	亚马孙河流域的气候变化和森林砍伐等环境退化减少了拉美地区的可用水

资料来源：笔者自制。

GWS2022 以新的标准并结合区域考量，重新划定了美国决定进行水援助的高优先级国家。GWS2017 以水资源的需求等级、对象国和美国合作的意愿和能力、通过私营部门和其他捐助能扩大美国支持的影响程度、显著改善女性健康、教育和经济机会的可能性为标准划分水援助的高优先级国家和地区。GWS2022 保留以上标准，并进行更新：以数据驱动的方式，通过一系列复杂数值计算出国家对于水资源的需求等级;[①] 不仅注重对象国和美国合作的意愿和能力，同样看重其本土建设的可持续能力。GWS2022 基于此划分的高优先级国家和地区相较 GWS2017 几乎新增了一半的撒哈拉以南非洲的地区，新增了部分东亚和亚太的地区，以及去除了中东和北非的地区（见图2）。由此可知，拜登政府全球水战略将非洲和亚太地区作为重点战略区域。

---

① "Overview", Globalwaters. org, https:// www. globalwaters. org/wash-needs-index-data-visualization.

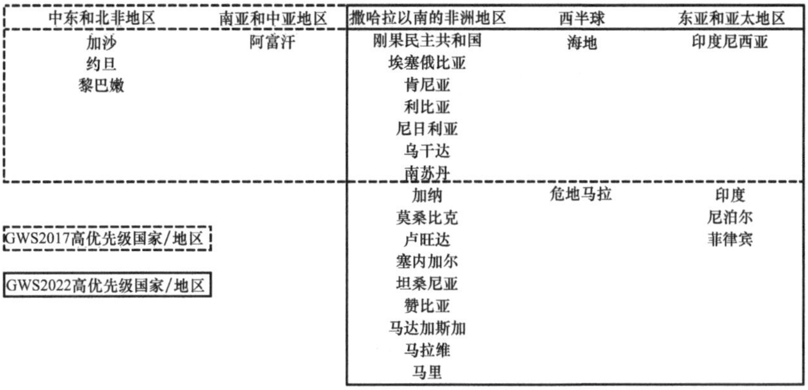

中东和北非地区	南亚和中亚地区	撒哈拉以南的非洲地区	西半球	东亚和亚太地区
加沙 约旦 黎巴嫩	阿富汗	刚果民主共和国 埃塞俄比亚 肯尼亚 利比亚 尼日利亚 乌干达 南苏丹	海地	印度尼西亚
		加纳 莫桑比克 卢旺达 塞内加尔 坦桑尼亚 赞比亚 马达加斯加 马拉维 马里	危地马拉	印度 尼泊尔 菲律宾

GWS2017高优先级国家/地区

GWS2022高优先级国家/地区

图 2　GWS2017 和 GWS2022 高优先级国家和地区

资料来源：笔者自制。

（二）GWS2022 的主要议题和实施途径

2021 年 3 月 3 日，拜登执政一百日之后，美国国务卿布林肯发布了拜登政府的八项外交政策的优先事项，分别是：消灭疫情，加强全球健康安全；建立更稳定、包容的全球经济体系；重建民主；建立人道和有效的移民体系；加强全球范围的盟伴关系；解决气候危机；稳固全球科技领先地位；应对中国崛起的挑战。① 2022 年 10 月初，美国白宫发布的《美国国家安全战略》中，将"在和中国竞争中取得优势以及限制俄罗斯""在气候和能源危机、疫情、粮食安全、军备控制和核不扩散、恐怖主义等共同挑战中达成合作"以及"在技术、网络安全和经贸领域制定规则"作为拜登时期维护其国家安全的全球优先事项。② 在此框架和背景下，拜登政府将水战略和国家安全挂钩，在完成 WASH 项目基础上，主要围绕"和

---

① "A Foreign Policy for the American People", U. S. Department of State, March 3, 2021, https://www.state.gov/a-foreign-policy-for-the-american-people/. USAID,

② "National Security Strategy", The White House, https://www.whitehouse.gov/wp-content/uploads/2022/10/Biden-Harris-Administrations-National-Security-Strategy-10. 2022. pdf.

中国竞争""促进包容性发展"和"缓解气候危机"三项创新议题展开,"和中国竞争"是美国自特朗普政府以来一以贯之的国家战略,由拜登政府发展为水战略;后两者是美国民主党的政策关切。此外,拜登政府借助数据驱动的科学技术援助、和私营部门合作等投资援助、深入对象国政治环境的本土化策略、重建全球盟伴关系四条实施途径共同推进美国水战略行动。

1. 和中国竞争

特朗普上任之后,美国将中国崛起视为对其全球霸权的挑战,对中国采取几乎全方位的制裁,中美关系从"中美竞合"转向"中美战略博弈"。拜登执政后延续和深化这一战略意图。拜登政府将中国视为美国"唯一的竞争者",认为中国不仅有重塑国际秩序的意图,而且中国日益强大的经济、外交、军事和科技实力足以支撑实现这一目标。[1] 中美竞争是一场全方位的经济、权力和全球影响力的战略竞争,其特点是政治治理和经济发展模式的竞争,是对世界秩序结构和规则看法的竞争。每一方都决心最大限度地提高其全球地位和相对于另一方的行动自由。[2] 因此,美国的目标在于巩固其各个领域的领导地位,掌握规则体系制定权,以实现其霸权护持。美国虽提出要和中国在气候变化、治理新冠疫情等全球性挑战中共赢合作,但当这种全球愿景和美国认知的国家利益发生冲突时,积极竞争成为其优先选项。美国将水利基础设施建设作为实现水战略、促进水资源治理的重要内容,还将水利基础设施建设视为其市场出口的重要商品,身兼拉动自身经济增长和提升美国国际领导地位的双重职责。此外,跨界水

---

[1] "National Security Strategy", The White House, https://www.whitehouse.gov/wp-content/uploads/2022/10/Biden-Harris-Administrations-National-Security-Strategy-10.2022.pdf.

[2] Barbara Lippert and Volker Perthes, eds., *Strategic Rivalry between United States and China Causes, Trajectories, and Implications for Europe*, SWP Research Paper, April 4, 2020, https://www.swpberlin.org/publications/products/research_papers/2020RP04_China_USA.pdf.

资源治理是水战略重要议题，由此生成的区域性或国际性的机制、制度和组织在当地的水事务治理上具重要话语权。因此，水资源治理衍生的市场抢夺和制度竞争构成美国在水战略领域和中国竞争的主要动因，重点竞争区域为被美国称为"21世纪地缘政治核心"的印太地区。

2021年，美国联合七国集团发起了"重建更美好世界"计划（Build Back Better World，B3W），是一个由所谓"民主"国家领导的、满足低收入和中等收入国家巨大基础设施需求的投资项目，重点在气候变化、健康安全、数字技术和性别平等领域提供援助，以动员私营部门并通过各国金融机构的催化开展投资。① 水资源是气候、健康和性别的交叉领域，供水和卫生设施在B3W承诺的基础设施建设中的占比不容忽视。而该计划是在拜登和G7领导人讨论了与中国的战略竞争，并承诺采取具体行动的背景下诞生的，被称为美国对冲"一带一路"倡议的"主打产品"。②

在印太地区，美国一以贯之地在离间中国与周边国家的关系，恶意揣测并强调中国作为青藏高原的上游国家，按自身发展需求开发水电可能会对下游国家造成生态破坏和导致气候危机恶化，特别是在澜湄流域。为进一步控制该流域的水文数据、打开东南亚水利基础设施市场和建立与下游国家的伙伴关系，美国以排他性的区域制度为行动载体遏制中国的区域水资源发展合作。2020年，美国将"湄公河下游倡议"（Lower Mekong Initiative，LMI）升级为"湄公河—美国伙伴关系"（Mekong-U.S. Partnership，MUSP），被视为与中国发起的"澜湄合作"（Lancang-Mekong Cooperation，LMC）的

---

① "Fact Sheet: President Biden and G7 Leaders Launch Build Back Beter World (B3W) Partnership (EB/OL)", The White House, https://www.whitehouse.gov/briefing-room/statements-releases/2021/06/12/fact-sheet-president-biden-and-g7-leaders-launch-build-back-better-world-b3w-partnership/.

② 陈积敏、孙新平：《"重建更好世界计划"的演进及限度》，《当代美国评论》2022年第1期。

制度竞争，以图遏制中国。① GWS2022指出，美国地质调查局将提供遥感和水文建模等专业知识以及广泛的跨界水资源技术经验，进一步加强对"湄公河—美国伙伴关系"的技术支持。② 湄公河水资源数据倡议（Mekong Water Data Initiative, MWDI）作为"湄公河—美国伙伴关系"的旗舰项目，同样受美国国务院资助，声称致力于加强对湄公河下游国家收集、分析和管理水资源及与水相关的数据和信息的能力，以减少与水相关的风险，改善区域对环境突发事件的反应，并促进水、粮食、能源和环境关系的可持续发展。此外，美国国务院还资助了美国陆军工兵部队、美国地质调查局和亚利桑那州立大学与湄公河委员会（Mekong River Commission, MRC）合作的联合项目NexView。该项目开发了基于网络的数据可视化，以支持全流域水资源规划，并促进湄公河委员会成员国之间的数据共享和协作，该项目将中国排除在外。③ 整个援助过程中，美国强调和下游本土国家合作，从单纯的官方外交转为深入当地，美国政府推动指导对象国制订基础设施总体规划，为当地官员制定培训课程和相关实践项目，培养他们的项目准备和执行技能，并向他们传播私营部门投资的信息，以实现吸引私人资本。④ 美国利用先进的技术、重建的盟伴关系、深入当地政府的本土化策略和对私营部门投资的动员的途径，加强自身在印太地区水资源治理领域的领导力，并采取排他性的方式进行战略竞争。

---

① 李垣萤：《多边主义理念竞争：中美湄公河次区域合作机制之比较》，《外交评论（外交学院学报）》2021年第5期。
② "U. S. Government Global Water Strategy, USGS Plan", USAID, https://www.usaid.gov/sites/default/files/documents/US-Global-Water-Strategy-2022.pdf, p. 3.
③ "Nexview (2019 – 2023)", Mekong-U. S. Partnership, https://mekonguspartnership.org/projects/nexview/.
④ "MUSP Quality Infrastructure Training Program-Energy Series", Mekong-U. S. Partnership, https://mekonguspartnership.org/projects/lmi-quality-infrastructure-training-program-energy-series/.

2. 促进包容性发展

是否关注边缘群体的利益、促进包容性发展是美国两党的重要分歧所在，特朗普政府时期着重关注白人利益，颁布了一系列限制移民等边缘群体的政策和指令。民主党总统拜登上任后，立刻清除这些"遗产"，将"积极推进公平、民权、种族正义和机会平等"视作整个政府的责任，意图通过一系列政策使在服务匮乏的社区人群、性少数群体、女性群体、不同信仰的群体等各类群体获得权益保障。① 其外交政策坚定地反映了这一价值观，美国高喊"人权、民主和法治"的口号，站出来反对并改善上述边缘群体在全球范围内遭受的不公正待遇。② 在全球水资源的获取和分配上，边缘群体往往处于弱势地位。2017年统计报告称，在房屋外取水的家庭，80%的取水工作由女性负责，这种由于基础设施短缺和性别问题造成的分工压缩了女性的受教育机会、工作机会，增加了女性遭受攻击的风险。③ 女性等弱势群体也更容易受到水资源短缺的影响，2019年统计报告称，每年死于不洁出生的人数约有100万，占新生儿死亡人数的26%和产妇死亡人数的11%。④ 但与之相对的，女性在水资源决策中往往缺席，全球只有不到50个国家的法律或政策专门提到女性参与水资源或农村卫生管理工作。⑤ 除此之外，水的基础设施建设并没有全面覆盖残疾人无障碍设施，在很多情况下，

---

① "Executive Order on Diversity, Equity, Inclusion, and Accessibility in the Federal Workforce", The White House, https://www.whitehouse.gov/briefing-room/presidential-actions/2021/06/25/executive-order-on-diversity-equity-inclusion-and-accessibility-in-the-federal-workforce/.

② "A Foreign Policy for the American People", U.S. Department of State, https://www.state.gov/a-foreign-policy-for-the-american-people/.

③ "Progress on Drinking Water, Sanitation and Hygiene: 2017 Update and SDG Baselines", Geneva: World Health Organization (WHO) and the United Nations Children's Fund (UNICEF), 2017, Licence: CC BY-NC-SA 3.0 IGO.

④ "Water, Sanitation and Hygiene in Health Care Facilities: Practical Steps to Achieve Universal Aaccess", Geneva: World Health Organization, 2019, Licence: CC BY-NC-SA 3.0 IGO.

⑤ "Water and Gender", UN Water, https://www.unwater.org/water-facts/water-and-gender.

性少数群体等边缘人群由于受到社会歧视，也难以获得与水相关的基础服务。因此，美国全球水战略将拜登政府意识形态偏好放置在这一国际背景中，提倡在水战略中促进包容性发展。

GWS2022提出，对边缘化人群加强水资源分配、水利基础设施建设的投资有可能减轻他们在教育、健康和工作等其他领域遭受的不平等。为实现这一战略，美国政府积极了解水安全、环境卫生和个人卫生与边缘化群体之间的影响机制，并寻求与由边缘化人群领导的、为他们服务的民间社会组织合作；使用数据驱动的方式在地方、国家乃至国际层面测量与水相关的不平等，并在当地提供这种技术能力建设；无论环境是稳定还是脆弱，把投资目标放在边缘人群居住的社区，通过法律、政策、制度、金融和市场改革以及社会行动建设一个有利的环境。①

2021年，美国国际开发署与印度的WASH研究所、奥里萨邦政府和奥里萨邦水学院合作发起了以青年、女性和跨性别者为主的印度污水和粪便污泥管理（Fecal Sludge and Septage Management, FSSM）技能发展项目，为社区中成立的当地自助团体提供技能培训，以解决1000多个城镇运营和管理粪便污泥处理厂的问题。2021年8月，美国国际开发署资助培训了30多名"巴胡查拉玛塔跨性别自助小组"（Bahuchara Mata Transgender Self Help Group, SHG）成员，以发展他们在卫生处理方面的专业技术和领导能力。这种现象激励了印度其他城镇采用类似的模式。截至2022年6月，奥里萨邦在111个城镇建立了104个粪便污泥处理厂，现有32000多个由性少数群体等边缘人群组成的自助团体。② 美国千禧年挑战

---

① "U. S. Government Global Water Strategy", USAID, https://www.usaid.gov/sites/default/files/documents/US-Global-Water-Strategy-2022.pdf.

② "Inclusive Development in India: USAID Partners with Local Transgender Community on WASH", USAID, https://medium.com/usaid-global-waters/inclusive-development-in-india-usaid-partners-with-local-transgender-community-on-wash-ba8d32b8db29/.

公司作为美国全球水战略重要的资本投资类部门，旗下拥有众多水援助项目，包括在约旦推动公私部门合作进行废水处理、给赞比亚拟定了供水和卫生投资总计划、在蒙古国展开水利基础设施建设投资等。① 该部门将促进包容和性别平等作为基本原则，包括将包容性和性别考虑充分纳入计划制订和实施的所有阶段；支持政策和体制改革，以加强其投资的包容性和性别影响；促进私营资本投资推动包容性发展；等等。② 2021 年 4 月，美国国务院经济与商业事务局（The U. S. Department of State's Bureau of Economic and Business Affairs）和美国水问题伙伴关系（U. S. Water Partnership，USWP）等组织合作在越南胡志明市举办了四场会议，主题为"女性对可持续用水时尚的改变"（Women Changing the Course Toward Water Sustainable Fashion），将来自世界各地从事时尚业的女性聚集在一起，探讨如何使纺织、服装和时尚行业的发展走向可持续用水时尚的道路，希望她们能成为整个时尚价值链变革的推动者，特别是始于东南亚和南亚的价值链，从而加强女性在水事务中的话语权和决策权。③ 美国航空航天局以远程观测和数据分析为主要方式监测地球环境变化，设有全球水可持续性（GEOGLoWS）、食品安全和农业计划（Harvest）和 SERVIR 三大旗舰研究项目。为了响应白宫促进包容性发展的使命号召，2022 年 4 月，美国航空航天局启动了《公平行动计划》（"Equity Action Plan"，EAP），旨在解决使服务匮乏以及边缘化的社区不能获得平等机会的障碍，提出四项重点任务，其中包括利

---

① "U. S. Government Global Water Strategy, MCC Plan", USAID, https://www.usaid.gov/sites/default/files/documents/US-Global-Water-Strategy-2022.pdf.

② "Inclusion & Gender", Millennium Challeuge Lorpration, https://www.mcc.gov/about/priority/inclusion-and-gender.

③ "Women Changing the Course Toward Water-Sustainable Fashion", http://vimeo.com/536873246.

用地球科学和社会经济数据帮助服务匮乏社区减轻其水资源等环境挑战,①并将满足服务匮乏和边缘化社区的需求作为其 DEVELOP 等能力建设项目的核心任务。②

3. 缓解气候危机

从美国国内来看,不同于特朗普政府对气候变化的不屑一顾,拜登上任后表示:"接下来的这个十年,是决定全球能否应对气候变化危机,以避免这场危机最糟糕的、不可逆转影响的决定性十年。"③ 2020 年 11 月 23 日,拜登总统宣布,美国前国务卿约翰·克里担任总统气候问题特使,并成为美国国家安全委员会(National Security Council, NSC)成员。④ 2021 年 1 月 20 日,拜登正式代表美国宣布重新加入《巴黎气候协定》(Paris Climate Agreement)。⑤ 2021 年 1 月 27 日,拜登总统履行其对民主党选民的政治承诺,签署了《关于应对国内外气候危机的行政命令》(Executive Order on Tackling the Climate Crisis at Home and Abroad),将气候变化列为目前对美国国家安全造成的最严重威胁之一,重新将气候变化议题放置于其国家安全和外交政策的中心。⑥ 而且,在全球气候变化和气候政治日益复杂的现实背景下,制定全球气候治理秩序逐渐成为全球治理的重要任务和大国全球领导地位的权力追求。同时,国际社

---

① "NASA Releases Equity Action Plan to Make Space More Accessible to All", NASA, https://www.nasa.gov/sites/default/files/atoms/files/nasa_-_equity_report_-_v8.pdf.

② "U. S. Government Global Water Strategy, NASA Plan", USAID, https://www.usaid.gov/sites/default/files/documents/US-Global-Water-Strategy-2022.pdf.

③ "Take Climate Action in Your Community", The White House, January 27, 2021, https://www.whitehouse.gov/climate/.

④ "Biden Names John Kerry as Presidential Climate Envoy", The Washington Post, https://www.washingtonpost.com/climate-environment/2020/11/23/kerry-climate-change/.

⑤ "Paris Climate Agreement", The White House, January 20, 2021, https://www.whitehouse.gov/briefing-room/statements-releases/2021/01/20/paris-climate-agreement/.

⑥ "Executive Order on Tackling the Climate Crisis at Home and Abroad", The White House, https://www.whitehouse.gov/briefing-room/presidential-actions/2021/01/27/executive-order-on-tackling-the-climate-crisis-at-home-and-abroad/.

会开始日益重视水治理中的气候变化因素。《2020年联合国世界水发展报告：水与气候变化》指出："气候变化将影响水的可用性，包括人类对水质和水量的需要，进而潜在地威胁数十亿人切实享有水和卫生设施的人权。气候变化引发的水文变化，将加剧水资源可持续管理方面的挑战，而在世界许多地区，水资源可持续管理已经面临巨大压力。"① 联合国在2022年指出，2018—2022年北极海面上冰川的平均面积低于1981—2010年的长期平均值，南极达到了有记录以来最低或第二低的海面冰川面积。② 到2050年，全球面临洪灾风险的人数将从2022年的12亿人增加到16亿人。2010—2015年，全球约有19亿人（全球总人口的27%）生活在潜在的严重缺水地区；到2050年，这个数字将增加到27亿到32亿。③ 受到国内意识形态偏好和国际气候治理日益复杂的双重作用，美国将气候危机和战略紧密联系，强调两者之间的共同内涵，特别是增强气候复原力和缓解水危机的内在机理，凸显全球水治理中的气候变化因素。

美国水问题伙伴关系提出，气候危机就是水危机，水是气候变化的第一线。GWS2022认为，水安全是适应气候变化的核心，这一现实反映在整个美国水战略的目标和实施方法中。改善水资源管理是适应气候变化最具成本效益的方法之一，同时，家庭和社区能够平等地获得安全水资源和相关环境卫生服务，以及坚持采取个人的卫生行为是其抵御气候变化的根本。而且，该战略首次提到水安全对于实现温室气体净零排放至关重要，通过实施这

---

① 《2020年联合国世界水发展报告：水与气候变化》，联合国教育、科学及文化组织，https://unesdoc.unesco.org/ark:/48223/pf0000372882_chi.
② "United in Science", World Meteorological Organization, https://public.wmo.int/en/resources/united_in_science.
③ "Water and Climate Change", UN Water, https://www.unwater.org/water-facts/water-and-climate-change.

一战略，提高部门的能源利用效率，扩大可再生能源的使用和生产，鼓励更频繁和安全的粪便污泥收集，可以减少水和卫生服务带来的排放。①

美国国际开发署的"安全用水"（Safe Water）活动正在通过帮助菲律宾的地方政府、水务公司、水务管理人员和其他利益攸关方采用一种使用气候和水文数据的水安全规划程序实现其长期的水安全，其中包括关于森林覆盖率与水和卫生设施获取水平的基线信息等。② 长期以来，在埃塞俄比亚干旱的低地地区，太阳能供电的农村供水系统被认为具有建立气候适应能力和提高系统正常运行时间的潜力，美国国际开发署的"低地 WASH"（Lowland WASH）项目与埃塞俄比亚政府及其发起的"水和环境卫生项目国家计划"（One WASH National Program），以及亚的斯亚贝巴大学（Addis Ababa University）的学者达成合作，一同更新国家技术指南，开发太阳能相关工具，支持太阳能供水系统的安装和维护项目，并为职业培训中心提供指导。③ 在资本投资方面，美国国际开发署在 2021 年《联合国气候变化框架公约》缔约方会议（COP 26）上宣布，美国打算在 2030 年前动用至少 10 亿美元的公共和私人资金，用于适应气候变化的水和卫生服务建设。④ 约旦是世界上缺水最为严重的国家之一，解决和改善城市和农业系统等造成的水资源损失问题，对于改善约旦国家的水资源获取、粮食产量的提高、整体气候适应能力的增强和

---

① "U. S. Government Global Water Strategy", USAID, https:// www. usaid. gov/sites/default/files/documents/US-Global-Water-Strategy-2022. pdf.

② "U. S. Government Global Water Strategy", USAID, https:// www. usaid. gov/sites/default/files/documents/US-Global-Water-Strategy-2022. pdf.

③ "Modernizing Water Governance in Ethiopia: Solar Success in Off-Grid Water Service Delivery", USAID, https:// www. globalwaters. org/sites/default/files/lowland_ wash_ activity_ briefing_ note_ solar_ success_ in_ water_ services_ final. pdf.

④ "Harnessing Hydrologic Analyses for Evidence-based Watershed Management", USAID, https:// www. globalwaters. org/sites/default/files/2022-03-04_ hydrologic_ studies_ fact_ sheet. pdf.

温室气体的减少排放至关重要。通过"非收入水项目"(Non-Revenue Water Project),美国国际开发署正促进约旦政府和私营部门达成合作,建设当地水利基础设施网络和改善相关服务。① 为防止气候变化加重流行病的扩散和传播,美国疾控中心正在制定"气候与健康战略",并将其纳入 WASH 计划中。美国疾控中心在易受洪水影响的地区开发和试点霍乱以及其他水传播疾病的早期预警系统,并确定与霍乱暴发有关的气候参数,以进一步完善霍乱热点地区的建模和预测。② 美国千禧年挑战公司和尼日尔政府达成水资源投资合作协议。该协议包括对灌溉基础设施和管理系统、适应气候变化的农业生产、改善市场准入的道路升级以及自然资源管理的投资,同时寻求增强当地企业家和小农生产者的能力。尼日尔政府则致力于进行符合美国标准的改革,以改善水和农业系统政策,增加私营部门的参与。③ 美国国家海洋和大气管理局下属的海洋和大气研究办公室(Office of Oceanic and Atmospheric Research, OAR)开展全球水文循环研究,以增进对干旱、极端降水等水灾害机制的了解,并改进相关灾害预警。美国还与区域和国家一级机构密切合作,包括与加勒比气象研究所(Caribbean Institute for Meteorology)合作开展水资源业务,与加勒比灾害应急管理局(Caribbean Disaster Emergency Management)合作开展提高气候复原力的工作,以合作伙伴关系共同提高对气候相关的潜在水灾害的抵御能力,等等。④

---

① "Climate-Resilient, Low-Emissions Water Security and Sanitation", USAID Water and Development Technical Series, https://www.globalwaters.org/sites/default/files/usaid_water_climate-resilient_low-emissions_water_security_sanitation_tech_brief_13_508_updated.pdf.

② "U. S. Government Global Water Strategy, CDC Plan", USAID, https://www.usaid.gov/sites/default/files/documents/US-Global-Water-Strategy-2022.pdf, p. 71.

③ MCC, https://www.mcc.gov/where-we-work/program/niger-compact.

④ "U. S. Government Global Water Strategy, NOAA Plan", USAID, https://www.usaid.gov/sites/default/files/documents/US-Global-Water-Strategy-2022.pdf.

(三) GWS2022 的国际影响及应对

首先,水危机是全世界人民所面临的亟须解决的共同挑战,各个国家、组织乃至个人理应齐心协力达成合作、解决难题。但是,随着美国对中国发展意图日益深化的误解或曲解,其逐渐展开的全面化对华制裁战略,使两国被迫站在双方的对立面进行战略竞争。美国官员甚至称,湄公河已成为中美竞争的新战线,中国在支出和对下游国家的影响力方面都超过了美国,但仍受其对河流水域的控制。[①] 美国对华竞争态势开始扩散至水治理等非传统安全领域,这一战略趋向和方针破坏了中美合作共识,影响中美水治理达成合作,减损全球水治理工作的效率。其次,拜登政府将水战略的内涵"泛化",扩展至人权和气候变化等相关议题,以水为治理载体输出其民主人权价值观,影响他国气候变化相关政策制定。美国还以"水"为点带动对他国别领域的政治干预。最后,在战略手段上,美国以先进的技术和优越的资本采取接触对象国本土和动员私营部门的方式进行相关援助,帮助其推行美国技术在全球范围的使用率,有助于其完成国家安全战略目标;帮助美国企业走进对象国水利基础设施和水产品技术等市场,实现自身经济增长,并以此要求对象国进行相应的市场改革以符合美国标准,将影响对象国的市场体系,在世界范围内促进美式市场的发展。此外,拜登政府采取多种手段恢复美国的盟伴关系,和西方其他发达国家以及相关国际组织一道投入全球水治理,进一步掌握在水战略领域的领导力和话语权,塑造一套美式的治理标准和潜在原则。一方面,试图以水为工具重建以美国为首的发达国家合作网络;一方面,确立其在该领域的全球领导者地位。美国一系列行为将对中国产生水治理战略空间

---

① "Water Wars: Mekong River Another Front in U. S.-China Rivalry", Reuters, https://www.reuters.com/article/us-mekong-river-diplomacy-insight-idUSKCN24P0K7.

的挤压，影响发展中国家的市场体系和政治制度改革，最终降低全球水资源问题的治理效率和公平。

面对这一态势，中国应予以重视并采取相应措施。第一，在问题认知上，中国要使美国意识到水治理是合作领域而不是竞争领域。虽然美国水战略的对华竞争这一态势正处于起步阶段，但中国要注意到这一苗头并就相关议题积极同美国沟通，在防范的同时尽量取得合作。第二，中国要注意美国对水战略内容的拓展，并警惕与之相对应的行动举措，比如美国是否会就水资源分配等问题对中国的国内事务指手画脚。在气候变化和水治理的关联性问题上，中国也可以注重其内涵外延的必要性，在全球气候变化的国际环境下，积极采取行动，参与全球水治理和全球气候治理的规则和秩序维护制定。第三，美国拥有先进的技术和优越的资本，采取政府、企业等多主体的水治理参与形式。与之相对，中国可以提高数据性的技术发展，在基础设施建设援助的基础上开展相关的技术支持；可以继续加强企业等私营部门的参与，构成一套较为完整的公私合作体系，形成良好高效的合作模式。第四，针对美国积极恢复盟伴关系的行动，中国要防范其对自身形成的战略包围，就水治理的本质进行阐释，呼吁各国摒弃偏见，将水治理问题看作全球问题，并积极同发展中国家达成合作，防止发展中国家的治理需求和真正意图被掩盖。

四 结论

拜登政府的全球水战略是美国国家安全战略和总体方针的战略延伸，该战略相较以往对战略意图、执行机构、优先区域和重点议题等方面进行了全面调整。其战略意图体现在三点：一是推进水战略以保障美国国家安全；二是开展水战略以重建美国盟伴关系，提升美国全球影响力；三是以水战略为载体推动美国打开他国市场，获得经济效益。执行机构体系变革体现出经济援助市场化、技术援助数据化和军事国防全面化的特点；机构行动计划趋向更加精细和系统，凸显以点到面的特征。在执行机构的工作内容方面，各执行机构拟完成的GWS战略目标趋向全面化；以美国国际开发署为纽带，GWS和美国其他重要政策领域实现战略性的议题互嵌；其他政府部门合作，互相支持配合，联动发展，编织由里及外的行动网络。在战略优先区域方面，拜登政府将战略区域重点转向印太和非洲地区，开始特别关注亚太地区的水发展问题。在战略重点议题上，拜登政府正通过数据驱动的科学技术援助、私营部门合作等投资援助、深入对象国政治环境的本土化策略以及重建全球盟伴关系四条实施途径围绕"和中国竞争""促进包容性发展"和"缓解气候危机"三项重点创新议题展开战略行动，整个过程中体现出议题内容互相缠结、实施路径彼此交织。拜登政府虽强调水战略的包容性和公平性，但本质而言将水战略作为实现其国家利益的工具，甚至逐渐凸显其在非传统安全领域的对华竞争态势，若这一态势愈演愈烈，将严重影响该领域的中美合作，损害全球水治理的实际成效。中国也应采取措施以扭转美国的认知偏见，提升自身全球水治理水平，积极同其他国家开展合作，推动全球水治理朝着更加公平、有效和团结的方向发展。

区域水安全与湄公河水机制

中国在湄公河的水合作:范式转变和云南扮演的角色

张宏洲　李明江*

内容提要:本文研究了中国近年来在湄公河政策上的变化以及主要影响因素。在过去的几年里,中国从上游国家主权的立场转变为通过澜湄次区域合作机制在湄公河流域发起多边跨境"水合作"倡议,而云南省人民政府以及相关次国家行为体在澜沧江—湄公河"水合作"中扮演了重要角色。

关键词:水合作;水缘政治;澜沧江—湄公河;云南

2019年7月,受干旱影响,湄公河水位降至100年来最低点。对此,水学者和安全专家警告,水资源的紧缺可能会引发湄公河流域国家间的冲突,甚至"水战争"(water wars)。

近年来,中国的湄公河政策发生了明显变化。例如,水问题的合作已经成为中国主导的"澜沧江—湄公河合作"(Lancang-Mekong Cooperation,LMC)框架的重点之一。然而,人们对中国的湄

---

* 张宏洲,新加坡南洋理工大学拉惹勒南国际研究院助理教授;李明江,新加坡南洋理工大学拉惹勒南国际研究院副教授、教务长。

公河政策是否会影响到湄公河流域的经济发展意见不一，即新的湄公河政策是否只是"新瓶装旧酒"，又或是标志着一种范式的转变。①

一 中国湄公河政策演变

（一）单边发展为主，有限多边合作为辅

为了维护与沿岸国家的稳定关系，促进区域经济发展，中国与其他沿岸国在水问题上进行了合作。在双边层面，除了投资东南亚的水电部门，中国还协助其他国家保护水资源和建设灌溉基础设施。在多边层面，中国与各国在航运方面的合作最多，以促进贸易。鉴于河道航运的成本相对较低，且运输量大，因此被列为优先事项。

中国自 1996 年以来一直是"湄公河委员会"的对话伙伴。② 2002 年，中国与"湄公河委员会"签署了一份关于在雨季提供云南省两个监测站的每日河水流量和降雨量数据的谅解备忘录，加强了与"湄公河委员会"的合作。中国与"湄公河委员会"及其成员国进行了广泛的经验交流、技术培训和实地考察。

（二）2015 年后湄公河的新兴"水政策"

2015 年 11 月，"澜湄合作"在中国云南省景洪市举办的首次外长会中正式启动。2016 年 3 月，中国和湄公河地区的五个国家在中

---

① Sebastian Biba, "China's 'Old' and 'New' Mekong River Politics: The Lancang-Mekong Cooperation from a Comparative Benefit-Sharing Perspective", *Water International*, Vol. 43, No. 5, 2018, pp. 622-641; Hongzhou Zhang and Mingjiang Li eds., *China and Transboundary Water Politics in Asia*, New York: Routledge, 2017.

② Andrea K. Gerlak and Andrea Haefner, "Riparianization of the Mekong River Commission", *Water International*, Vol. 42, No. 7, 2017, pp. 893-902.

中国在湄公河的水合作：范式转变和云南扮演的角色

国海南省举行了第一次"澜湄合作"峰会。与只有四个湄公河下游国家成员的"湄公河委员会"（中国和缅甸并非正式成员，只是对话合作伙伴）以及亚洲开发银行发起成立的经济合作计划"大湄公河次区域经济合作"（Greater Mekong Subregion Economic Cooperation, GMS）相比，"澜湄合作"是湄公河次区域第一个由所有六个湄公河沿岸国家建立的多边合作机制。在机构建设方面，"澜湄合作"已经取得重大进展。目前已建立四级会议机制，包括最高领导人、外交部部长、高级官员和工作组之间的会议。此外，六个国家都设立了"澜湄合作"国家秘书处或协调单位。

根据各国官方声明，跨境水合作是"澜湄合作"的主要事项。在2016年3月第一次领导人会议上，水资源合作被列为"澜湄合作"的五个优先领域之一（其他四个优先领域是互联互通、产业能力、跨境经济合作以及农业和减贫）。自2015年底以来，中国一直试图加强与其他湄公河国家的多层次和多维度的水合作。中国希望通过大量的资金投入，将水资源合作转变为"澜湄合作"框架下的一个首要合作领域。

中国在"硬件"投入方面通过大量资金支持，推动与水有关的重大发展项目的启动和建设。水电合作是"澜湄合作"框架下跨境水资源开发合作的最重要领域。中国一直带头在其他东南亚国家资助和建设水电站大坝。例如，除了在老挝水电部门的巨额投资，中国还在柬埔寨投资数十亿美元建设水电大坝，截至2020年底，中资企业在柬投资水电站发电装机总容量为1328兆瓦。除了大坝建设，中国也表现出对电力基础设施开发的兴趣，以建立一个连接中国、越南、老挝、缅甸、泰国和柬埔寨的区域电网。[①] 但这些大坝

---

① Suwitchai Songwanich, "China's Ambitious Plans to Power Southeast Asia", *Mekong Eye*, July 24, 2018, https://www.mekongeye.com/2018/07/24/chinas-ambitions-plans-to-power-southeast-asia/.

项目也引来争议。

中国在"软件"投入上主要就与水相关的机构建设、技术转让、规则和条例交流以及与水有关的理念和叙事进行宣传。在"澜湄合作"框架下，成立了水资源联合工作组（Joint Working Group on Water Resources）、澜沧江—湄公河水资源合作中心（Lancang-Mekong Water Resources Cooperation Center）、环境合作中心（Environmental Cooperation Center）和全球湄公河研究中心（Global Center for Mekong Studies）。这些机构为政策对话、技术转让、联合研究以及培训和教育提供了平台。作为最重要的多边跨境水合作机构，水资源联合管理工作组已经召开两次会议，并发布《澜沧江—湄公河水资源合作五年行动计划》。四年来，中国通过这些机构为来自湄公河流域其他国家的40批学员（共约1000人次）提供培训。其中近100名水务官员和大学生，参加了"澜湄合作"高层次水务人才项目（LMC High-Level Water Talents Program）。此外，在"澜湄合作"框架下，中国还寻求通过在云南省瑞丽市建立云南民族大学澜沧江—湄公河国际职业学院（Lancang-Mekong International Vocational Institute），为来自中国和湄公河其他国家的人员提供培训，促进澜沧江—湄公河地区的社会经济发展。在研究合作方面，中国率先建立了全球湄公河研究中心（Global Center for Mekong Studies），该中心由六家领先的区域智库组成。2018年3月20日，全球湄公河研究中心的第一个智库论坛在北京举行。"澜湄合作"还与"湄公河委员会"进行一项关于澜沧江水电梯级对极端事件水文影响的联合研究。在中国水利部的发起下，全球水伙伴（Global Water Partnership，GWP）、全球水伙伴（东南亚）和全球水伙伴（中国）组成了一个关于澜沧江—湄公河流域的联合平台。

更重要的是，中国正在推动以发展为中心的方式来治理湄公河水问题。即使"水资源综合管理"（Integrated Water Resources Management, IWRM）已经成为跨境水资源管理的主流模式，但在管理宏观和中观的水政策、计划和项目方面，"水资源综合管理"的应用效果并不理想。在发展中国家，对"水资源综合管理"感到失望的学者开始提倡这样的观点，即水合作本身不应该是目的，而只是通过各种复杂的、相互关联的社会经济途径来提高流域国家的生活水平的一种手段。① 因此，部分学者认为，湄公河流域主要由发展中国家共享，因此水合作本身并不应该是目的，而应被视为促进发展的手段与基础。②

这种发展方式正是中国"一带一路"倡议所倡导的。2017年5月，在第一届"一带一路"国际合作发展论坛上，中国国家主席习近平在开幕致辞中宣布，"发展是解决一切问题的总钥匙"。③中国国家主席习近平表示，必须努力促进共同发展，因为和平与发展是相互依存、相辅相成的。安全威胁的原因（如战争、冲突和恐怖主义）都可以追溯到贫穷和不发达，因此也可以在发展中找到解决办法。然而，不适当考虑环境的发展会导致严重的资源消耗、环境污染和社会动荡，这可能会引发或扩大国内和国家间的水冲突。例如，前文提到的老挝和缅甸大坝坍塌也导致大量人员伤亡，这些现象都突出了以发展为中心的方式的潜在风险。

与部分研究所声称的中国新湄公河政策基本上是"新瓶装旧酒"相反，本文认为，中国的湄公河政策范式已经发生了转变。

---

① Asit K. Biswas, "Cooperation or Conflict in Transboundary Water Management: Case Study of South Asia", *Hydrological Sciences Journal*, Vol. 56, No. 4, 2011, pp. 662 – 670.

② Asit K. Biswas, "Management of Transboundary Waters: An Overview", in Olli Varis, Asit K. Biswas in and Cecilia Tortajada, eds., *Management of Transboundary Rivers and Lakes*, Springer Berlin Heidelberal, 2008, pp. 1 – 20; Chris Sneddon and Coleen Fox, "Rethinking Transboundary Waters: A Critical Hydropolitics of the Mekong Basin", *Political Geography*, Vol. 25, No. 2, 2006, pp. 181 – 202; Hongzhou Zhang and Mingjiang Li, "A Process-based Framework to Examine China's Approach to Transboundary Water Management", *International Journal of Water Resources Development*, Vol. 34, No. 5, 2018, pp. 705 – 731.

③ 《携手推进"一带一路"建设——在"一带一路"国际合作高峰论坛开幕式上的演讲》，人民出版社2017年版，第8页。

中国的"水政策"在湄公河地区显然正在形成。为佐证这一观点，本文参考了霍尔对于政策范式的研究框架。霍尔在其对于政策范式开创性的研究中指出，政策制定作为一个过程通常涉及三个关键变量：指导特定领域政策的总体目标；为实现这些目标所采用的手段或政策工具；政策工具的精确设置。以三个变量为基础，霍尔归类了三类不同的政策变化：（1）现有政策工具设置或水平的变化，通常表现为常规化和渐进式决策的特征，被称为"第一序列变化"；（2）实现政策目标的基本工具或技术的变化，而某一特定政策背后的目标层次基本保持不变，被称为"第二序列变化"；（3）政策总体目标发生变化，被称为"第三序列变化"，有时也被称作"范式转变"。① 除了政策目标的变化，这样的过程还需要同时改变政策工具和工具设置。②

基于此，本文认为，中国的湄公河政策明显发生了范式转变。以前单边发展与有限的多边合作的方式被"水政策"所取代。主要表现为中国湄公河政策的总体目标及其相关的政策工具和政策设置都发生了变化。如前文所述，中国湄公河政策的两个主要目标曾经是保护其权利和维持稳定。然而，中国现在以水合作为引，引导其他湄公河国家加入以基础设施建设、产能合作和贸易促进为重点的"一带一路"倡议，从而推进中国实现东南亚战略主导。③ 这就是"水政策"的意义，将水问题提升到外交政策领域，其长期目标超

---

① Peter A. Hall, "Policy Paradigms, Social Learning, and the State: The Case of Economic Policymaking in Britain", *Comparative Politics*, Vol. 25, No. 3, 1993, pp. 275 - 296.

② Pierre-Marc Daigneault, "Reassessing the Concept of Policy Paradigm: Aligning Ontology and Methodology in Policy Studies", *Journal of European Public Policy*, Vol. 21, No. 3, 2014, pp. 453 - 469.

③ Brijesh Khemlani, "China and the Mekong: Future Flashpoint?" Royal United Services Institute, June 25, 2018, https:// rusi. org/explore-our-research/publications/commentary/china-and-mekong-future-flashpoint; Nguyen Dinh Sach, "The Lancang-Mekong Cooperation Mechanism (LCMCM) and Its Implications for the Mekong Sub-region", *Pacific Forum CSIS*, worhding Paper, 2018; Thitinan Pongsudhirak, "China's Alarming 'Water Diplomacy' on the Mekong?", *Nikkei Asian Review*, Vol. 21, 2016.

越了水危机管理和冲突预防,而是旨在促进区域安全和稳定,并通过更紧密的经济和社会政治联系促进区域一体化。① 而具体是什么因素驱动着这一范式转变,后文将做简单介绍。

二 中国"水政策"的驱动因素和云南省扮演的角色

对于中国湄公河政策向"水政策"转变的驱动因素,现有研究总结归纳了四个主要方面,具体如下。中国对于"一带一路"倡议和新型"周边外交"的推进。② 跨境水合作所带来的巨大经济机会,如水电大坝和内河航运所创造的经济价值。③ 中国与邻国之间的跨境水冲突问题日益国际化。④ 中国越发热衷于区域和全球治理。⑤ 而既有研究忽略了一个关键因素,即次国家行为体所扮演

---

① Cuppari, Rosa, Susanne Schmeier, and Siegfried Demuth, "Preventing Conflicts, Fostering Cooperation-The Many Roles of Water Diplomacy", worhding Paper, 2017.

② Guo Yanjun, "The Evolution of China's Water Diplomacy in the Lancang-Mekong River Basin: Motivation and Policy Choices", Hongzhou Zhang and Mingjiang Li eds., *China and Transboundary Water Politics in Asia*, New York: Routledge, 2017; Heejin Han, "China, an Upstream Hegemon: A Destabilizer for the Governance of the Mekong River?" *Pacific Focus*, Vol. 32, No. 1, 2017, pp. 30 – 55; Lu Guangsheng, "China Seeks to Improve Mekong Sub-regional Cooperation: Causes and Policies (Policy Report)", *Singapore: Nanyang Technological University*, March 20, 2018; Li Zhang and Guangsheng Lu, "Transboundary Water Cooperation between China and the Lower Mekong Countries from the Perspective of Water Diplomacy", *Southeast Asian Studies*, Vol. 1, 2015, pp. 42 – 50.

③ Nguyen Dinh Sach, "The Lancang-Mekong Cooperation Mechanism (LCMCM) and Its Implications for the Mekong Sub-region", *Pacific Forum CSIS*, Worhduy Paper, 2018; Z. Y. Yang, Kuang, and X. Yu, "China's Water Diplomacy in the Era of Big Data", *Water Resources Development Research*, Vol. 2, 2017, pp. 23 – 27; Hongzhou Zhang and Mingjiang Li eds., *China and Transboundary Water Politics in Asia*, New York: Routledge, 2017.

④ Bin Han and Xiaodong Huang, "The Big Picture: Water Diplomacy", *CGTN*, September 14, 2017, https://news.cgtn.com/news/31457a4e34557a6333566d54/index.html; Hongzhou Zhang and Mingjiang Li eds., *China and Transboundary Water Politics in Asia*, New York: Routledge, 2017; Li Zhang and Guangsheng Lu, "Transboundary Water Cooperation from the Perspective of Water Release under LMC", *World Outlook*, Vol. 5, 2016, pp. 95 – 112.

⑤ Suwatchai Songwanich, "China Tackles the Issues of Greater Mekong Subregion", Nationthailand, April 14, 2021, https://www.nationthailand.com/perspective/30288555.

的角色,特别是云南省人民政府及其下属组织的作用。因此,本节通过"平行外交"的视角,主要从以下两个方面解释云南省在中国开展湄公河"水政策"中的作用,云南省在塑造中国—东南亚关系中发挥的重要作用以及云南省在"澜湄合作"中扮演的关键角色。

(一) 云南省在塑造中国—东南亚关系中发挥的重要作用

自20世纪90年代初以来,云南省在塑造中国—东南亚关系的演变中发挥了重要作用。① 首先,中国云南省是向东南亚国家开放的桥头堡,云南省在20世纪90年代初开始实施针对东南亚国家的"开放"政策,主要是通过"大湄公河次区域经济合作"(Greater Mekong Subregion, GMS)。② "大湄公河次区域经济合作"的启动给了云南省第一个也是最好的开放机会。例如,作为中央政府指定的代表中国的"大湄公河次区域经济合作",云南省加入了该次区域的各种多边机制,通过这些机制,在随后的几年里,中国云南省与邻国推动了各种地方举措。③

在21世纪初,云南省获得了中央政府的支持,转变为中国与东南亚之间的一个主要走廊。许多交通基础设施规划项目得到了支持和落实,如2013年云南省建成了连接缅甸和中国的原油和天然

---

① Mingjiang Li, "Local Liberalism: China's Provincial Approaches to Relations with Southeast Asia", *Journal of Contemporary China*, Vol. 23, No. 86, 2014, pp. 275 – 293.

② Shahar Hameiri, Lee Jones, and Yizheng Zou, "The Development-insecurity Nexus in China's Near-Abroad: Rethinking Cross-border Economic Integration in an Era of State Transformation", *Journal of Contemporary Asia*, Vol. 49, No. 3, 2019, pp. 473 – 499; Tianyang Liu and Yao Song, "Beyond the Hinterland: Exploring the International Actorness of China's Yunnan Province", *International Relations of the Asia-Pacific*, Vol. 21, No. 3, 2021, pp. 335 – 370; Czeslaw Tubilewicz, "Paradiplomacy as a Provincial State-building Project: The Case of Yunnan's Relations with the Greater Mekong Subregion", *Foreign Policy Analysis*, Vol. 13, No. 4, 2017, pp. 931 – 949.

③ Li Ren, *From Periphery to Frontier: Yunnan Open to the Southwest (1st ed.)*, Kunming: Yunnan Daily Press Group (In Chinese), 2018.

气管道。① 自2013年以来，云南省也在"一带一路"倡议上大量投入，这项政策"体现了一个具有方向性、一致性、成功的中国外交政策"。② 鉴于"一带一路"倡议的重点是加强基础设施互联互通、贸易和投资，云南省看到了巨大的机会，可以促进其本省基础设施投资（这是云南省经济发展最具挑战性的任务），弥合并加强与其他东南亚国家的联系，这些都将有利于云南省自身的经济增长。因此，自"一带一路"倡议提出以来，云南省一直非常积极地与共建"一带一路"合作国家加强联系，游说中央政府为其发展提供更多的资金和政策支持。在国际上，过去几年来，云南省已经与38个国家和75个省市建立了友好关系。最值得一提的是，云南省的官员和当地学者一直在积极倡导中缅经济走廊的建设。所有这些都表明，在中国与邻国的对外关系中，"平行外交"一直是一个突出的特点。

（二）云南省在"澜湄合作"中扮演的关键角色

虽然"澜湄合作"是中国为实施"一带一路"倡议而于2012年在泰国建立的第一个多边框架，但云南省人民政府在其建立和发展过程中的作用不应被忽视。目前，"澜湄合作"与其他次区域机制之间的关系，如与"大湄公河次区域经济合作"框架之间的关系尚有争议，部分中国官员和学者认为，"澜湄合作"是中国主导的用于进一步加强"大湄公河次区域经济合作"的计划。多年来，云南省人民政府和当地的学者对"大湄公河次区域经济合作"缓慢的

---

① Shahar Hameiri, Lee Jones, and Yizheng Zou, "The Development-Insecurity Nexus in China's Near-Abroad: Rethinking Cross-Border Economic Integration in an Era of State Transformation", *Journal of Contemporary Asia*, Vol. 49, No. 3, 2019, pp. 473 – 499; Audrye Wong, "More than Peripheral: How Provinces Influence China's Foreign Policy", *The China Quarterly*, Vol. 235, 2018, pp. 735 – 757.

② Audrye Wong, "More than Peripheral: How Provinces Influence China's Foreign Policy", *The China Quarterly*, Vol. 235, 2018, pp. 735 – 757.

进展感到失望,一直主张升级该计划。例如2014年3月,云南省某位领导干部在强调云南省要在"一带一路"倡议中发挥关键作用的雄心时,列出了云南省参与"一带一路"倡议的四种路径。其中之一就是加强"大湄公河次区域经济合作"框架。

中国如果选择直接升级"大湄公河次区域经济合作"会比较容易,因为该方案已经很成熟,可以说是东南亚最成功的次区域合作框架。但中国在这个选择上主要有两个担忧:第一,该计划的范围非常有限,主要集中在经济合作上,更为关键和有争议的问题,如跨境水资源开发,并不在考量之中。第二,该计划是由日本主导的亚洲开发银行发起的。① 中国担心该计划的决策会受到日本政策利益的严重影响。② 同样,中国对"湄公河委员会"也有所顾虑。一方面,中国认为,现有的"湄公河委员会"政策和计划对下游国家更有利(特别是如果中国加入,河流的水电开发可能会受到限制);另一方面,中国顾虑西方国家对"湄公河委员会"管理上的影响。③ 因此,中国最终决定建立"澜湄合作",而并非依靠现有的机构以推进"一带一路"倡议在湄公河地区的实施。

自2015年底中国正式启动"澜湄合作"以来,国内对该问题的研究一直由云南学者和政府相关研究人员主导。因此,通过主办第一届和第三届"澜湄合作"外长会议、高级官员会议和联合工作

---

① Jenn-Jaw Soong, "The Political Economy of the GMS Development between China and Southeast Asian Countries: Geo-Economy and Strategy Nexus", *The Chinese Economy*, Vol. 49, No. 6, 2016, pp. 442 – 455.

② Hoo Tiang Boon, "Anatomy of a Rivalry: China and Japan in Southeast Asia", in *The Routledge handbook of Asian security studies*, New York: Routledge, 2017, pp. 345 – 356;卢光盛、罗会琳:《"大湄"还是"澜湄"?一个绕不过去的话题》,《世界知识》2018年第9期。

③ Sebastian Biba, "China's 'Old' and 'New' Mekong River Politics: The Lancang-Mekong Cooperation from a Comparative Benefit-sharing Perspective", *Water International*, Vol. 43, No. 5, 2018, pp. 622 – 641; Selina Ho, "River politics: China's Policies in the Mekong and the Brahmaputra in Comparative Perspective", *Journal of Contemporary China*, Vol. 23, No. 85, 2014, pp. 1 – 20; James E. Nickum, "The Upstream Superpower: China's International Rivers", *Management of Transboundary Rivers and Lakes*, Berlin, Heidelberg: Springer, 2008, pp. 227 – 244.

组会议，云南省成为"澜湄合作"的主要推动者也不足为奇。除了主办这些重要会议，云南省还推动"澜湄合作"机制下区域合作的各个方面，包括主办或组织"澜沧江—湄公河次区域国家商品博览会""澜沧江—湄公河合作滇池论坛""澜沧江—湄公河职业教育联盟""澜沧江—湄公河水环境治理圆桌对话"等各类次区域对外活动。

2017年6月，"澜湄合作"中国秘书处云南联络办公室在云南成立，隶属省外办。云南联络办公室是"澜湄合作"机制六国中的第一个地方协调机构，作为云南省参与"澜湄合作"的协调机构。随后，2018年11月，首届"澜湄水资源合作论坛"在云南昆明举行。在这个为期两日的论坛上，与会方讨论了各种议题，包括可持续发展、水资源的利用和保护、洪涝和干旱管理以及跨界河流管理的知识共享。在论坛结束时，湄公河流域六国的代表通过了《昆明倡议》，该倡议呼吁在水利基础设施建设和通力合作方面进行更多投资，以应对未来的水挑战和气候变化风险。

云南各州、市人民政府也被动员起来，与湄公河流域其他国家的同行建立密切联系。云南省与其他东南亚国家在"澜湄合作"下的对外交往甚至达到了村一级。例如，2017年4月11日，"澜沧江—湄公河农业合作"框架下的"村长"论坛在云南省勐腊县举行。2018年4月，第二次论坛在云南省芒市举行。同样在2018年4月，在云南省妇联的支持下，全国妇联为澜沧江—湄公河流域国家的女性领导人举办了扶贫与妇女经济赋权研讨会。2018年6月，云南日报报业集团为湄公河流域国家的媒体负责人和记者举办了一个培训项目。所有这些活动都强调了云南省在澜沧江流域的形成和发展中的关键作用。

（三）云南省在湄公河水资源管理中的利益变化

云南省在湄公河地区的利益来自两个主要但相互矛盾的目标。

云南省希望在省内开发湄公河的水电潜力，同时也希望利用湄公河进行商业航行。然而，开发水电资源需要筑坝，这就会阻碍航运。与中央政府一样，中国的省级政府各部门之间也存在利益不一致的问题，省级政府下属囊括一系列次国家行为体（如不同部门），在某些政策领域有着相互冲突的目标，并同时积极寻求影响省级政策以实现自身利益。① 在湄公河水问题上，云南省人民政府内部形成了两个政策联盟，"大坝联盟"与"航运联盟"。"大坝联盟"主要包括云南省能源局、华能澜沧江水电股份有限公司等。"航运联盟"主要包括云南省交通运输厅、航运商、商业贸易者等。这两个政策联盟之间的竞争塑造了云南省对湄公河水问题的态度。

自 20 世纪 80 年代末以来，该省已率先利用湄公河进行商业航行，穿越中国、老挝、缅甸和泰国。1989 年，云南省人民政府提出了"东连黔桂通沿海，西接缅甸连印巴"的开放战略。在这一战略指导下，云南省航务管理局提议开发澜沧江—湄公河沿线国家间航道。② 在得到云南省交通运输厅的支持后，有关部门、学者和专家开始讨论和研究这一计划。③ 例如，云南省社会科学院前副院长贺圣达主张建设一条经中南半岛连接云南和南海的国际航道。贺圣达认为，黄金水道可以为整个中国西南地区提供关键的海上通道，全流域的商业航行年货物吞吐量为 1000 万—1500 万吨，可实现 5 亿—8 亿元人民币的财政收入。④ 云南省交通运输厅的建议很快得到了省委领导的认可。1990 年云南省人民政府代表团访问老挝期间，双方签署了《中老湄公河上游联合检查协议》。五个月后，双方交通运输部门的

---

① Tianyang Liu and Yao Song, " Chinese Paradiplomacy: A Theoretical Review", *SAGE Open*, Vol. 10, No. 1, 2020.
② 乔新民：《抓住机遇 加快步伐 推动澜沧江——湄公河国际航运开发》，《珠江水运》1996 年第 12 期。
③ 刘大清：《关于开发澜沧江国际航运问题探讨》，《经济地理》1990 年第 4 期。
④ 贺圣达：《突破中国与东南亚经贸关系的现有框架的创举——论中国参加澜沧江—湄公河开发国际合作的意义》，《东南亚研究》1993 年第 3 期。

代表团进行了从云南景洪市到老挝琅勃拉邦的联合检查。紧接着在1990年9月,云南省派出了第一艘试点船只,以收集更多的数据并借此造势。

经过几次成功的试验后,云南省人民政府同意了云南省交通运输厅的要求,于1992年4月派代表团到北京提交进展报告。云南省人民政府还邀请国家计划委员会(发改委前身)、外交部、交通运输部等八个中央部委的高级官员和专家到云南考察澜沧江—湄公河航运开发的进展情况。1992年6月,来自中央八部委的高级官员和专家进行考察,并对未来的发展提出了13点建议。1993年,国务院批准云南省思茅港和景洪港为国家一类口岸。随后,在云南省人民政府和外交部的支持下,云南省交通运输厅促成了中老缅泰联合检查,重点探索旱季航行的可行性。1994年11月,经过多轮研究、谈判,中国和老挝签署了《澜沧江—湄公河客货运输协定》。1995年,云南拨款4200多万元人民币,资助老挝和缅甸的主要河道清理计划。所有这些努力促成了2000年的中国、缅甸、老挝和泰国之间的《澜沧江—湄公河商船通航协定》。这条786千米的商业航道连接着中国的思茅港和老挝的琅勃拉邦。协定签订后,商业航运和客运部门都得到了发展。在援助缅甸和老挝疏浚湄公河后,云南省建立了一个跨国网络来管理这条通往太平洋的新出口路线——澜沧江—湄公河商船通航协调联合委员会。[1]

鉴于湄公河的国际商业航行无法通过单边或双边的努力达成,如即使是湄公河上游航行项目也需要由四个沿岸国家的合作实现,云南的"航运联盟"对与湄公河其他国家就水问题进行合作十分感兴趣。它们主张采取多边方式,因为最终目标是为云南省提供穿越

---

[1] Shahar Hameiri, Lee Jones, and Yizheng Zou, "The Development-Insecurity Nexus in China's Near-Abroad: Rethinking Cross-Border Economic Integration in an Era of State Transformation", *Journal of Contemporary Asia*, Vol. 49, No. 3, 2019, pp. 473–499.

整个湄公河的出海口。然而，这与"大坝联盟"的利益相冲突。"大坝联盟"与"航运联盟"在同一时期成型，由于水电对国家发展和云南省的重要性，"大坝联盟"的政治影响力不断增强。云南省拥有中国第二大可利用的水电资源。云南省人民政府设想不仅可以将云南打造成"中国的能源库"，也可以成为"东南亚国家的能源库"。① 云南省还希望大坝建设能创造就业机会，刺激经济增长。

就云南省在澜沧江—湄公河的利益而言，水电开发被列为优先事项。云南省人民政府决定，电力（主要是水电）应被提升为该省经济的第一大支柱。② 因此，云南省交通运输厅原定的从云南功果桥镇（位于澜沧江中游）到南海的3200千米内河航道的计划不得不大幅缩减，取而代之的是一个距离更短的航道计划，即从中国的思茅港到老挝的琅勃拉邦总长为786千米的航道。虽然澜沧江水电项目的流量调节也可以通过水库蓄水和在旱季提高水位来改善航道条件，但大坝对河道航行的影响以负面为主。例如，2005年随着景洪大坝的建设，景洪港和思茅港航线被中断。从那时起，大坝上游几乎不再有货运或客运船只。③ 最终，中国在澜沧江—湄公河国际航运网络上的第一个港口——思茅港就这样被淘汰。由于中国在湄公河上游的建坝活动受到全球反坝运动的挑战和下游国家的批评，"大坝联盟"的首要任务是确保在云南省境内自由开发水电资

---

① Evelyn Goh, "China in the Mekong River Basin: The Regional Security Implications of Resource Development on the Lancang Jiang", Institute of Defeace and Strategic Studies, Singapove, No. 69, 2004.

② Darrin Magee, "Powershed Politics: Yunnan Hydropower under Great Western Development", *The China Quarterly*, Vol. 185, 2006, pp. 23 – 41; *Yunnan Electric Power*, Mufor Events of Yunnau's Efforts to Promote Power Sector as an Economic Pillar, *Yunau Electric Power*, Vol. 11, No. 1, 2003; Zhenming Zhu, "Yunnan's Industrial Development Policy and Intermediate Goods Trade with MRBCs", *Intermediate Goods Trade in East Asia: Economic Deepening through FTAs/EPAs*, 2011, pp. 263 – 294.

③ Xuezhong Yu, Daming He, and Phouvin Phousavanh, *Balancing River Health and Hydropower Requirements in the Lancang River Basin*, 2019, pp. 978 – 981.

源以促进经济发展。

然而，过去几年云南省境内澜沧江中下游大坝建设基本完成与水电产能过剩的情况使"大坝联盟"慢慢采取了新的政策。第一，随着云南省境内各类梯级水坝工程接近尾声，大坝开发的重点正在向上转移至西藏自治区，因此云南省在水电问题上面临来自下游国家的压力逐渐减小。第二，长期以来，水电一直被认为是云南省乃至中国整个西南地区有前途的新能源和经济引擎。然而，自2012年以来，云南省水电站的快速发展也带来了严重的电力过剩问题。2015年，云南省的电力生产（262太瓦时）远远超过了该省的消费（大约167太瓦时），其余的主要被出口到广东（93.5太瓦时）和东南亚下游国家（1.4太瓦时）。据估计，2015年有95太瓦时结余电量。[1] 随着广东省未来对云南省电力的需求减弱，云南省正越来越多地转向东南亚国家。第三，随着国内市场趋于饱和，华能澜沧江水电股份有限公司、云南电网有限责任公司等一直在扩大其在东南亚邻国的业务。事实上，中国在全球一半以上的水电投资均在东南亚国家。例如，中国参与了大约一半的老挝的水电项目建设，其中不仅包括在湄公河主航道，还有其支流项目。[2]

这一新趋势导致云南省的"大坝联盟"在湄公河水治理中的角色发生了有趣的变化，"大坝联盟"现在更倾向于与澜沧江—湄公河沿岸国家联合开放跨境水合作项目。过去，由于"大坝联盟"在中国境内修建大坝的商业利益，它们更倾向于单独行动。[3] 此外，

---

[1] Darrin Magee and Thomas Hennig, "Hydropower Boom in China and Along Asia's Rivers Outpaces Electricity Demand", China Dialogue, April 28, 2017, https://chinadialogue.net/en/energy/9760-hydropower-boom-in-china-and-along-asia-s-rivers-outpaces-electricity-demand/.

[2] Shannon Tiezzi, "China and Laos' Dam Disaster", The Diplomat, August 2, 2018, https://thediplomat.com/2018/08/china-and-laos-dam-disaster/.

[3] Hongzhou Zhang and Mingjiang Li, "A Process-based Framework to Examine China's Approach to Transboundary Water Management", International Journal of Water Resources Development, Vol. 34, No. 5, 2018, pp. 705 – 731.

来自云南省的研究人员提议云南省和邻国在澜沧江—湄公河沿岸发展基于水路旅游走廊的次国家政府旅游部门。澜沧江—湄公河航运的发展近年来为云南省提供了发展旅游业的机遇。湄公河上游航道的重建不仅为游船创造了更安全的航行环境，也为连接云南和东南亚的新旅游路线带来可能性。旅游业对云南具有重要的经济意义。2017年，云南省的旅游业增加值达到1240亿元人民币，占云南省地区生产总值的7.5%。更重要的是，随着水问题成为中国与湄公河下游国家之间合作的主要绊脚石，云南省认为推动包括航运合作在内的多边水合作是必要的，这将为云南省与其他湄公河国家的联系铺平道路，为省内社会经济发展创造机会。

在某种程度上，"航运联盟"和"大坝联盟"在多边跨界水管理方面的利益大致趋同，因此，云南省人民政府为"澜湄合作"进行游说，并积极参与各种与跨境水合作相关的活动，这些努力也颇具成效。

云南省为推进跨境水合作的具体政策主要体现在商业航运方面。在澜沧江—湄公河区域层面，云南省利用"澜湄合作"的优势，与老挝、缅甸和泰国共同推进了《澜沧江—湄公河国际航运发展规划（2015—2025）》。在国内，橄榄坝大坝的功能从发电改为调节下游水流的水库，橄榄坝大坝是该水域梯级上七座大坝中最低的一座。这一改变是为了缓解景洪大坝不稳定放水造成的水位波动问题，从而改善湄公河的航行条件。① 2018年6月，在航道暂停13年后，两艘满载沙子的货船离开澜沧江上的云南省普洱市的思茅港前往云南省西双版纳傣族自治州的景洪港，标志着商业航运的恢复。这一举动大大提高了澜沧江—湄公河商业航运的可行性，因为思茅港和景洪港航运更发达，同时也与云南省其他城市的联系更加

---

① Xuezhong Yu, Daming He, and Phouvin Phousavanh, *Balancing River Health and Hydropower Requirements in the Lancang River Basin*, 2019, pp. 978-981.

紧密。此外，2018年12月，云南省旅游投资有限公司和泰国新清盛集团签署了多项合作协议，旨在通过澜沧江—湄公河的船只服务推动跨境旅游，它们计划推出从泰国北部的清盛县到中国云南省景洪市、老挝琅勃拉邦市和缅甸景栋市的船只。

三　结　论

在过去几年中，中国的湄公河政策有了明显的变化。本文的研究表明，这些变化不仅是政策技术上的调整，更体现了中国"水战略"政策范式的转变。随着2015年"澜湄合作"的启动，中国将整个流域层面的水合作放在了优先位置。此外，跨界水合作本身并不是目的，相反，在"澜湄合作"框架下，中国已将跨界水问题上升到外交政策层面，其长期目标超越了水危机管理，上升到防止冲突，促进区域安全和稳定，通过更紧密的社会经济和政治联系促进区域一体化，最终扩大中国在湄公河地区的政治影响力。

这一范式转变背后有多种原因。在国家层面，中国的"一带一路"倡议和新型"周边外交"政策的提出是关键因素。透过"平行外交"的视角，本文认为，国家以下各级机构，尤其是云南省人民政府，在推动中国与邻国的密切合作，以及在中国制定对南部邻国的总体外交政策，尤其是中国的湄公河政策方面扮演了重要角色。

如前文所述，中国提出的"一带一路"倡议和中国新推出的"澜湄合作"为云南省的发展提供了黄金机会。通过加强互联互通和跨境水管理及其他领域的区域合作，云南省成为中国与东南亚国家之间的支点。此外，云南省人民政府及其相关部门与湄公河流域的国家和次国家政府密切合作，推动区域一体化，这也反向影响了中国的湄公河政策。

上述发现对于研究中国与邻国之间的水缘政治具有重要意义。考虑到国家以下各级政府在制定国家政府的跨界水政策方面发挥着如此重要的作用，我们不应忽视地方政府、国有企业和非政府组织等国家以下各级行为者充分参与跨界水治理的重要性。

澜湄水治理规范竞争与
规范"地方化"*

郑先武**

内容提要：随着国际规范研究呈现明显的"竞争转向"，区域治理规范竞争中的规范"地方化"成为新的研究课题。从起主导作用的行为体看，这种规范"地方化"主要有地方主导和外部主导两种区域进程。在澜湄区域合作水治理实践中，这种规范"地方化"因不同时期不同区域竞争态势变化而在基本规范、组织规范和标准化规范上呈现不同的区域样态。在"下湄公河合作"时期的"多层次协同"治理态势下，主要是区域合作"亚洲方式"的适用、"湄公方式"的孕育和"不妨碍原则"等规范的形成；在"大湄公河合作"时期的"多中心共存"治理态势下，主要是基于可持续性原则的"一体化水资源管理"的规范争议及相关理念的引入和软性的水治理事前协商等程序规范的完善和适用；在"澜湄合作"时期的"多中心竞合"治理态势下，主要是引入"东盟方式"并推

---

* 本文系国家社会科学基金重点项目"东南亚次区域合作与区域格局演变研究"（项目批准号：22ASS004）的阶段性成果。

** 郑先武，南京大学国际关系研究院副院长、教授。

动水治理基本规范和程序规范"东盟化"。与此同时，发展区域主义驱动的澜湄水资源综合治理框架内的"发展—安全"互动理念及相关规范倡议和适用亦经历了从"发展的安全"与"安全的发展"的争议向两者融合的"发展—安全统筹"的根本性转变。

关键词：规范竞争；规范"地方化"；澜湄水治理；东盟化；"发展—安全"互动

澜沧江—湄公河流域区域合作（以下简称"澜湄区域合作"）[①]源头可以追溯至1951年3月联合国亚洲及远东经济委员会（以下简称"亚远经委会"）经泰国、老挝、柬埔寨和越南四国政府同意组织实施的下湄公河流域实地调查，而后启动"下湄公河流域开发计划"（以下简称"湄公河计划"），至今已逾70年。其间，水资源治理（以下简称"水治理"）及其相关的经济和社会发展及环境治理等一直是各类区域合作机制密切关注和谋求解决的核心议题。由于该区域既有第二次世界大战后国际组织及域外大国主导的亚洲首个持续的大型国际河流多国和多目标开发计划——"湄公河计划"，又有流域国家组成的整个亚洲最早的和持续时间最长的东南亚区域组织——湄公河委员会（以下简称"湄委会"）；加之跨境水资源等问题的敏感性和复杂性，该区域一直是东西方各种势力尤其是大国利益的交会重叠和相互竞争的重要区域。近年来，随着百年未有之大变局背景下大国竞争"回到区域"，国际关系中竞争性多边主义及竞争性区域主义蓬勃兴起；各种域内和域外国家参与的湄公河机制应运而生，尤其是2020年9月美国将原有湄公河下游倡议升级为湄公河—美国伙伴关系并将之纳入其实施的"印太战

[①] "澜湄区域合作"意指以澜沧江—湄公河流域（以下简称"澜湄区域"）为核心地理范围的各类政府间合作安排，既包括由该流域国家（又称沿岸国家、澜湄国家）全部或部分成员参加的区域和次区域合作，又包括该流域国家全部或部分成员与非流域国家（又称域外国家）共同参与的区域间或跨区域合作。

略",澜湄区域已成为大国全面战略竞争的新的核心区域舞台;① 而澜湄水治理的规范建设、规范竞争及规范"地方化"格外受到关注,并成为一个新的研究课题。②

一 国际规范竞争研究与区域治理规范"地方化"路径

国际规范竞争研究是伴随着大国全面竞争不断加剧和竞争性多边主义及区域主义快速发展而迅速兴起的,被称为国际规范研究的"竞争转向"。③ 这激发了一个充满活力的国际规范研究分支,即全球、区域、国内或地方背景下规范的适用和转化研究,而包括区域治理在内的全球治理进程中的国际规范竞争及规范"地方化"路径成为这一新研究领域的重要组成部分。④ 在全球治理框架内,国际规范研究关注全球层次为治理对象;来自全球、区域和国家等不同层次的行为体间互动的多层次全球治理;以及竞争性多边主义进程中的规范竞争;⑤

---

① 姚全、郑先武:《亚太竞争性区域主义及其地缘影响》,《太平洋学报》2021年第5期;姚全、郑先武:《美国湄公河区域战略的重塑与中国的策略选择》,《东南亚研究》2022年第2期。

② Yao Song, Guangyu Qiao-Franco and Tianyang Liu, "Becoming a Normative Power? China's Mekong Agenda in the Era of Xi Jinping", *International Affairs*, Vol. 97, No. 6, 2021, pp. 1709 – 1726;刘凯娟、郑先武:《外交话语与澜湄合作规范建设》,《太平洋学报》2022年第7期;卢光盛:《澜湄合作:制度设计的逻辑与实践效果》,《当代世界》2021年第8期。

③ Antje Wiener, *A Theory of Contestation*, New York: Springer, 2014, p. 27; Nicole Deitelhoff, "What's in a Name? Contestation and Backlash against International Norms and Institutions", *The British Journal of Politics and International Relations*, Vol. 22, No. 4, 2020, p. 716.

④ Jonas Wolff and Lisbeth Zimmermann, "Between Banyans and Battle Scenes: Liberal Norms, Contestation, and the Limits of Critique", *Review of International Studies*, Vol. 42, No. 3, 2016, pp. 513 – 516.

⑤ Beth A. Simmons and Hyeran Jo, "Measuring Norms and Normative Contestation: The Case of International Criminal Law", *Journal of Global Security Studies*, Vol. 4, No. 1, 2019, pp. 18 – 36; Julia C. Morse and Robert O. Keohane, "Contested Multilateralism", *Review of International Organizations*, Vol. 9, No. 4, 2014, pp. 385 – 412.

而随着区域成为大国竞争的核心舞台和区域一体化重组和升级，以区域层次为治理对象的多层次区域治理及竞争性区域主义进程中的规范竞争成为研究的新焦点。①

在国际规范研究的"竞争转向"下，该研究日益呈现三种新的发展趋势，具体如下：一是从规范的结构性理解到规范的施动性进程分析。前者将规范视作"某种事物"，其意义是先天给定的和稳定的；后者将规范视作一种"社会进程"，是经由行为体的实践建构的，而规范竞争构成对规范意义共同理解的条件和强化这一变革进程的施动性力量。② 二是从规范创建、演进中的竞争到规范履行中的竞争。前者关注规范生命周期早期和规范扩散阶段及价值导向的宏观层面的基本规范，如主权、公民权、人权、法治、发展权、和平与安全、不干涉等；后者关注规范周期履行阶段及规则导向的中观和微观层面的组织规范和标准化规范，如主权平等、相互承认、共同但有区别的责任和国际选举监督等原则及各类条约、协定和公约所规定的应履行的具体规则和投票权、特定多数、全体一致决定、比例代表制等选举或决策程序等。③ 三是从规范研究的规范路径到规范研究的经验路径。前者关注规范的普遍性、规范的扩散及"应然"，属规范政治社会学范畴；后者关注规范的特殊性、规范的内涵及"实然"，属历史政治学或历史社会学范畴，亦可被称

---

① Peg Murray-Evans and Peter O'Reilly, "Complex Norm Localization: From Price Competitiveness to Local Production in East African Community Pharmaceutical Policy", *European Journal of International Relations*, Vol. 28, No. 4, 2022, pp. 885 – 909；张弛：《竞争性地区主义与亚洲合作的现状及未来》，《东北亚论坛》2021年第2期。

② Nicole Deitelhoff, "What's in a Name? Contestation and Backlash against International Norms and Institutions", *The British Journal of Politics and International Relations*, Vol. 22, No. 4, 2020, pp. 716 – 717；吴文成：《从扩散到竞争：规范研究纲领的问题转换与理论进步》，《太平洋学报》2020年第9期。

③ Antje Wiener, "Norm (ative) Change in International Relations: A Conceptual Framework", *KFG Working Paper Series*, No. 44, Berlin Potsdam Research Group, June 2020, pp. 14 – 16；Antje Wiener, *A Theory of Contestation*, New York: Springer, 2014, pp. 36 – 39.

为国际规范研究的历史路径。该路径关注规范竞争的特定的文化和特定的历史背景。这一研究率先突破关注规范普遍化的"欧美背景",开始基于发展中国家的历史经验,探究彰显特殊性的演进中的国际规范竞争及"地方化"路径。①

以上三种国际规范研究及"竞争转向"的发展趋势共有一个明显倾向性,即强调文化及立场多样性是规范实施和遵行过程中规范竞争"经常性的隐匿原因",而尊重多样性成为合法性和公正治理的前提,故称之为多样性本体。② 来自拥有不同的规范传统、文化视角、物质利益和权力资源等多样性的支持亦是增强特定规范稳健性和机制可信度的重要因素。③ 基于此,国际规范竞争的研究重点关注弱者的实践性或过程性逻辑和强者的适当性逻辑,呈现弱者与强者的规范竞争或论争中,强者主动放弃或选择性引入自我规范乃至主动吸纳地方规范,而弱者在选择性吸纳强者主导的外部规范的同时最大限度地保留地方规范,从而为理解规范"地方化"提供了一条新路径。

国际规范竞争中的规范"地方化"通常发生在正式或非正式的全球性或区域合作治理机制框架内。从起主导作用的行为体看,这种规范"地方化"主要有两种路径,即地方主导的区域进程和外部主导的区域进程。前一种进程中起主导作用的行为体来自特定的区域的国家或区域组织;后一种进程中起主导作用的行为体来自一个特定区域外部,包括全球性或区域组织和域外国家(通常是大国)等。外部主导的区域进程通常呈现的是强者的适当性逻辑。其具体做法是,处于明显优势的外部行为体在内外规范的竞争中,部分引入外部规范和选择性接纳地方社会规范,并将二者融入同一种区域规范框架。地方主导的区域路径通常呈现的是弱者的实践性逻辑。

---

① 郑先武:《国际区域治理规范研究的"历史路径"》,《史学集刊》2019 年第 3 期。
② Antje Wiener, *A Theory of Contestation*, New York: Springer, 2014, pp. 20-22, 39-40.
③ Beth A. Simmons and Hyeran Jo, "Measuring Norms and Normative Contestation: The Case of International Criminal Law", *Journal of Global Security Studies*, Vol. 4, No. 1, 2019, pp. 18-36.

其具体做法是，处于相对弱势的地方行为体在内外规范竞争中，选择性适用外部规范和固守本地社会规范，并将二者融入同一种区域规范框架。这一规范"地方化"进程虽受到外来规范的影响，但地方规范与之并不完全一致。其间，地方行为体虽时常声称受到强者主导的全球规范的影响，但实际上仍坚持其地方传统规范，或根据后者将前者"地方化"，实现"修辞上"的外部规范与"实质上"的地方规范的融合，并赋予新的区域规范自己的社会意义，从而推动地方规范的部分转型。①

国际规范竞争中的规范"地方化"的上述两种路径、两种逻辑共有一种倾向性，亦即以多元对话实践为基本条件并根植于地方实践背景。实际上，地方背景作为一种传统资源成为规范"地方化"的核心主体。② 这就是东南亚区域合作实践长期坚持的"多样性中的统一性"或"多元一体"，亦即"经由差异达成一体化"，从而构建基于多样性的社会秩序。③ 而"东盟方式"作为东南亚外交规范或"东盟规范"的核心成分，被视作一套动态的、不断演进的意义建构的实践，成为规范竞争研究的"关键案例"。④ 这样，规范竞争视角超越了规范的核心与边缘、全球与地方之间的因果动力图

---

① Felix Anderl, "The Myth of the Local: How International Organizations Localize Norms Rhetorically", *The Review of International Organizations*, Vol. 11, No. 2, 2016, p. 201; Jürgen Rüland and Karsten Bechle, "Defending State-centric Regionalism through Mimicry and Localisation: Regional Parliamentary Bodies in the Association of Southeast Asian Nations (ASEAN) and Mercosur", *Journal of International Relations and Development*, Vol. 17, No. 1, 2014, p. 65.

② Antje Wiener, *A Theory of Contestation*, New York: Springer, 2014, p. 35; Felix Anderl, "The Myth of the Local: How International Organizations Localize Norms Rhetorically", *The Review of International Organizations*, Vol. 11, No. 2, 2016, p. 201.

③ Ananda Rajah, "Southeast Asia: Comparatist Errors and the Construction of a Region", *Southeast Asian Journal of Social Science*, Vol. 27, No. 1, 1999, p. 46; [德] 李峻石：《导论：论差异性与共同性作为社会整合的方式》，载 [德] 李峻石、[德] 郝时亚主编《再造共同：人类学视域下的整合模式》，吴秀杰译，社会科学文献出版社 2020 年版，第 1—18 页。

④ Stéphanie Martel and Aarie Glas, "The Contested Meaning-making of Diplomatic Norms: Competence in Practice in Southeast Asian Multilateralism", *European Journal of International Relations*, Vol. 29, No. 1, 2023, pp. 227–252.

式，更好地揭示了规范演进的多样态。① 阿米塔·阿查亚强调，规范"地方化"实质上成为规范的"竞争、再阐释和重构的实例"。②

二 澜湄水治理规范竞争与规范"地方化"进展

从起主导作用的合作机制看，澜湄区域合作实践经历了 1951—1991 年主要由亚远经委会和下湄公流域调查协调委员会（简称"湄公委员会"，又称老湄委会）共同管理的下湄公河区域合作（简称"下湄公河合作"时期），到 1992—2015 年主要由亚洲开发银行和湄公河委员会（简称"湄委会"，又称新湄委会）共同推动的大湄公河次区域合作（简称"大湄公河合作"时期），再到 2016 年至今由中国倡导、澜湄沿岸六国共同推动的澜湄合作机制主导的澜湄全流域区域合作（简称"澜湄合作"时期）的三个不同历史时期的演变进程。其间，地方行为体（主要是流域国家及周边亚洲国家和区域组织）和外部行为体（主要是域外国家和全球组织）之间围绕宏观、中观和微观三个层面的基本规范、组织规范和标准化规范引入或履行进行了持续的竞争，规范"地方化"进程亦随之铺开并在特定的历史和现实背景下呈现具有自身实践特色的不同的区域规范样态。

在"下湄公河合作"时期，澜湄区域合作呈现出"一个制度"（联合国机构指导下的老湄委会）、"一个计划"（老湄委会为"制度中心"的"湄公河计划"）和"一种议程"（下湄公河流域水治理）的"多层次协同"治理态势。在这一实践背景下，该区域水

---

① 袁正清、肖莹莹：《国际规范研究的演进逻辑及其未来面向》，《中国社会科学评价》2021 年第 3 期。

② Amitav Acharya, *Constructing Global Order: Agency and Change in World Politics*, Cambridge: Cambridge University Press, 2018, p. 60.

治理规范竞争主要是在机制内部展开的,其规范框架的创建和运行受到西方大国及其主导的联合国组织所奉行的自由的国际主义和亚洲蓬勃发展的"泛亚洲主义"区域意识的双重影响。从组织安排看,老湄委会被定性为区域政府间组织,由泰国、老挝、柬埔寨和越南(南越)组成,并采取全体一致决策程序,其运行机制与亚远经委会等国际组织相一致。美国还试图在湄公河区域"复制"作为美国自由主义现代化和发展理念及"民主治理"样本的跨域河流开发"田纳西模式"。该模式实行大规模多目标开发、配合以地方分权和基层民主为原则的地方负责制,注重私营实业和非政府集团参与、推行区域主义和反对政治干涉等,而作为该模式下一种普遍的开发内容,建造大坝和控制河流等宏大的工程,被视为"第三世界"通过发展、民主、持久和平和现代化走上繁荣的途径和象征。在冷战背景下,"田纳西模式"被视为代表着一种广泛的经济和社会发展的自由主义解决路径,成为替代世界性大战而保障和拓展美国主导的自由秩序的一种工具。① 但在实际运行中,它一脉相承了"泛亚洲主义"框架内经由亚洲关系会议、亚远经委会、万隆会议等所初创的区域合作共有规范"亚洲方式",包括以亚洲区域自主、不干预主义、主权与文化平等、共识性决策、非正式的渐进主义、泛亚洲精神及关注经济发展、拒绝多边军事防务等,② 并孕育了以共同需求、共同愿景、互惠行动等共同的目标意识和超越政治分歧

---

① [美]大卫·利连索尔:《民主与大坝:美国田纳西河流域管理局实录》,徐仲航译,上海社会科学院出版社2016年版,第131—174、187—189、215—217页;孙建党:《美国20世纪非殖民化政策研究——以东南亚为个案》,中国社会科学出版社2020年版,第486—500页;Ekbladh, David, *The Great American Mission: Modernization and the Construction of an American World Order*, Princeton, New Jersey: Princeton University Press, 2010, pp. 8 – 9.

② Michael Haas, *The Asian Way to Peace: A Story of Regional Cooperation*, New York: Praeger, 1989, pp. 1 – 21; Michael Haas, *Asian and Pacific Regional Cooperation: Turning Zones of Conflict into Arenas of Peace*, New York: Palgrave Macmillan, 2013, pp. 25 – 40; Amitav Acharya, "Multilateralism: Is There an Asia-Pacific Way?" *Analysis*, Vol. 8. No. 2, 1997, pp. 5 – 11.

的"求同存异"和"求同化异"的团结意识或合作精神为核心内涵的区域合作"湄公精神",又被称为"湄公方式"。① 美国作为该计划的最大援助国,其短期政治考虑及其对四流域国双边政策与老湄委会的区域合作计划时常发生冲突,但老湄委会推动的区域合作进程未受此掣肘,美国也很少甚至没有控制其决策过程,只是扮演了有限的指导角色。② 美国亦放弃了自身现代化和民主模式的输入。"田纳西模式"没有成为推进湄公河区域发展的有效方案。③

在上述制度架构和行为规范框架内,"湄公河计划"在水资源开发利用中制定了一系列重要规范。在1957年5月召开的四流域国联合会议上,各方就适航性保护达成两条重要原则,即湄公河现有枯水量不以任何方式在任何地点被削弱;基于灌溉目的而转用的水供应将通过河流高水位季节的水量储存来满足。④ 随后,老湄委会将这两条原则进一步明确为:干流现有自然枯水量不能因任何干流计划而被削减;干流项目中用于灌溉的水消耗将由雨季储存的水量提供,亦即"不妨碍原则"。⑤ 老湄委会还推动流域国家间达成"湄公河计划"框架内一系列多边或双边法律协定,其中最重要的就是1965年8月四流域国代表共同签署的《老挝和泰国之间电力供应公约》和1975年1月老湄委会发布的《下湄公河流域水利用原则联合宣言》。前者吸纳了老湄委会长期奉行的"和谐合

---

① 郑先武、封顺:《湄公河计划的区域合作实践与"湄公精神"》,《东南亚研究》2018年第6期;A. Rashid Ibrahim, "ECAFE and Economic Cooperation in Asia", *The Pakistan Development Review*, Vol. 1, No. 3, 1961, p. 16.

② Donald G. McCloud, "United States Policies toward Regional Organizations in Southeast Asia", *World Affairs*, Vol. 133, No. 2, 1970, p. 143.

③ 孙建党:《美国20世纪非殖民化政策研究——以东南亚为个案》,中国社会科学出版社2020年版,第502页。

④ H. G. Halbertsma, "Legal Aspects of the Mekong River System", *Netherlands International Law Review*, Vol. 34, No. 1, 1987, p. 42.

⑤ Mekong River Commission, "Committee for the Coordination of Investigations of the Lower Mekong Basin, Annual Report 1967", Bangkok, January 15, 1968, http://www.mrcmekong.org/assets/Publications/governance/Annual-Report-1967.pdf.

作最佳利用水力发电"原则;① 后者吸纳国际法协会于1966年颁布的《国际河流利用规则》(又称"赫尔辛基规则")并结合本区域合作实践,制定了水资源开发和利用的一系列共同规范,主要包括:自然资源的单一性、利益的共同性和领土的主权性;开发的系统性、综合性和有效性;水资源分配的公平性和合理性;利用可行的补偿调节冲突;等等。② 这些都成为增强湄公河流域国家间水治理的标准规范。

在"大湄公河合作"时期,澜湄区域合作呈现出"多个制度"(联合国机构指导下的新湄委会;世界银行和亚开行主导下的大湄公河次区域合作;东盟主导的东盟—湄公河开发合作及域外国家主导的其他合作机制)、"多个计划"和"多种议程"(新湄委会的水治理;大湄公河次区域合作的经济开发;东盟—湄公河开发合作的经济一体化;域外国家主导的各类经济合作)的"多中心共存"治理态势。在这一实践背景下,该区域水治理规范竞争多了一个机制间维度,亦即新湄委会与其他机制尤其是大湄公河次区域合作机制间的竞争,以至于出现湄公河开发计划的交叠、重复乃至不相容。③ 这一时期,该区域水治理多边机制仍主要在老湄委会的继承者新湄委会框架内运行;湄委会还与域内非成员国——中国和缅甸——建立对话伙伴关系,与美国、日本和澳大利亚等域外国家建立发展伙伴关系,并与流域国政府、社会团体和国际及区域组织等

---

① Northwest Alliance for Computational Science & Engineering (NACSE), "Convention between Laos and Thailand for the Supply of Power", Vientiane, August 12, 1965, http://gis.nacse.org/tfdd/tfdddocs/287ENG.pdf.

② Committee for Coordination of Investigations of the Lower Mekong Basin, "Joint Declaration of Principles for Utilization of the Waters of the Lower Mekong Basin", Vientiane, January 31, 1975, http://gis.nacse.org/tfdd/tfdddocs/374ENG.pdf.

③ Abigail Makim, "Resources for Security and Stability? The Politics of Regional Cooperation on the Mekong, 1957 – 2001", *Journal of Environment and Development*, Vol. 11, No. 1, 2002, pp. 22 – 37.

举行区域协商会议和区域利益相关者论坛,共同讨论该流域的水治理问题。①

在规范方面,竞争的核心问题是"一体化水资源管理"(又称水资源综合管理)的实质性规范和跨境水争端解决的程序性规范的适用。1995年4月,新湄委会成立时颁布的《湄公河流域可持续发展合作协定》(简称《湄公河协定》)充分吸纳《下湄公河流域水利用原则联合宣言》关于水资源开发和利用的基本原则,并将之明确为公平合理利用、抑制实质性伤害并由国家承担责任、保护生态系统、尊重领土完整和主权平等、保持航行自由等。该协定在继续奉行全体一致决策程序的同时,明确规定通过事前协商或协议解决各种分歧与冲突,并申明承继"合作和互助的独特精神"。② 由此,一系列具有鲜明地方特色的国际法可持续实质性规范和协商的程序规范纳入湄公河水治理进程,并成为下湄公河流域水战略的基础。③ 但该协定确定的水资源综合管理规范的适用存在明显的模糊性。随着1997年联合国通过《国际水道非航行使用法公约》(又称《联合国水道公约》)和2002年世界可持续发展峰会通过《世界可持续发展峰会履行计划》,湄公河"一体化水资源管理"的实质性规范出现新的国际硬法适用与现有区域软法的竞争;该协定的非正式的程序性规范亦因流域国家间的水量分配和水电站建设引发的跨境水争端而难以得到有效适用。湄公河水治理面临来自内外的新规范竞争压力,尤其是来自外部有关可持续发展的国际环境规范适用

---

① 屠酥:《湄公河水资源60年合作与治理》,社会科学文献出版社2021年版,第136—137、242—245页。

② Mekong River Commission, "Agreement on the Cooperation for the Sustainable Development of the Mekong River Basin", Chiang Rai, Thailand, April 5, 1995, http://osvw.mrcmekong.org/assets/Publications/agreements/95-agreement.pdf.

③ Mekong River Commission, "Understanding the 1995 Mekong Agreement and the Five MRC Procedures: A Handbook", MRC Secretariat, May 25, 2020, https://www.mrcmekong.org/resource/ajg3u8.

的压力。①

"一体化水资源管理"国际规范强调水资源管理的"全流域方法",坚持效率(注重经济社会福利最大化)、公平(在不同的经济和社会群体之间分配稀缺的水资源和服务)及可持续性(水资源基础和相关生态系统的有限性)三大原则,以此对水治理密切相关的经济、社会和环境问题进行综合治理。基于此,新湄委会在世界银行和亚洲开发银行等援助机构的资助下试图将其可持续规范进一步明晰化。该组织继 2005 年制定《下湄公河流域一体化水资源管理指南》将"一体化水资源管理"置于湄公河流域实现可持续和公平发展目标的核心位置后,2011 年 5 月制定《基于一体化水资源管理的流域发展战略》明确指出,"一体化水资源管理"与实现共享、利用、管理和保护湄公河水资源及相关资源的目标相一致,为该流域提供了促进可持续发展的协调的、参与的和透明的进程,因而"代表着湄公河合作历史中一个重要的里程碑"。② 2014 年 8 月,《联合国水道公约》生效,柬埔寨、老挝、泰国和越南与其他 99 个国家共同予以支持。但鉴于中国和缅甸没有加入新湄委会,该流域从管理上实际被分割为上下游两部分;下游国家跨境水资源争议及不同偏好又催生不同的、时常是相悖的发展目标;该组织水治理的非正式决策的"软法"特性使之无法跨越国家主权边界。这些限制因素致使新湄委会无法践行"一体化水资源管理"的"全领域方法"。实际上,新湄委会只是接受了"一体化水资源管理"的理念,很难在制定相关实质性国际规范上

---

① Fleur Johns, Ben Saul, et al. , "Law and the Mekong River Basin: A Socio-legal Research Agenda on the Role of Hard and Soft Law in Regulating Transboundary Water Resources", *Melbourne Journal of International Law*, Vol. 11, 2010, p. 159.

② Mekong River Commission, "Integrated Water Resources Management-based Basin Development Strategy 2011 – 2015", MRC Secretariat, March 1, 2011, https://www.mrcmekong.org/resource/ajhyle.

取得实质性进程。① 对湄公河水治理而言,"一体化水资源管理"仅仅是推进各种机构和利益相关者合作和协调的"理想化而非务实的方法"。②

然而,"地方化"程度较高的软性的水治理协商的程序性规范在履行中得以进一步明晰化。2001—2011 年,新湄委会推动 4 个成员国相继达成了履行《湄公河协定》的程序性规范的 5 个关键文件,包括 2001 年 11 月达成的《数据和信息交换与共享程序》、2003 年 11 月达成的《水利用监测程序》和《告知、事前协商和协议程序》、2006 年 6 月达成的《干流流量维护程序》、2011 年 1 月达成的《水质监测程序》,统称"湄委会五程序"。尤其是《告知、事前协商和协议程序》依照尊重主权平等和领土完整、公平合理利用、尊重权利和合法利益、诚信和透明等原则,规定任何水利用项目都必须事前履行告知、事前咨询和特别协议义务。该程序文件规定,"告知"适用于包括洞里萨湖在内的支流流域内用水、跨流域分流和干流雨季流域内用水;"事前协商"适用于干流雨季跨流域分流、旱季干流流域内用水和旱季多余水量跨流域分流;"特别协议"要求旱季期间任何从干流进行的跨流域引水项目在拟定引水之前,均应由湄委会通过针对每个项目的具体协议达成一致。这标志着湄委会的水治理从规定性的"基于规则"方式向更具程序性的"基于水战略"

---

① Alistair Rieu-Clarke and Geoffrey Gooch, "Governing the Tributaries of the Mekong: The Contribution of International Law and Institutions to Enhancing Equitable Cooperation over the Sesan", *Global Business & Development Law Journal*, Vol. 22, 2010, pp. 193 – 224; Rémy Kinna and Alistair Rieu-Clarke, "The Governance Regime of the Mekong River Basin Can the Global Water Conventions Strengthen the 1995 Mekong Agreement?" *Brill Research Perspectives in International Water Law*, Vol. 2, No. 1, pp. 1 – 84;屠酥:《湄公河水资源 60 年合作与治理》,社会科学文献出版社 2021 年版,第 143—148 页。

② Katri Mehtonen, Marko Keskinen and Olli Varis, "The Mekong: IWRM and Institutions", in Olli Varis, Cecilia Tortajada, et al., eds., *Management of Transboundary Rivers and Lakes*, Berlin: Springer, 2008, p. 223.

方式转变。① 而后，事前咨询程序规范在履行中逐步完善，不仅加强了对项目的监督，建立起运营期间的监测系统，还收集了相关资料，便于评估水电站运行的影响，为流域内水资源合理利用、环境可持续性和生态多样性保护等提供了必要信息，在一定程度上避免了成员国间因沟通不畅引发的误解和冲突。② 这种协商的程序规范的明晰化及其在水治理中的具体运用亦为"澜湄合作"时期在更大范围的竞争中规范"地方化"提供了新的背景条件。2016 年 3 月，新湄委会理事会颁布《湄公河委员会理事会程序规则修订版》明确规定，该理事会所有决定均应经全体一致表决，但理事会特别预先决定的问题可由协商一致或多数表决。这意味着协商一致原则被正式纳入湄委会最高层次的决策程序。③

在"澜湄合作"时期，澜湄区域合作呈现出"多个制度"、"多个计划"和"多种议程"的"多中心竞合"区域治理态势。在大国竞争背景下，该区域水治理规范竞争的机制间维度更加凸显，尤其是 2020 年 9 月美国政府启动美国—湄公河伙伴关系，湄公河区域遂成大国推行竞争性区域主义的焦点区域，而澜湄合作机制与美国等域外国家主导的合作机制间竞争日益占据核心位置，并推动"多中心"的协同性区域治理转向"多中心"竞争性区域治理。这一时期，澜湄合作机制和各种域外国家主导的合作机制均将水资源及相关问题作为核心议题，大湄公河次区域合作的功能性议程影响

---

① Mekong River Commission, "Understanding the 1995 Mekong Agreement and the Five MRC Procedures: A Handbook", MRC Secretariat, May 25, 2020, https://www.mrcmekong.org/resource/ajg3u8; Mekong River Commission, "Procedures for Notification, Prior Consultation and Agreement (PNPCA)", MRC Secretariat, November 30, 2003, https://www.mrcmekong.org/assets/Publications/policies/Procedures-Notification-Prior-Consultation-Agreement.pdf.

② 吕星、王艳:《湄公河委员会管理水资源利用的"事前咨询"机制探析》, 载刘稚主编《澜沧江—湄公河合作发展报告 (2020)》, 社会科学文献出版社 2021 年版, 第 95—96 页。

③ Mekong River Commission, "Revised Rules of Procedure of the Council of the Mekong River Commission", MRC Secretariat, March 17, 2016, https://www.mrcmekong.org/resource/ajg7u2.

力明显下降，而原有"多个议程"的竞争性悄然上升。2019年5月，湄委会在世界银行的资助下将"湄公河跨境一体化水资源管理"项目纳入其主导的区域利益相关者论坛及跨境伙伴关系合作进程，但在相关标准的实质性规范适用上仍未取得实质性进展。①

与之形成鲜明对比的是，湄委会所践行的协商的组织化程序性规范逐步被纳入其主导的跨境合作进程及澜湄合作机制和域外国家主导的各类湄公河合作机制。据统计，到2018年6月底，湄委会就已收到59份水利基础设施项目的提交材料，其中55份为告知通知、4份为事前协商通知。在55个通报案例中，50个涉及支流、5个涉及干流，其中80%用于水力发电项目，其余为灌溉、防洪和其他基础设施开发项目。② 到2020年5月，湄委会已完成了沙耶武里、东萨宏、巴本、巴莱和琅勃拉邦5个水电项目的事前协商；萨拉康水电项目的事前协商业已启动。这些项目均位于老挝的湄公河干流。③ 在第五届区域利益相关者论坛上，湄委会主持召开了关于老挝巴莱水电站项目事前协商的首届区域信息及协商会议，从而将湄委会事前协商程序规范纳入其主导的跨境水治理进程。这表明，由于湄公河水资源管理涉及多样的利益相关者、多样的目标和多样的利益，采用多维方法并适用共享和协商的决策程序具有深远的意义。④

在外部主导的区域进程中，美国启动美国—湄公河伙伴关系

---

① "The 7th MRC Regional Stakeholder Forum", Mekong River Commission, https://www.mrcmekong.org/news-and-events/consultations/regional-stakeholder-forums/the-7th-mrc-regional-stakeholder-forum/.

② Mekong River Commission, "An Introduction to Procedural Rules for Mekong Water Cooperation", MRC Secretariat, July 2018, https://www.mrcmekong.org/assets/Publications/MRC-procedures-EN-V.7-JUL-18.pdf.

③ "PNPCA Prior Consultations", Mekong River Commission, https://www.mrcmekong.org/news-and-events/consultations/pnpca-prior-consultations/.

④ "The 5th MRC Regional Stakeholder Forum", Mekong River Commission, https://www.mrcmekong.org/news-and-events/consultations/regional-stakeholder-forums/mrc-regional-stakeholder-forum-5/.

后，推出一系列务实合作项目并开始推进"东盟中心地位"的基本原则，包括开放、透明、善治、平等、共识、互利、尊重主权、不干涉、法治、尊重国际法、包容性和基于规则的框架及尊重成员国的国内法律法规等，以使美国的"印太愿景"与东盟的"印太展望"保持一致。① 由此，"东盟方式"的规范原则率先纳入域外国家主导的湄公河区域机制。2022年5月，美国在华盛顿首次举行的美国—东盟特别峰会决定启动双方全面战略伙伴关系，并申明该伙伴关系将以美国"印太战略"和《东盟印太展望》互补性目标为指导，以推动美国—东盟关系的深化和"东盟中心地位"的强化。② 这意味着，在湄公河次区域治理进程中，大国竞争区域主义的规范竞争成为"东盟中心地位"重塑的重要驱动力量。这反过来会进一步推动澜湄区域治理规范框架的"东盟化"进程。

正是在这一时期，随着域外国家的更多介入和大国竞争的日益加剧，澜湄水治理进程中出现日益凸显的水议题"安全化"乃至"泛安全化"事态，并不断深化非传统安全议题的引入，以至于与此紧密相关的"发展—安全"互动理念差异成为规范竞争的新焦点。

三 澜湄水治理规范竞争与"发展—安全"互动理念差异

鉴于澜湄区域地理区位和地缘政治经济的特殊性，该区域主导性的合作机制均以河流盆地开发为导向，带有明显的发展区域主义

---

① The Mekong-U. S. Partnership, "Mekong-U. S. Partnership Joint Ministerial Statement", September 15, 2020, https://mekonguspartnership.org/2020/09/15/mekong-u-s-partnership-joint-statement/.

② The White House, "FACT SHEET: U. S.-ASEAN Special Summit in Washington, DC", May 12, 2022, https://www.whitehouse.gov/briefing-room/statements-releases/2022/05/12/fact-sheet-u-s-asean-special-summit-in-washington-dc/.

特性。该区域实质性合作又在冷战环境中孕育并启动；冷战结束后，该区域成为跨国有组织犯罪等非传统安全问题的高发区，环境和资源问题乃至大坝建设亦被"安全化"，水资源被纳入安全范畴。这造就了该区域频繁且复杂的发展—安全互动。随着以湄委会、大湄公河次区域合作和澜湄合作机制为代表的发展区域主义实践不断拓展，区域内各国间的互动情势不断变化，该区域的"发展—安全"互动经历了从"发展的安全"逻辑的"冷战前线"到"安全的发展"的"商业走廊"的转型之后，正朝着"发展—安全"统筹的"澜湄命运共同体"目标演进，该区域的发展—安全情势发生着深刻的变革。① 因此，"发展—安全"互动理念差异一直是澜湄区域水治理基本规范竞争的重要侧面。

"下湄公河合作"时期，"湄公河计划"框架内的区域合作奉行自由主义的发展理念，习惯于将经济社会发展与实现政治安全稳定的目标自觉地联系起来，相信基于民主和自由市场制度的发展具有政治和社会稳定作用，谋求"发展的安全"。依照这一理念，在实践中，发展与安全的举措是可以相对分开的，通过推进区域发展计划可以实现一定程度的政治和安全目标，其非常重要的概念就是发展的安全溢出效应，或称发展的安全促进作用；而发展区域主义作为一种区域集体努力，还可以通过培育区域经济的互补性及总体能力起到冲突预防作用。在这里，经济技术等发展援助亦成为一种安全促进乃至安全保障工具。② 这种自由主义逻辑在美国对湄公河开

---

① 崔庭赫、郑先武：《大湄公河次区域合作与东亚发展区域主义》，《国际政治研究》2021 年第 2 期；崔庭赫、郑先武：《发展—安全互动演进的区域逻辑：以湄公河下游区域为例》，《国际安全研究》2021 年第 5 期；Evelyn Goh, "Development Cooperation and Regionalism", *The Adelphi Papers*, Vol. 46, No. 387, 2007, pp. 25 – 39。

② Nana K. Poku and Jacqueline Therkelsen, "Globalization, Development, and Security", in Alan Collins, ed., *Contemporary Security Studies*, Fourth Edition, Oxford: Oxford University Press, 2016, pp. 263 – 267; Björn Hettne, "Regionalism, Security and Development: A Comparative Perspective", in Björn Hettne, Andràs Innotai, et al., eds., *Comparing Regionalism: Implications for Global Development*, New York: Palgrave Macmillan, 2001, pp. 13 – 19.

发的战略目标中得到明显的体现。1965年4月，美国总统林登·约翰逊在霍普金斯大学发表讲话，即著名的"霍普金斯讲话"，将支持和推进亚洲区域合作作为实现"东南亚和平的形态"，并决定实行扩大对湄公河援助的计划，希望通过进一步扩大的湄公河合作开发的努力将东南亚国家联合起来。① 美国驻联合国代表阿瑟·戈尔德施密特解释说，"湄公河计划"对约翰逊所强调的区域主义和多边主义是一种测试，该计划可以为湄公河流域的和平发展提供最佳框架。②

此时，发展援助已经成为美国对南越日益扩大的军事责任的一部分。实际上，美国试图通过发展援助实现其安全战略目标乃至拓展其自由的现代化标准，并以此展示其在东南亚乃至整个亚太地区的"建设性介入"。③ 美国官员富兰克林·赫德尔（Franklin P. Huddle）在美国国会服务工作组递交的一份报告中直言："人们很可能认为，鼓动对该区域技术和经济发展的普遍兴趣会有助于稳定那里的政治体制"，最终成为"朝着建立一个更统一的区域国家联合体迈出的一步"。他认为，此种"世界区域主义"作为一种非常长远的外交战略，可以提供一种重新构建国家政治力量并使之成为共享利益和问题的经济平衡区域的途径，进而建立可行的区域经济和技术发展及区域间贸易和相互援助体系，以缓和区域间各个层次的冲突和紧张局势。④ 在"湄公河计划"实施中起重要作用的联合

---

① "'Pattern for Peace in Southeast Asia': Address by the President at Johns Hopkins University", Baltimore, April 1, 1965, in Richard P. Stebbins, ed., *Documents on American Foreign Relations, 1965*, New York: Harper & Row Publisher, 1966, pp. 144 – 145.

② "Arthur Goldschmidt Reports that President Lyndon B. Johnson's Initiatives for Regional Cooperation in Southeast Asia Are Jeopardized by the U. S. Position on the Cambodian Prek Thnot Dam Project", Department of State, U. S. Declassified Documents Online, https://link.gale.com/apps/doc/CK2349153826/USDD? u = nju&sid = bookmarkUSDD&xid = 8e741b9 6&pg = 1.

③ David Ekbladh, *The Great American Mission: Modernization and the Construction of an American World Order*, Princeton: Princeton University Press, 2010, pp. 190 – 225.

④ Franklin P. Huddle, *The Mekong Project: Opportunities and Problems of Regionalism*, Washington: U. S. Government Printing Office, 1972, pp. 22, 61.

国组织的领导层亦持有类似的理念。时任亚远经委会执行秘书长纳拉希姆汉曾公开表示,四流域国虽有相当大的经济发展潜力,但这些国家各个领域缺乏经济进步,以致成为大量政治不稳定的来源,因此,通过经济进步促进政治稳定成为"湄公河计划"区域合作的另一个重要侧面。他认为,"湄公河计划"的进展会持续成为促进该区域国家政治稳定的重要元素。① 老湄委会秘书处首任行政负责人哈特·沙夫亦曾指出,当时所有与"湄公河计划"有联系的机构和人员均希望并相信该计划本身将有力地推动湄公河流域所有民众和平和福祉的实现。②

但这种自由主义的"发展的安全"理念并未进入老湄委会适用的规范框架。相反,老湄委会践行区域合作"亚洲方式"工作方法,强调技术、经济和社会等严格的功能性议题,尽量避开有重大分歧的政治议题,亦即不但排斥现实主义政治的多边政治及安全合作,而且回避自由主义发展理念将功能性的发展问题与"高政治"的安全目标直接挂钩。老湄委会的年度报告亦一再申明,"湄公河计划"的干流和支流项目建设及其他领域的各项开发旨在惠及该流域所有居民,不分国籍、宗教或政治。③ 1965 年 5 月,湄委会在给其秘书处负责准备《下湄公河流域协调调查委员会条例》修改建议草案的指令时明确指出,规则修改需"保持湄委会当前惯例的本质特性,尤其是聚焦于技术而非政治事务,并对附加政治条件的援助不感兴趣"。④ 这种

---

① Le Thi Tuyet, *Regional Cooperation in Southeast Asia: The Mekong Project*, Ph. D. Dissertation, the City University of New York, 1973, p. 17.
② C. Hart Schaaf and Russell H. Fifield, *The Lower Mekong: Challenge to Cooperation in Southeast Asia*, Princeton: Van Nostrand, 1963, p. 129.
③ United Nation, "United Nation Development Decade: Proposals for Action, Annexes II, The Mekong River Project", Report of the Secretary-General, United Nation, Document E3613, New York, January 1, 1962, p. 125, https://documents-dds-ny.un.org/doc/UNDOC/GEN/N62/115/49/pdf/N6211549.pdf? OpenElement.
④ Le Thi Tuyet, *Regional Cooperation in Southeast Asia: The Mekong Project*, Ph. D. Dissertation, the City University of New York, 1973, p. 138.

规范理念的差异也是美国输入"田纳西模式"搁浅的重要制约因素。

在"大湄公河合作"时期，兴起的后发展主义和非传统安全理念开始关注经济社会发展次生的经济、社会和环境等问题并将之"安全化"，同时，曾遭排斥的现实主义传统安全理念"回归"，出现水资源及相关问题的"过度安全化"，两者均相信安全和政治稳定对经济社会发展的保障或促进作用，谋求"安全的发展"。在这里，后发展主义和非传统安全理念影响更大。依照后发展主义理念，在实践中，"发展"的理念剥夺了人民的权利并破坏了现有地方权力结构，实际上使实质性的内部进步成为不可能；相应地，"发展"会引发道德败坏并被用来维护差异性和等级制度，被视为人与人和社会之间不平等的成因和守护者，而不是解决不平等的办法，从而造成了不稳定和冲突。后发展主义理念与非传统安全理念（又称后安全或批判安全理念）结合起来，形成"后安全—发展叙事"，认为原有"发展—安全"实践话语培育了时空定义的不平等和不公正关系、有害的包容和排斥机制及暴力、不安全和危险性。这样关乎人类生存的议题，包括气候变化、食品安全、自然灾害、能源与水危机、基于性别的暴力，与暴力冲突和恐怖主义行动相关的暴力冲突和风险一样，成为"安全—发展"联结的"最终场所"。[1] 这些价值理念与自由主义逻辑相悖，被认为是"反自由主义革命"。[2] 由此，"安全的发展"作为"发展—安全"基本价值和新型的"治理技术"，[3] 构成国际治理基本规范的新形态。

在这一时期，整个澜湄区域出现了后冷战持续的和平形势。大

---

[1] Maria Stern and Joakim Öjendal, "Mapping the Security-development Nexus: Conflict, Complexity, Cacophony, Convergence?", *Security Dialogue*, Vol. 41, No. 1, 2010, pp. 15 – 21.

[2] Nana K. Poku and Jacqueline Therkelsen, "Globalization, Development, and Security", in Alan Collins, ed., *Contemporary Security Studies*, Fourth Edition, Oxford: Oxford University Press, 2016, pp. 268 – 272.

[3] Maria Stern and Joakim Öjendal, "Mapping the Security-development Nexus: Conflict, Complexity, Cacophony, Convergence?", *Security Dialogue*, Vol. 41, No. 1, 2010, pp. 21 – 24.

湄公河次区域合作基于环境可持续性、韧性、内外一体化、包容性等核心原则，积极支持农业、能源、环境、卫生与人力资源开发、信息与通信技术、旅游、运输与贸易便利化及城市发展等高度优先的次区域项目，致力于水电、农业和渔业用水及木材、石油和矿产等自然资源开发利用对该次区域的增长做出重大贡献，并引入粮食安全、水安全、环境安全、气候变化、能源安全、健康安全、人的安全等非传统安全议题合作，进一步强化该区域的连通性、竞争力和共同体建设，实现可持续发展和共同繁荣，① 以此向世界表明，一个曾经被冲突所困扰的地区可以通过合作和善意建立一个日益繁荣和具有复原力的"和平区"。② 在大湄公河次区域合作框架内，中老缅泰四国还启动了湄公河流域执法安全合作机制，共同开展湄公河联合巡逻执法，打击跨国有组织犯罪和恐怖主义及网络犯罪，确保湄公河航运安全。该机制作为澜湄区域首个多边安全合作机制，秉持平等互利、相互尊重主权及协商解决问题和分歧的核心原则，践行中国政府倡导的共同、综合、合作、可持续的"亚洲安全观"，形成了分段巡航、编组联巡、全线巡逻等行动方式，并共同培育了以"同舟共济、守望相助、包容并蓄、平等互利"为核心的新的"湄公河精神"，创立了中国东盟执法安全合作的新典范，③

---

① "Overview of Greater Mekong Subregion（GMS）", Greater Mekong Subregion Secretariat, https://www.greatermekong.org/g/overview; Greater Mekong Subregion Secretariat, "The Second GMS Summit-Kunming Declaration 'A Stronger GMS Partnership for Common Prosperity'", Kunming, Yunnan, China, July 4 – 5, 2005, https://www.greatermekong.org/g/sites/default/files/2nd-summit-joint-declaration-greater-mekong-subregion-gms.pdf.

② Greater Mekong Subregion Secretariat, "The Fourth GMS Summit-Nay Pyi Taw Declaration 'Beyond 2012: Towards a New Decade of GMS Strategic Development Partnership'", Nay Pyi Taw, Myanmar, December 19 – 20, 2011, https://www.greatermekong.org/g/sites/default/files/4th-summit-joint-declaration-greater-mekong-subregion-gms.pdf.

③ 《中老缅泰关于湄公河流域执法安全合作的联合声明》，中华人民共和国中央人民政府，2011年10月31日，http://www.gov.cn/gzdt/2011-10/31/content_1982676.htm；《湄公河流域执法安全合作部长级会议24日在京举行》，中华人民共和国中央人民政府，2015年10月27日，http://www.gov.cn/guowuyuan/2015-10/27/content_5001696.htm；《"安全促发展"中国东盟执法安全合作部长级对话在京举行》，中华人民共和国中央人民政府，2015年10月27日，http://www.gov.cn/xinwen/2015-10/27/content_5001665.htm。

有力推动了"安全的发展"理念下多边安全务实合作实质性和标准化规范构建。

然而，在"大湄公河合作"时期"多中心共存"区域治理及水治理已有规范竞争态势下，"发展—安全"互动理念及相关规范倡议和适用出现明显的差异性。这主要体现在以下几点。

一是"发展导向"的大湄公河次区域合作明显受到政治的掣肘。其中，主要是外部援助附加政治条件、合作计划受到人权和民主等价值或意识形态因素及族群争议和公民社会运动等"认同政治"的影响；日美等域外大国甚至重拾排他性"价值观外交"，以致与中国倡导的包容性"亚洲安全观"形成规范竞争。[1]

二是不同制度、不同计划和不同议程框架内的非传统安全合作呈现碎片化乃至相互割裂，且缺乏着眼于澜湄全流域综合安全的、具有内聚性的高级别政治引领的统一性制度平台。最为明显的是，警务合作性质和行动导向的中老缅泰湄公河流域执法安全合作机制与经济合作性质和战略导向的大湄公河次区域合作机制的涉及水治理的非传统安全合作之间既没有机制上的互动，更没有行动上的协同。

三是"安全的发展"理念与"发展的安全"理念存在明显的内在张力，以至于出现"发展—安全"互动的"双重现实悖论"。一种"现实悖论"是，发展本身会引发新的安全问题。在当下全球化的时代，以发展推动发展就会通过政策的调整深化改革开放，从而导致双方的相互依赖程度更高，利益的汇聚点就会更多，进而引发新的安全/不安全问题比如跨国有组织犯罪和非法移民等。此为"发展—不安全困境"。另一种"现实悖论"是，在缺乏良性的内

---

[1] 屠酥：《湄公河水资源60年合作与治理》，社会科学文献出版社2021年版，第195—207页；毕世鸿：《重拾"价值外交"的日本与湄公河地区合作》，载刘稚主编《大湄公河次区域合作发展报告（2012—2013）》，社会科学文献出版社2013年版，第119—133页。

生性发展的情况下,安全非但无法保证有效的发展,安全本身也无法真正得到保障,乃至出现即便存在安全与和平的环境,发展的态势依然没有根本的改观,亦即安全的环境中未必就出现有效的发展。此为"安全—不发展困境"。事实证明,在这样一种和平的环境中进行功能性的合作,如不涉及政治领域的高层次推进,一些非传统安全问题也难以解决,最终该区域的发展也无法真正得到实现。仅靠非传统安全合作无法解决"发展—安全"联结的复杂问题。

四是水资源问题"过度安全化"引发"发展—安全"互动理念及相关规范倡议或适用的新的竞争。"过分安全化"是指以"国家安全"或"人的安全"名义将水资源及相关一般性问题或已有争议和纠纷可能造成的"存在性威胁"扩大化或"过度政治化",且常常以不被多边接受的单边或双边方式进行,从而引发更大的论争乃至形成"紧急政治事件"而增加冲突可能性。在实践中,其主要有三种来源,即湄公河下游国家、美国等域外大国和沿岸民众及非政府组织分别推动的"安全化"。[1] 由于这种"安全化"引发的论争常常援引有关国际或区域规范,故又被视作声言"道德合法性"的"安全化/去安全化的规范战略"。[2] 但这种实为"消极的安全—发展联结"反而可能引发新的"不安全—不发展困境",从而走上了"安全的发展"及"发展的安全"理念的对立面。这一新的规范竞争亦随着澜湄合作机制启动和更多域外大国更深的介入而变得更加复杂。

在"澜湄合作"时期"多中心竞合"区域治理态势下,"发展—安全"互动理念的差异更加明显。与前两个时期机制内部或机

---

[1] 华亚溪、郑先武:《澜湄水安全复合体的形成与治理机制演进》,《世界经济与政治》2022年第6期。

[2] Rita Floyd, "Can Securitization Theory Be Used in Normative Analysis? Towards a Just Securitization Theory", *Security Dialogue*, Vol. 42, No. 4-5, 2011, pp. 427-439.

制之间的总体上的"弱竞争"相比,这一时期相关规范倡议与适用呈现明显的"强竞争"特性。这主要体现在:自由主义"发展的安全"理念依然存在、后发展主义"安全的发展"理念持续深化和现实主义政治化及"安全化"的"安全的发展"理念迅速蔓延。同时,一种具有鲜明"多元主义"特性的"发展—安全统筹"理念迅速成长并日益占据优势地位。这种理念从"发展—安全"问题的一揽子理解出发,既融入原有自由主义、后发展主义和现实主义理念的合理成分,又试图超越"发展的安全"和"安全的发展"理念的"双重的现实困境"而走出一条独立的"第三条道路"。在这样一种理念下的规范倡议和适用及战略和政策调整中,就会把发展与安全治理同步展开,合并于同一个框架之中。在这里,发展与安全相对独立又互为一体,发展既是经济问题,也与政治相关;安全不仅是安全的问题,也与发展高度关联。这正如中国国家主席习近平所强调的"发展与并重",亦即"为发展求和平,以安全促发展""让发展和安全两个目标有机融合",以实现"可持续的""持久安全"。①

中国引领的澜湄合作机制下的区域合作便是这一理念的主要践行者。澜湄合作机制是澜湄区域合作启动以来首次出现的全流域、全领域和共同体导向的"全方位合作"。该机制确立了政治安全、经济与可持续发展、社会与人文三大重点领域及互联互通、产能合作、跨境经济合作、水资源合作、农业和减贫合作五个优先发展方向,② 并创建澜沧江—湄公河综合性执法安全合作中心开启专门的跨境安全治理机制,从而将 2011 年建立的湄公河流域执法合作机制实体化和组织化。③ 从规范上看,该机制坚持"发展为先、平等

---

① 《习近平谈治国理政》,外文出版社 2014 年版,第 254、356 页。
② 《澜沧江—湄公河合作首次外长会联合新闻公报》,中华人民共和国外交部,2015 年 11 月 12 日,http://www.fmprc.gov.cn/web/zyxw/t1314308.shtml。
③ 《澜沧江—湄公河综合执法安全合作中心启动》,中华人民共和国公安部,2017 年 12 月 29 日,http://www.mps.gov.cn/n2253534/n2253535/c5956572/content.html。

协商、务实高效、开放包容"合作理念,① 持续推进各国间对话与合作,致力于打造发展与安全同步、和平与繁荣共享的"澜湄国家命运共同体",以自己的区域合作实践打造新的"湄公河规范议程"。② 这是一种内生性发展与内生性安全需求的有机统一,很大程度上解决了前两个阶段的外生性发展及其与内生性安全需求的矛盾。当下,澜湄合作机制主导的澜湄区域合作作为"发展—安全统筹"的"示范区",为我们在澜湄水治理进程中履行"新发展"和"新安全"两种格局及全球发展倡议和全球安全倡议提供了富有价值的实践经验。

---

① 李克强:《在澜沧江—湄公河合作第二次领导人会议上的讲话》,《人民日报》2018年1月11日第2版。
② Yao Song, Guangyu Qiao-Franco and Tianyang Liu, "Becoming a Normative Power? China's Mekong Agenda in the Era of Xi Jinping", *International Affairs*, Vol. 97, No. 6, 2021, pp. 1709–1726.

澜湄国家信任生成的路径探析*

包广将**

内容提要：澜湄合作机制虽然是一个相对较新的次区域合作机制，但自建立以来已引起广泛关注并成为推动澜湄国家合作的新平台。然而，近年来在内外部因素的共同挑战下，澜湄六国之间的信任赤字问题却变得更加严峻。在国际关系领域，围绕澜湄合作中的信任问题展开的研究相对较少，仍有进一步完善的空间。基于此，本文试图构建一个以真实性、逻辑性和同理心为自变量，国家间的信任水平为因变量的信任理论框架，为提升澜湄六国间的信任水平提供理论分析。

关键词：澜湄合作机制；信任问题；东南亚

一 引言

澜湄合作机制是湄公河次区域最新建立的合作机制之一，同时也是中国推进"一带一路"建设的重要平台。2012年，泰国为了

---

* 本文系福建省2022年度一般项目"共建'一带一路'高质量发展中的信任问题研究"（项目批准号：FJ2022B142）的阶段性成果。
** 包广将，厦门大学东南亚研究中心副教授。

促进跨境旅游、水安全、农业和渔业发展，提出了澜沧江湄公河次区域可持续发展倡议。2014年，中国在该倡议的基础上提出建立澜湄合作为湄公河综合开发的新机制，直至2015年，该机制才正式建立。作为一种新型次区域合作机制，澜湄合作机制的建立顺应了时代发展潮流，满足了中国、泰国、柬埔寨、老挝、缅甸和越南发展的现实需要，为东南亚地区开辟了一条新的合作道路，也为湄公河次区域国家提供了更多选择。

近年来，澜湄合作在机制建设方面取得了实质性的进展，包括早期项目释放示范效应和中国对合作项目的基金支持等方面。然而，取得一系列成就的同时，也不能忽视澜湄六国之间日益加剧的"信任赤字"问题。在澜湄合作机制建立之前，六国之间的实力差距以及水资源的分配利用问题就已经影响着六国之间的信任水平，而该机制建立之后，中国水电大坝的建立和美国、印度等大国在湄公河地区所展开的地缘政治经济博弈更是加剧了该地区的安全困境。政治信任的缺失将导致该地区的冲突升级，然而，该地区目前并没有有效的机制来防止或缓解资源驱动的紧张局势。回顾已有文献，可以看到澜湄六国之间的信任问题已经逐渐引起学者的注意，但仍缺乏深入系统的研究。作为"一带一路"建设的重要平台，如果澜湄六国间的信任问题长期得不到缓解，那么澜湄合作目前存在的诸多困境也难以得到一致协调，这直接影响到澜湄流域六个国家能否继续进行长期有效的合作。中国在这里肩负着最重要的沿河国家的责任，引领着澜湄合作机制的建设，加上其政策对湄公河流域产生的重大影响力，其他五国对中国信任程度的变化也非常重要。那么，如何提升澜湄六国特别是中国与其他五国之间的信任水平？这是笔者旨在研究并回答的主要问题。目前，有两个主要的实证论点构成了本文研究问题的基础。第一个论点是，澜湄六国之间存在着信任问题，但是，对于引起该信任问题的原因以及澜湄合作机制所处的信任水平阶段，学术界尚未达成共识，因此，本文将在已有基础上提出新的解释。第二个论点是，由于中国是澜湄合作机制中的特殊角色，澜湄六国中最不受信任的国家是中国。"2021年东南亚国家状况"调查显示，中国在东南亚地区的影响力被东南亚人所认可，但中国的信任度却呈现出下降趋势。①

围绕该问题，本文将重新分析国家间信任的生成与流失问题。只有了解了国家间信任生成与流失的原因，才能从源头出发，为国家间的信任构建提出实质性建议。本文试图从心理学领域引入一个新的信任分析框架，在该框架的基础上探究澜湄合作中国家间信任流失的原因，为国际合作机制的完善提供参考方向。

二 现有研究及不足

澜湄合作机制是一种新型的合作机制，它不像联合国或世贸组织那样过于庞大以至于难以应付，也不像金砖国家组织和七国集团那样只关注经济。它是一个较新的组织，关于它的文献以及它在国际体系中的作用，仍在不断地发展中。对于澜湄合作的信任问题，已有研究主要围绕应用性和理论性两个层面对该问题展开集中讨论。应用性层面主要探讨如何促进澜湄国家信任生成，理论性层面主要探讨国家间的信任问题。因此，下文中的回顾也将分别从这两个层面展开。

自从澜湄合作机制建立以来，国际关系学界对其的讨论便从未停止，因此相关学术成果也较为丰富。但是，信任作为维持六国合作的重要枢纽，在学界中特别是在国内学界却没有受到足够多的关注。当前，综合国内外相关文献，学者对澜湄合作中的信任问题研

---

① Ha, H. T., "Southeast Asians' Declining Trust in China", Yosof Ishak Institute, No. 15, 2021.

究主要围绕两方面展开，一方面是探讨影响澜湄六国间信任的因素，即澜湄地区内部与外部所面临的挑战，另一方面是目前澜湄六国特别是中国为促进信任生成所做的努力及其效果，总体可以分成以下三个方面。

一是澜湄地区内部面临的挑战。澜湄六国由于地理位置、经济发展水平以及发展理念等方面存在的差异，对澜沧江—湄公河水资源的分配利用有着不同的需求，① 特别是上游国家修建的大坝和水电站，更是直接与下游国家产生了利益冲突。② 另外，从地缘政治的角度看，中国和东南亚国家之间地理位置接近，权力的不对等分配自然而然地导致该地区对中国权力的敬畏与焦虑。③ 同样值得注意的是，在湄公河次区域存在着由不同主体主导的多种合作机制，而且这些机制在功能、项目、合作领域等方面存在着重叠，使得该区域中国家利益的交织变得更为复杂。④

二是域外大国在澜湄地区的干涉，使澜湄国家在外交上摇摆不定。在大国竞争中，美、日、印等大国都试图加强在湄公河地区的领导作用，同时消减中国在该地区的影响力。⑤ 除了创建国际制度、提出倡议，大国还通过将水文科学研究政治化，激化澜湄合作机制中的矛盾，从而降低澜湄六国之间的信任水平。比如，在与美国智库史汀生中心的合作下，水资源检测机构"地球之眼"关于澜沧江—湄公河的研究引起了媒体的广泛关注，加剧了中国与湄公河沿岸

---

① Junlin, R., Ziqian, P. and Xue, P., "New Transboundary Water Resources Cooperation for Greater Mekong Subregion: the Lancang-Mekong Cooperation", *Water Policy*, 2021, p. 685.
② 邵建平:《澜沧江—湄公河合作机制的推进路径探析》，《广西社会科学》2016 年第 7 期。
③ Ha, H. T., "Southeast Asians' Declining Trust in China", Yosof Ishak Institute, No. 15, 2021.
④ Poonkham, J., "Politics and the Institutional Architecture in the Mekong Subregion: Beyond the Geopolitical Trap?" *International Studies Center*, No. 1, 2022, pp. 5 – 6.
⑤ 李巍、罗仪馥:《中国周边外交中的澜湄合作机制分析》，《现代国际关系》2019 年第 5 期。

国家在水资源上的紧张关系。①

三是中国为减少在澜湄地区的信任赤字做出的努力。在关于澜湄合作信任问题的现有研究中，信任问题的矛头直指中国与其他沿岸国家之间的矛盾，因此，中国在该地区信任水平的提升显得更为迫切。在新冠疫情席卷全球的背景下，中国积极对外提供大量的医疗援助和疫苗，提高地区疫苗可及性和可负担性，赢得东南亚国家的好感。

综上所述，一部分文献仅从应用性层面探讨澜湄合作中的信任机制，在提升澜湄六国的信任水平方面，主要集中于讨论中国采取的措施，鲜少有文献研究另外五个国家为促进信任生成而做出的努力。此外，从理论上探讨了国家间的信任问题的文献则鲜有关注湄公河国家之间的信任问题。本文试图在理论分析框架的基础上探究澜湄合作中国家间信任生成与流失的原因，推动澜湄六国破除"信任壁垒"。

三　国家间信任的生成与流失机制

哈佛大学商学院教授弗朗西斯·弗雷教授曾提出人与人之间建立信任的三个关键要素——真实性、逻辑性和同理心。在与人们互动的过程中，当他们感受到你的真诚（真实性），肯定你的能力（逻辑性），并且体会到你对他们的关心时（同理心），他们就会倾向于相信你。也就是说，当领导者在信任方面遇到困难时，通常是因为他们在这三个因素中的某个因素比较薄弱。为了发展或恢复信任，就要确定人们是在哪一因素上"摇摆不定"，然后努力加强它。② 同理，在

---

① Grünwald, R., "Lancang-Mekong Cooperation: Overcoming the Trust Deficit on the Mekong", *Yusof Ishak Institute*, No. 89, 2021, p. 6.

② Frei, F. X., Morriss, A., "Begin with Trust: The First Step to Becoming a Genuinely Empowering Leader", *Harvard Business Review*, Vol. 98, No. 3, 2020, pp. 112 – 121.

国际关系领域，国家间的信任出现了问题，就需要先了解原因，再分别"对症下药"。

在把该框架引入对澜湄合作机制信任问题的分析之前，笔者将先对此进行合理性说明，即心理学领域与国际关系领域的互通。其实，在国际关系领域中引入心理学视角进行分析并不罕见，特别是在对外决策研究领域，早就开始关注心理变量对国家政策的影响。从本质上说，国际社会是由人所组成的社会，国家行为也是由人所做出的行为，因此，在对国际关系进行分析时，心理因素也是重要指标之一。政治学心理学创始人哈罗德·拉斯韦尔（Harold D. Lasswell）认为，政治运动可以看作个人情感倾注到公众目的的结果，也就是说，个人心理影响政治决策。认知心理学指出，人们给事件、人和事物贴的标签决定了他们对信息的解释并影响他们的反应。在国际关系中也是如此，国家是否将另一个国家的行动视为合作、敌对或中立，部分取决于它们如何理解对方动机。例如，如果一个国家认为另一个国家正试图破坏其联盟体系，破坏其国内对国防开支的支持，或在其他地方采取侵略性行动而使其措手不及，那么它可能会将对手的和解建议视为进攻性的。[1]

基于此，在下文中，笔者将从国际关系领域视角分别对真实性、逻辑性与同理心三个因素做进一步的分析，再根据三者间的关系构建一个信任分析框架，为研究澜湄合作机制中的信任问题奠定理论基础。

第一，真实性。真实，意味着可知或可预测。人与人之间的交往最重要的就是真诚，真诚能够拉进近与人之间的距离，减少摩擦与冲突。国与国之间亦是如此。国际社会处于无政府状态，国家之间的意图具有不确定性，这是不可避免的事实。但想要建立信任，

---

[1] Larson, D. W., "Trust and Missed Opportunities in International Relations", *Political Psychology*, Vol. 18, No. 3, 1997, p. 716.

国家至少要在一些基本信息的交流上保持坦诚，刻意地隐瞒最后导致的结果往往是难以挽回的。

信任是一种信念或期望。交易中的信任是指交易过程中服务的诚实性、认可性和真实性。通过一系列的经济文化交流，以及历史渊源，一个国家会形成对另一个国家的基本印象，从而对该国的可信度进行评估。有研究显示，真实性对信任的影响随着关系强度的不同而不同。在弱关系中，真实性对信任的影响明显强于强关系，这可以引申为，当国与国之间的关系较弱时，真实性对于信任的构建更为重要。而随着国与国之间互动的增加，真实性对信任的影响就会有所减弱。① 换句话说，当国家间的互动频率增加，对彼此的了解程度加深，且影响者被认为是可靠的时候，追随者对影响者的关系信任加深，不易被动摇。随着冷战的结束，和平与发展成为世界的主题，友好的互动与密切的交流加强了国家间的信任，因为它们可以更准确地预测对方的行动。例如，通过军备控制，国家可以对另一个国家的武器计划进行预测，避免了对该国的国防开支做出最坏情况的分析。

在国际社会中，真实性可以具化为一个国家的对外形象，或者是一个国家对另一个国家的固有印象。国家会根据以往的经验形成对其他国家的期望，将对方的行为定性为敌对还是友好通常是自发的。信任可以指相信对方的意图是善意的而且相信对方不会利用自己。即使对方可能因为一些无法控制的情况而没有遵守他对我们的承诺，但我们还是会选择相信他，因为他的言行是善意的。同样的，国家会信任另一个国家是因为相信对方的意图是好的。比如英国与美国之间的关系，两个国家虽然会有利益冲突，但这些冲突只涉及小问题。如果两国处理得好，它们就能够使它们的分歧服从于维持长时间的合作关系。因为美国在英国眼里的形象是友好的，所

---

① Kim, D. Y. and Kim, H. Y., "Trust Me, Trust Me Not: A Nuanced View of Influencer Marketing on Social Media", *Journal of Business Research*, Vol. 2021, Vol. 134, p. 229.

以也会倾向于打折扣甚至忽略对方国家的错误行为或谎言。但需要注意的是，当一个国家要展示一个值得被信赖的国际形象时，往往需要长时间的积累，但是其建立的信任却可以在瞬间就被摧毁。

因此，要满足真实性需要达到两个条件：一是交往过程中的坦诚；二是加强国家间的互动频率。当这两个条件得到满足时，一个国家在其他国家的印象中将倾向于是友好和可以信任的。

第二，逻辑性。逻辑性体现在实力层面，即国家间合作的可行性。一方面，在国际合作机制中，至少会存在一个大国来引领整个机制的发展。有共同的追求目标是国家间合作的前提，而条件是国家要有规划并完成目标的实力。特别是处于主导地位的国家，更需要具备强大的实力带动整个合作机制的发展。但是，某种程度上说，这会形成一种悖论。因为当一个国家的实力过于强大时，很容易引起其他国家的不安全感，从而导致信任水平的降低。比如，在北约这一组织中，美国通过马歇尔计划对欧洲大部分国家进行了控制，虽然客观上对欧洲经济进行了援助，但巨大的权力落差以及美国奉行的美国优先国策使欧洲国家难以信任美国。这一点需要综合多种不确定因素进行考虑。若想要提高国际合作机制间的信任水平，大国所起到的作用更为关键。另一方面，如前文所述，在合作机制之中，各国之间的实力差异也是一个重要的考虑因素。国家之间不同的优势有利于国家之间形成互补的关系，但是，与此相关的，国家的发展方向也会有所不同，这会导致国家之间更容易发生冲突。不过，发展方向相似也不意味着信任水平会更高。

逻辑性的考虑更为复杂，需要解决国家间各方面特别是实力的差异带来的不安全感，才能减少弱小国家对大国的恐惧。在国际机制中，通过良好的制度设计可以减少国家之间的不确定性，或是对国家行为进行一定的约束，或是提升国家之间信息的透明度，包括解决国家之间因为实力差异造成的不信任问题，从而提升国家间的信任水平。

第三，同理心。同理心意味着利益成果是可以共享的。同理心是指一种理解他人世界观、设身处地为他人着想、理解并分享他人经历和情感的能力。在国际社会中，国家也可以从"同理心建设措施"中受益，通过与其他国家持续的双边或多边对话对其行为产生更好的理解，减少误会与冲突。一般而言，人们在解释自己的行为时，倾向于将自己的行为归因于情境，而将对方的类似行为归因于个性特征或倾向性。例如，领导人认为，他们自己国家的侵略行动是由国家安全要求驱动的，而敌人的行动则反映了其扩张主义野心。因此，国家在描述自己和他人的行动时很容易使用双重标准。[1] 领导人可以通过移情或接受一些观点来克服这种采用双重标准的倾向，即低估外部压力对他人行为的影响，从而缓解各自国家之间真实或想象中的紧张局势。当人们试图对他人的观点产生共鸣时，他们往往能够理解施加在个人身上的情境和压力，便不那么容易对他的个性特征做出快速判断。[2] 但在这一方面，由于国家之间不同的文化背景与意识形态，使得换位思考更加难以实现。

在无政府状态的背景下，国家追求自己的利益无可厚非，但当国家处于一个团体之中，共同取得的成果是需要共享的，或者说，实力强大的国家要兼顾实力较小的国家，具体表现为让他们有发言的权利，确保每个国家的需求都能得到满足。同时，国家在发展自身利益的同时不得对其他国家造成损害。从某种程度上说，同理心更倾向于在道德层面上约束国家的行为。虽然一国可能通过发出威胁、动员或增加国防预算的方式来迫使其他国家进行合作，但这种胁迫性的策略即使在短期内有效，也很可能会增加对方的不信任感。

---

[1] Oskamp, S., "Attitudes toward US and Russian Actions: A Double Standard", *Psychological Reports*, Vol. 16, No. 1, 1965, pp. 43–46.

[2] Regan, D. T., Totten, J., "Empathy and Attribution: Turning Observers into Actors", *Journal of Personality and Social Psychology*, Vol. 32, No. 5, 1975, pp. 850–856.

人际关系对于建立同理心也很重要，可以带来更大的信任。[①] 惠勒指出，人际关系的建立可以减少国家间的敌意，从而缓解它们之间的安全困境。[②] 但存在一个问题，即在领导人之间建立了友好的关系之后，这种关系在他们的任期内会维持下去，但其中有某位领导人的任期结束时，这种关系就会消失。戈尔巴乔夫和老布什之间的关系就是一个很好的例子。尽管在里根与戈尔巴乔夫谈判《中导条约》时，布什是里根政府的副总统，但他说他仍然不信任这位苏联领导人。从某种意义上说，如果国家关系是由领导人之间的人际关系决定的话，那么它们就需要在领导人离任后重新开始。

本文以真实性、逻辑性和同理心为依据，同时借鉴了国际关系领域的相关观点，构建了国家间信任的生成与流失机制（如图1所示）。在该机制中，真实性、逻辑性和同理心为三个自变量，而国家间的信任水平则为因变量，三者中任何一个元素的缺失都会导致国家间信任水平的降低。

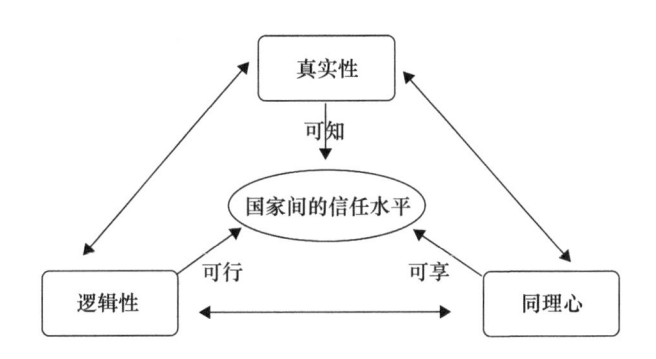

图1　国家间信任的生成与流失机制

资料来源：笔者整理。

[①] Naomi Head, "Transforming Conflict: Trust, Empathy, and Dialogue", *International Journal of Peace Studies*, Vol. 17, No. 2, 2012, p. 38.

[②] Nicholas Wheeler, *Trusting Enemies: Interpersonal Relationships in International Conflicts*, Oxford: Oxford University Press, 2018, p. 133.

在国际关系领域，可以从两个维度对国家间的信任进行考察。一个是与大脑相关的理性思考，另一个是与心理相关的感性认知。从前文的分析可知，真实性和逻辑性都是基于理性维度。在国际政治中，理性信任是最普遍的，想要取得其他国家的信任就需要付出一定的成本。理性信任的生成需要考虑多重因素，比如风险预估、利益获得以及国外势力的影响等。但真实性和逻辑性又有所不同，真实性是一个自我视角，即这个国家本身真实的形象。而逻辑性是一种他者视角，由于文化差异、历史渊源、领导人心理因素等原因，同一个国家在不同国家眼中是不同的形象，与真实形象或多或少存在差距，而同理心与前两者不同，是属于心理维度的信任。信任必须嵌入一段关系中才能长久，但这类信任只在少数关系中表现出来。

基于上述理论框架，笔者将从真实性、逻辑性和同理心三个自变量入手，以澜湄六国为研究对象进行分析，丰富国际关系领域关于信任问题的理论知识与案例研究。

四 澜湄合作中信任的生成与流失

澜湄合作是一种共建共享的新型次区域合作机制，在发展的道路上不可避免地面临一些挑战。其中一个重要挑战，便是如何真正建立澜湄流域跨界水资源合作的互信。国际合作能否顺利进行，将取决于国家利益和国际信任的协调。笔者将在上述分析框架的基础上，探讨澜湄合作中六国之间的信任是如何生成与流失的。

（一）澜湄合作中的真实性

湄公河是亚洲第六大河，发源于中国，流经缅甸、泰国、老挝、柬埔寨和越南，是多元生态系统的主要来源，也是保障水和粮食安全的区域供应链。它以水生生物多样性而闻名，对生活在中国、缅甸、老挝、泰国、柬埔寨和越南的数百万人的社会、身体和经济健康都很重要。澜湄合作不仅涉及水资源管理，还涉及其他领域的合作，最终形成了三大核心支柱——政治和安全问题、经济和可持续发展、社会文化和人文交流。近年来，澜湄合作已经基本实现制度化，建立了各种澜湄合作中心，以协调其不断扩大的议程。同时，该机制还在湄公河国家开展了有关城市水治理、卫生安全和食品安全标准的各种项目。[1] 在水政策制定、防洪减灾、技术推广等方面，各国通过合作都有所受益。基于地理位置的特殊性以及合作能够带来的利益，澜湄六国之间有了初步的信任。在此期间，澜湄六国之间也保持着较高的互动频率。如表1所示，以2020年为例，澜湄六国之间几乎每个月都会有活动展开，这有利于拉近六国之间的关系，巩固并加强澜湄合作机制内部原有的信任。

表1   2020年澜湄合作大事记

时间	事件
1月	澜湄合作第十次外交联合工作组会在重庆举行。会议回顾了2018年12月第四次外长会以来澜湄合作进展，讨论了未来合作方向
2月	自澜沧江—湄公河合作第五次外长会在老挝万象举行。会议通过了《第五次外长会联合新闻公报》
3月	2020年"澜湄周"水资源领域活动暨澜湄水资源合作成果宣传片发布仪式在北京举办。活动采用云视频会议形式，发布了澜湄水资源合作成果宣传片《澜湄水资源合作在行动》和《为了澜湄国家水治理的美好未来》
5月	澜湄水资源合作联合工作组举行视频会议。六国工作组就加强项目协作、信息共享、重大活动设计，以及举办联合工作组第四次会议等议题深入交换意见，达成广泛共识
7月	澜湄流域绿色经济发展带：生物多样性与可持续基础设施圆桌对话在线上平台顺利召开

---

[1] Grünwald R., "Lancang-Mekong Cooperation: Overcoming the Trust Deficit on the Mekong", ISEAS Yusof Ishak Institute Perspective, No. 89, 2021, p. 5.

续表

时间	事件
8月	澜湄合作第三次领导人会议通过视频方式召开，共谋澜湄合作未来发展。会议发表了《澜沧江—湄公河合作第三次领导人会议万象宣言》和《澜沧江—湄公河合作第三次领导人会议关于澜湄合作与"国际陆海贸易新通道"对接合作的共同主席声明》
9月	澜湄水资源合作联合工作组2020年第二次视频会议成功举行。各方审议通过了《在澜湄水资源合作联合工作组机制下中方向其他五个成员国提供澜沧江全年水文信息的谅解备忘录》
10月	"同饮一江水、共话澜湄情"2020澜湄万里行中外媒体采访活动成功举办；中国、缅甸和湄公河委员会第24次对话会举行，会上签署了《中华人民共和国水利部与湄公河委员会关于中国水利部向湄公河委员会秘书处提供澜沧江全年水文信息的协议》；澜湄合作农业联合工作组第三次会议以视频形式召开
11月	中国水利部正式向湄公河五国及湄公河委员会提供澜沧江允景洪和曼安两个国际水文站的全年水文信息；"2020澜沧江—湄公河合作媒体云峰会"成功举行。澜湄六国有关部门、主流媒体及经济、卫生健康领域代表围绕"合作新冠抗疫，振兴经济"主题研讨交流、共叙情谊，为共同抗击新冠疫情、促进经济复苏注入信心、汇聚力量；澜湄合作减贫联合工作组第四次会议以视频形式召开；中国和缅甸等湄公河五国在北京共同启动澜湄水资源合作信息共享平台网站，进一步加强六国在水资源数据、信息、知识、经验和技术等方面的共享
12月	中老大气环境自动监测示范设备顺利抵达老挝万象，并将安放在老挝国家会议中心；"澜沧江—湄公河水上联合搜救桌面推演"成功举办；柬埔寨低碳示范区建设项目首批物资交付仪式在柬埔寨举行，中方向柬方提供了太阳能路灯、光伏发电系统和电动摩托车等设备；中国国家发展和改革委员会成功举办澜湄"多国多园"合作交流对接会暨境内外园区互动发展推介会，澜湄六国有关政府部门、产能合作各国执行机构、重点园区、金融机构和企业代表以线上线下结合的方式与会

资料来源：笔者根据澜沧江—湄公河合作中国秘书处提供的资料整理。

但是，澜湄合作机制中水电大坝的建设以及水文科学研究政治化问题影响着真实性因素。2019年6月，在经历了严重的干旱之后，人们越来越担心上游水电大坝对水流的影响，澜湄合作迎来了一次巨大的考验。当时，许多专家怀疑，水电大坝的建立正在影响着鱼类洄游、河流水文和泥沙转移。这些水坝扰乱了湄公河及其支流的水位、流量和浑浊度，同时，非季节性的变化也导致了生态上的负面协同效应，不仅影响到水电项目附近的地区，也影响到数千米外的邻国地区。①

在资源民族主义和地缘政治竞争的影响下，湄公河地区的风险更是不断升级。原本应该科学客观的水文解释被非科学家政治化，并经常与非水问题放在更广泛的政治背景中被讨论。政治学家与科学家不同，他们的结论可能是出于私利（即支持资助政府和其他机构研究的解释，为工作晋升铺平道路）或生存问题（即通过分享不受欢迎的结论而面临政治迫害和工作生活中的其他障碍），不属于任何科学派别的记者和政治学家通常没有相同的行为准则，也不对其错误行为或其他不利影响负责。② 在澜沧江—湄公河流域，美国的"地球之眼"（EOE）研究便是一个典型的案例。2020年4月，"地球之眼"研究对中国上游大坝与负水流变化之间的联系提出了担忧，其研究结果严重影响了其他澜湄五国对中国的信任水平。但实际上，由于该研究存在缺乏严格的评审过程、对气候变化考虑不足等漏洞，以及该研究是由在美国主导的湄公河下游倡议的资助下完成的，因此其客观性受到了许多质疑。对此，中国为了维护澜湄六国间的合作，承诺加快与湄公河委员会的联合研究合作，建立澜湄合作水文工作组，并通过澜沧江—湄公河水资源合作信息共享平台共享全年水文数据，③ 以解决关于新冠疫情、区域经济复苏和水资源管理等问题。可见，来自美国的高度关注虽然为澜湄六国的持续合作带来了压力，但同时也为其改善水资源合作议程提供了动力。

---

① Soukhaphon A., Baird I. G., Hogan Z. S., "The Impacts of Hydropower Dams in the Mekong River Basin: A Review", *Water*, Vol. 13, No. 3, 2021, Preprint p. 265.

② Wang, W., Grünwald, R., Feng, Y., "Misinterpretation of Hydrological Studies in the Lancang-Mekong Basin: Drivers, Solutions and Implications for Research Dialogue", *Hydrology and Earth System Sciences Discussions*, 2021, p. 11.

③ "MRC Secretariat, LMC Water Center ink First MOU for Better Upper-lower Mekong Management", Mekong River Commission, December 18, 2019, https://www.mrcmekong.org/news-and-events/news/mrc-secretariat-lmc-water-center-ink-first-mou-for-better-upper-lower-mekong-management/.

(二) 澜湄合作中的逻辑性

随着经济的发展和人口增长的压力,澜沧江—湄公河流域的水资源供应和生态环境压力也随之增加。因此,资源的有限性和国际河流的特殊性要求所有利益相关方在水资源利用和管理方面进行合作。然而,基于地理因素、发展阶段和产业结构等方面的原因,该流域每个国家的需求和目标是不同的。老挝倾向于修建水电大坝以产生更多的电力,然后把这些电力卖给泰国。泰国希望获得更多的水力发电,以确保他们的经济和社会发展。同时,泰国还计划从湄公河调水灌溉其北部农田。同样地,柬埔寨更注重洞里萨湖的渔业养殖,以及洪泛平原的农业生产。越南则希望维持湄公河三角洲的流量,以抵御海水入侵。中国希望进行全面开发,包括与下游国家进行合作。但下游国家会因此认为自己受到了上游国家的威胁,担心供水减少,以及可能对自己产生的不利影响。[①]

大湄公河次区域是一个欠发达地区,其中,缅甸和老挝属于世界上最贫穷的国家,而中国是澜湄合作在水资源领域的主要资金和技术供应国。从结构上看,中国压倒性的经济和军事实力,在较小、较弱的邻国中引发了战略焦虑。随着东南亚国家日益向中国的经济轨道靠拢,其意识到自己面临的战略脆弱性越来越大,对中国的依赖性和对中国在该地区日益增长的影响力使其始终存在矛盾心理。东南亚人在欣赏中国在该地区的重大影响力的同时,也对中国有可能限制其国家主权和外交政策选择的能力深感焦虑。这种持续的信任赤字不仅破坏了中国的"话语权",也是一种认知偏见,可

---

① Junlin R., Ziqian P. and Xue P., "New Transboundary Water Resources Cooperation for Greater Mekong Subregion: the Lancang-Mekong Cooperation", Vol. 23, No. 3, 2021, pp. 684 – 699.

能会影响东南亚国家对中国的外交政策的接受度。与柬埔寨和老挝相比,缅甸、泰国和越南对中国的战略意图更加谨慎,柬埔寨和老挝在处理中国在地缘经济方面带来的压力相对自信。其中,出于自身的经济和政治考虑,柬埔寨对包括澜湄合作在内的中国主导的多边机制最为热情。① 虽然中国在东南亚地区展开了"口罩和疫苗外交",并为澜湄合作项目投入了大量资金,满足了澜湄国家日益增长的医疗用品需求,但信任赤字依然存在。而且,让一个国家永远承担这些资金,既难以持续也不科学。为了解决在该地区信任不足的问题,中国还需要采取更多积极的措施拉近与东南亚国家之间的距离。

此外,域外大国的介入也影响着澜湄六国间的信任水平。世界上很少有河流系统像东南亚的湄公河一样面临同样或更大的压力。在俄乌冲突和中美战略竞争加剧的背景下,湄公河次区域正在成为印太地区的一个新的爆发点。它不仅对中国具有重要的地缘政治意义,因为它对既定的全球安全准则构成了步步紧逼的威胁,同时,它对美国也具有重要意义,因为美国将该区域视为对抗中国影响力的经济战场。在过去的二十年里,因为湄公河委员会与大湄公河次区域经济合作机制、东盟、湄公河—美国伙伴关系、无数的水务非政府组织、跨国公司和澜沧江—湄公河合作机制共享体制空间,澜湄区域的水治理变得更加拥挤。美国希望加强其在湄公河地区的领导作用,同时制衡中国在湄公河下游和东南亚大陆的影响力。日本通过湄公河—日本合作框架和亚洲开发银行与湄公河流域建立了密切合作关系。② 韩国于2013年设立了韩国—湄公河合作基金,作为其新南方政策的一部分,以支持与东盟的外交关系和

---

① Chheang V., "Lancang-Mekong Cooperation: A Cambodian Perspective", ISEAS Yusof Ishak Institute Pespective, No. 70, 2018.
② Kei Koga, "The Emerging Power Play in the Mekong Subregion: A Japanese Perspective", *Asia Policy*, Vol. 17, No. 2, 2022, pp. 28–34.

经济发展。① 印度重振了最初于 2000 年成立的湄公河—恒河合作,旨在加强印度与湄公河下游国家之间的经济和人民之间的联系。② 在多方参与的背景下,澜湄合作下的水资源合作不可避免地会与其他合作机制在领域、职能和项目上有所重叠。这将导致合作机制内部的竞争和信任问题加剧,削弱本地区实际合作的有效性。

(三) 澜湄合作中的同理心

在国际关系领域,同理心主要表现为国家之间过去的历史渊源以及现在的文化与人文交流,进而产生对他国价值观的认可和对他国行为的理解。

从历史上看,澜湄国家之间发生过不少冲突,有些冲突至今仍未得到解决。泰国、缅甸和越南曾是该地区的强国,而且有过持续数百年的战争,直到西方殖民者的到来才逐步停止。③ 在澜湄六国中,除了泰国,其他五国都受到过西方国家的殖民统治,激发了这些国家的民族主义思潮,源自近代西欧的民族国家体系也因此在第二次世界大战后陆续拓展至东南亚全境。而且,由于澜湄六国之间地理位置相近,因此也不可避免地发生过陆地领土及岛屿之争,还有一些渔业纠纷。其中,中越关系原本就因为南海问题而不稳定,再加上以美国为首的西方对越南的鼓动,导致两国间的信任水平更难以维系。可见,澜湄地区的历史关系交织复杂,情感信任难以在此背景下生成。

从文化上看,东南亚地区是世界上文化最具多元异质性的地区之一。其文化形式既有本土文化的传统,还有来自印度、中国、阿

---

① Sungil Kwak, "The Future Direction of Republic of Korea and Mekong Cooperation in a Climate of US-China Competition", *Asia Policy*, Vol. 17, No. 2, 2022, pp. 35 – 42.

② Swaran Singh, "Mekong-Ganga Cooperation: Interests, Initiatives, and Influence", *Asia Policy*, Vol. 17, No. 22, 2022, pp. 43 – 49.

③ 马婕:《澜湄合作五年:进展、挑战与深化路径》,《国际问题研究》2021 年第 4 期。

拉伯国家以及西方国家多种文化的影响。在早期，东南亚的文化起源具有较高的共同性，但由于地形地貌的复杂性和破碎性，才逐渐呈现出多中心发展的特征。而且，相对隔离的地理环境使该地区的文化难以形成具有规模的核心地带。随着社会生产力的发展，该地区才实现了兼容并蓄的充实与提升。其中，缅甸、泰国、老挝、柬埔寨以及越南都不同程度地受到了印度文化圈的影响。中国文化对该地区的影响主要集中于越南以及其他各国的华人社区。从该地区的文化发展特点可以看出，虽然澜湄六国之间文化的源头相似，但经过了长期的发展，在一系列因素的影响下，澜湄六国间的文化各具独特性，在宗教方面亦是如此，进而导致各国之间意识形态和价值理念的差异，影响到国家间的认可与信任。

综上所述，从真实性和逻辑性的视角来看，澜湄合作机制中的信任是有一定基础的，但在"内忧外患"的背景下，澜湄国家间的信任生成面临着重大挑战。从同理心的视角来看，澜湄六国间的信任水平的提升不宜就此入手，因为根深蒂固的文化观念差异是难以改变与调和的。而且，同理心要求六个国家之间能够彼此相互理解，在无政府状态下，这只能是一个美好的乌托邦。只有先从真实性和逻辑性入手，巩固并提升原有的信任水平，才有望从情感层面促进澜湄六国之间彼此理解，达到一个国际机制所能达到的最高信任水平。

五 结论

澜湄合作是促进湄公河地区发展和水资源管理的政府间平台，具有着广阔的前景。然而，澜湄合作尚未就跨境水治理制定出合适的规范框架，对湄公河地区水资源管理的任何考察都将暴露出战略互信的缺失。从有限的透明度可以看出，在沿岸国家之间，不信任仍然是促进区域合作和制定区域解决方案的主要制约因素。如何提升澜湄六国间的信任水平，可从三方面展开：对于"真实性危机"，可以通过建立对话机制、提高信息透明度来加强对话合作，减少国家之间的误解；对于"逻辑性危机"，需要建立一个能够保障国家预期利益的机制，同时扩大合作带来的现实利益或者增加不合作带来的预期风险，从而加强澜湄六国间的紧密性；对于"同理心危机"，可以加强澜湄六国之间的社会文化交流与人文交流，增加六国的合作共识，推动六国共同维护和促进地区的持续和平和繁荣发展。总之，信任必须随着时间的推移而建立起来，澜湄六国间信任水平的提升应从真实性、逻辑性、同理心三线并行。

澜湄合作中的水权确权考量[*]

王志坚 蒋周晋[**]

内容提要：国际河流水资源的"权利"问题研究，对于维护国家安全和地区安全、人民生计乃至全球水资源的可持续发展都是极为紧迫的。相对于经济、环保等其他视角的水合作分析框架，用国际水权确权径路分析澜沧江—湄公河地区水安全问题，具有无可比拟的研究优势和价值。由中国主导创建的澜湄合作机制是中国以跨界河流天然水文联系为重要抓手，进行流域多国全方面合作的重要举措。自运作以来，澜湄合作机制取得了重大成绩，但也面临着一些挑战，如机制与已有的多个国际合作机制重合、竞争问题；澜湄合作本身面临着机制赋权、能力建设问题；澜湄合作偏重于经济导向思维，没有突出关注流域各国面临的气候变化、自然灾害以及当地人权利等问题。在流域国家间倡导国际水权确权，可以缓解甚至解决这些问题。现代国际水权是扣除了流域生态需水和流域人口最低需水的水量，每个国家的国际水权水量份额就是该总量乘以各自

---

[*] 本文系国家社科基金后期资助项目"水资源安全化背景下的国际河流管理"（项目批准号：21FGJB010）的阶段性成果。

[**] 王志坚，河海大学法学院副教授，南京大学亚太研究中心研究员；蒋周晋，河海大学法学院硕士研究生。

流域国家产水贡献率。倡导国际水权确权可以突出澜湄合作的预防性、减少进攻性，增加机制专业色彩，体现合作机制对当地水人权的关怀并能有效反驳"中国水威胁"论调。

关键词：国际水权；生态需水；人口最低需水量；澜湄合作；水战略

一　引言

淡水是一种重要的资源，是所有生态和社会活动的重要组成部分，包括维持人类和其他生物生命、河道运输、废物处理、能源供应和工农业发展等。然而，淡水资源分布非常不均衡，世界上一些地区极度缺水。随着人口的增长，对淡水的需求增加，水供应变得更加困难，水和供水系统越来越可能成为军事行动的目标和战争工具。① 这种"水战争"论调在20世纪90年代初期变得尤为突出。当时冷战结束导致出现了一种新的安全理解，它超越了纯粹的军事问题，而与各国间自然资源及其竞争有着非常密切的关系。有关学界形成了一个初步共识，即环境——尤其是自然资源稀缺性——可能导致冲突。② 1998年，巴里·布赞等人的《安全：分析的新框架》对环境领域的安全（书中该部分紧跟军事领域）进行了详细论述，"环境冲突"成为世纪之交国际安全领域的流行词。③

2016—2022年，澜湄合作取得了许多成绩，也面临着一些挑

---

① P. Gleick, "Water and Conflict: Fresh Water Resources and International Security", *International Security*, Vol. 18, 1993, p. 79.

② T. F. Homer-Dixon, "On the Threshold: Environmental Changes as Causes of Acute Conflict", *International Security*, Vol. 16, 1991, p. 77.

③ B. Buzan, et al. eds., *Security: A New Frame-work For Analysis*, Boulder, Colorado: Lynne Rienner Publishers, 1998, pp. 71 – 94.

战，如何直面这些挑战，是本文讨论的核心。总体上，笔者认为，倡导澜湄国家的国际水权确权可以为澜湄合作提供助力。水资源是澜湄合作机制的重点之一，它是澜沧江—湄公河流域六国息息相关的生命之水，也是澜湄流域国家其他领域合作的纽带和桥梁。确定流域各国的国际水权份额可以为水合作提供基本的信任基础，也可以正当地拒绝其他域外国家与势力的不正当介入，并为澜湄流域国家命运共同体建设提供现实路径。

二 既有的湄公河合作机制

湄公河包括中国境内的湄公河上游（澜沧江）和境外的湄公河下游，先后流经中国、缅甸、老挝、泰国、柬埔寨、越南，干流全长共约4880千米，最后注入南中国海。澜沧江—湄公河既是联系流域六国的天然纽带，也是沿岸人民世代繁衍生息的摇篮，孕育了澜湄国家各具特色而又相亲相近的文化。① 冷战后，澜湄流域出现了多个以水合作为重要牵引的国际机制。

（一）多个国际机制重合、竞争

国际机制是一系列隐含或明示的原则、规范、规则和决策程序，它们聚集在某个国际关系领域内，行为体围绕它们形成相互预期。② 从20世纪90年代起，湄公河地区合作日益蓬勃，到2015年11月澜湄合作正式诞生之前，该地区已经形成多个含"湄公（河）"字样的官方多边合作机制，其中绝大多数属于综合性的合作机制，而水资源合作大多只是其多方面合作的一部分。根据柬埔寨外交部官方网

---

① 全毅：《中国—东盟澜湄合作机制建设背景及重要意义》，《国际贸易》2016年第8期。
② R. Keohane, *After Hegemony: Cooperation and Discord in the World Political Economy*, Princeton: Princeton University Press, 1984, p. 57.

站的列举，在该地区的官方合作机制主要有如下 7 个。①

1. "大湄公河次区域"（Greater Mekong Subregion，GMS）

GMS 是 1992 年亚洲开发银行（日本、美国为主要控股方）提出的经济合作计划，参加方为澜沧江—湄公河流域的所有国家（中国实际执行主体主要是云南省和广西壮族自治区）。GMS 经济合作机制主要支持农业、能源、环境、卫生和人力资源开发、信息和通信技术、旅游、运输和贸易便利化以及城市发展等次区域项目，其中农业、能源、环境、旅游、运输等虽然不涉及水资源的分配，但仍与流域水资源的利用息息相关。该计划以大湄公河次区域成员国之间的持续磋商和对话为基础。GMS 合作的工作机制分为三个层次：领导人峰会、部长级会议以及工作组和论坛。②

2. "湄公河委员会"（Mekong River Commission，MRC）

MRC 是 1995 年湄公河下游四国（柬埔寨、泰国、老挝、越南）发起，在《湄公河流域可持续发展合作协议》的基础上，开展的湄公河流域水及相关资源的利用与保护合作机制。MRC 被定性为政府间组织，是区域水资源管理平台和知识中心。MRC 支持基于"水资源一体化管理"（IWRM）原则的流域规划，促进可持续渔业、农业机会、航行自由、可持续水电、洪水和干旱管理以及重要生态系统的保护。③ MRC 的主要组织机构有理事会、联合委员会和秘书处。理事会由各成员国派一名部级官员参加，有权做出政策性决定，每年至少举行一次理事会会议。联合委员会由各成员国派一名厅局级官员参加，具体执行理事会做出的决定，每年至少举行两次联合委员

---

① "Cooperation Mechanisms", September 22, 2022, https://www.mfaic.gov.kh/Page/2021-02-08-Mekong-Cooperation-Framework.

② "About the Greater Mekong Subregion", September 24, 2022, https://www.greatermekong.org/about.

③ "Mekong River Monitoring and Forecasting", September 24, 2022, https://www.mrcmekong.org/.

会全体会议，四个成员国官员每年轮流担任主席席位。秘书处向理事会和联合委员会提供技术和行政性服务，负责湄委会的日常工作，并接受联合委员会的监督。秘书处设首席执行官，负责秘书处工作，其任期和国籍与联合委员会主席国籍一致。①

3. "湄公河—日本合作"（Mekong-Japan Cooperation，MJC）

MJC 是日本于 2008 年发起的湄公河合作机制。MJC 由 6 个成员国组成，即柬埔寨、老挝、缅甸、越南、泰国和日本。旨在加强湄公河地区的互联互通、共同维护人类的安全保障以及环境的可持续性，促进经济合作和东盟共同体建设。② MJC 的工作机制主要包括每年一度的领导人峰会、外长会议以及不定期召开的官方论坛（如绿色湄公论坛等）。

4. "湄公河—美国伙伴关系"（Mekong-U. S. Partnership）

"湄公河—美国伙伴关系"的前身为"湄公河下游倡议"（Lower Mekong Initiative，LMI）。LMI 是美国于 2009 年提出的与湄公河下游泰国、越南、柬埔寨和老挝的合作机制，缅甸于 2012 年加入。LMI 主要关注领域为农业、通信、教育、能源、环境和健康，旨在通过解决该地区共同挑战的计划支持成员国之间的合作，合作机制包括外交部部长会议、高官会议和区域工作组会议。2020年 9 月，美国将 LMI 升级为"湄公河—美国伙伴关系"。③ 该合作平台的组织结构和机制几乎由美国设计和主导，以便在合作对话过程中能够主导议题。④

---

① 2016 年之前，MRC 的首席执行官（CEO）的国籍是欧美等西方国家。

② "Prime Minister Proposed Key Issues of Cooperation on Public Health, Connectivity and Sustainable Development in the 12th Mekong-Japan Summit", September 22, 2022, https://www.mfa.go.th/en/content/mekongjapansummit131120-2.

③ Lower Mekong Iniative（LMI），September 24, 2022, https://2017-2020.usaid.gov/asia-regional/lower-mekong-initiative-lmi.

④ 于宏源、李坤海：《地缘性介入与制度性嵌构：美国亚太区域水安全外交战略》，《国际安全研究》2020 年第 5 期。

5. "湄公河—恒河合作"（Mekong-Ganga Cooperation，MGC）

MGC 是印度于 2000 年提出的合作机制。合作方由印度和湄公河下游五国构成。MGC 起初提出的四大合作领域为文化、教育、旅游、交通。① 后又扩展到农业、水资源管理等方面。MGC 的工作机制由年度部长级会议、高官会议和五个工作组组成。

6. "湄公河—韩国合作"（Mekong-Republic of Korea Cooperation，MRKC）

MRKC 成立于 2010 年，现有 6 个成员国，即柬埔寨、老挝、缅甸、泰国、越南和韩国。MRKC 的优先合作领域包括基础设施、信息技术、绿色增长、水资源开发、农业和农村发展以及人力资源开发。执行和落实 MRKC 的机制包括外长会和高官会。②

7. "下湄公河之友"（Friends of Lower Mekong，FLM）

FLM 于 2011 年 7 月启动，是湄公河下游国家与其合作伙伴在地区援助与规划方面的重要召集平台和驱动机制。FLM 成员包括柬埔寨、老挝、缅甸、泰国、越南、澳大利亚、日本、新西兰、欧盟、亚行和世界银行。FLM 通过两个主要轨道进行：（1）伙伴国家发展机构和国际多边发展机构之间的捐助者对话；（2）外交部之间关于非传统安全问题的年度政策对话，例如性别平等和妇女赋权政策对话，以及如何加强湄公河委员会的技术能力对话；等等。③

这种多层次的、部分重叠的合作机制体现了东南亚地区高度复杂的政治、经济关系。虽然湄公河地区多种合作机制并存反映了各方的不同利益和侧重，有利于满足多层次需要，但也反映了域外大

---

① "About Mekong-Ganga Cooperation", Septemper 24, 2022, http://www.mea.gov.in/aseanindia/about-mgc.htm.

② "Mekong Cooperation Framework", September 24, 2022, https://www.mfaic.gov.kh/Page/2021-02-08-Mekong-Cooperation-Framework.

③ "Friends of the Mekong", September 24, 2022, https://mekonguspartnership.org/partners/fom/.

国在该地区的利益博弈。

(二) 既有合作机制多排斥中国

除了 2015 年中国提出的澜湄合作,既有的合作机制或多或少都有着排斥和对抗中国的意图,对中国的地区合作有一定的牵制。

第一,最早成立的 GMS 机制虽然成功地吸收了来自美国、日本、欧洲等外部国家的资金,中国作为参与国在合作初期也得益于 GMS 经济合作计划,积极参与合作机制并在其中发挥了积极作用,但由于亚洲开发银行由美日主导,其合作意向与合作项目都不同程度地体现美日的战略意图,中国利用这一机制推进本国的合作目标存在非常大的局限性。[①] 如中国的快速崛起和澜沧江梯级大坝建设对下游国家造成的威胁心理,气候变化导致流域地区极端干旱与洪涝天气的增加导致国际舆论对中国"水威胁"的担忧。随着中国与周边国家经济和总体实力对比的变化以及周边安全与环境的复杂化,中国周边外交出现了经济投入成本和政治收益高度不对称的状况,湄公河下游国家对在经济和贸易领域的过分依赖也日益敏感。

第二,湄公河委员会虽然是该地区唯一的政府间国际组织,也关注到如促进农业、航行、可持续水电、洪水和干旱管理等国家发展问题等,但其脱胎于联合国亚洲及太平洋经济社会委员会(U. N. Economic and Social Commission for Asia and the Pacific, ESCAP)于 1957 年发起的"湄公河下游调查协调委员会"。当时就打上了冷战和美国等西方国家主导的印记。1995 年成立的 MRC 虽然由地区国家组成,但受制于捐赠国和外国政府的影响,[②] 受西方的

[①] 全毅:《中国—东盟澜湄合作机制建设背景及重要意义》,《国际贸易》2016 年第 8 期。

[②] J. M. Williams, "Stagnant Rivers: Transboundary Water Security in South and Southeast Asia", *Water*, Vol. 10, 2018, p. 11.

环保主义思潮影响巨大。在成立之初，由于其关注环保、生物多样性领域，发展迅猛，得到国际社会尤其是西方社会普遍好感，其合作价值被誉为"湄公精神"。另外，这也导致了 MRC 在国家农业、水电、航行、防洪抗旱方面的合作严重不足。2016 年，湄公河秘书处秘书长由湄公河下游国家公民担任后，本来就不宽裕的湄公河各项资金出现很大问题。近年来，老挝为了自身国家的发展，希望把自身打造成为"东南亚蓄电池"，加快了在湄公河干流上修建大坝的进程，四个成员国之间的发展矛盾凸显，湄公河委员会的协调功能受到越来越多的质疑。

更为关键的是，由于缺少上游国家中国的全面参与，MRC 很难在水资源管理上发挥全局作用。虽然 MRC 也一度邀请中国加入，但由于 MRC 的成立基础——《湄公河流域可持续发展合作协议》（以下简称《协议》）在谈判时并未考虑中国利益，在不修订条约实质条款的情况下，要求中国全面接受完全遵从下游国家利益的国际义务是不公平的。如《协议》第六条规定，缔约国"合作维持干流径流，以免分流、贮蓄、泄放或其他永久性的活动所带来的影响——在干季每月不小于可接受的最小月天然径流。在湿季确保洞里萨湖产生可接受的天然回流量"等规定，如果中国加入该协议，就基本上失去自主利用境内水资源的资格，等于承认由下游四国通过协议建立起来的用水控制（其实也是一种下游联盟水霸权）。没有建立在全流域谈判协商的条约基础上的 MRC，几乎不可能在全流域发挥水资源公平管理的职能。

第三，日本、美国、印度、韩国等国家主导成立的各种湄公河合作机制，排除中国、引导下游国家与中国对抗的意图更加明显。虽然也有一些机构提出了农业、能源、水资源合作等问题，但由于在它们设置的议程中，环境等问题多处于核心的位置，客观上可能使中国的基建、投资、能源资源合作计划搁浅。环境问题已经成为影响中国深化合作的棘手问题。中国有着水电、交通等项目建设上的技术优势和丰富经验，但由于域外国家主导的多种合作机制的抵消和片面宣传，造成了相当的国际舆论压力，使国际社会和不少当地人错误地认为，中国是下游生态环境恶化的"始作俑者"。甚至因为中国的"讷言敏行"以及水政策上的被动，为某些国家鼓吹的所谓的"中国水威胁论"与"中国水霸权"留下口舌。目前，影响水资源合作的因素仍然很多，但域外大国的介入是一个特别需要关注的因素。水资源是美国、日本等域外国家介入湄公河地区事务的重要"切入点"，其牵制中国的意图明显，对中国的国家影响力产生了消极影响。[1]

（三）澜湄合作的运行成效与突出问题

根据情势，中国倡议的"湄公河—澜沧江合作"（LMC）机制于2015年11月正式成立。LMC旨在促进湄公河次区域社会经济发展，缩小发展差距，促进东盟与中国的全面合作。成员包括柬埔寨、中国、老挝、缅甸、泰国和越南六个湄公河全部流域国。合作重点围绕三大支柱（政治安全、经济和可持续发展、社会人文）和五个重点领域（互联互通、产能、跨境经济、水资源、农业和减贫）开展合作（简称"3+5合作框架"）。[2] 2017年，湄公河—澜沧江成员国分别在各自外交部设立了国家秘书处，以进一步加强职能部委之间的协调和项目。加强和落实澜湄合作的工作机制包括六国领导人会晤、外长会、高官会、外交工作组会议等。[3] 截至2021年3月，澜湄合作已举行了3次领导人会议、5次外长会、7次高

---

[1] 金新、张梦珠：《澜湄水资源治理：域外大国介入与中国的参与》，《国际关系研究》2019年第6期。

[2] 《关于"3+5合作框架"》，澜沧江—湄公河合作中国秘书处，2022年9月24日，http://www.lmcchina.org/2017-12/08/content_41448201.htm。

[3] 《澜沧江—湄公河合作：机制建设》，澜沧江—湄公河合作中国秘书处，2022年10月17日，http://www.lmcchina.org/node_1009503.html。

官会和 10 次外交联合工作组会。①

　　澜湄合作全面启动以来，澜湄国家在澜湄合作框架下多领域合作取得显著成果，基本实现了共同利益与个体偏好的有机调和，为解决区域问题提供了重要的议事平台。LMC 机制也由此成为区域内最具活力的国际制度之一。② 但以经济发展为核心的 LMC，并不能自然而然地解决包括水资源合作在内的安全和政治问题。国外学者多从中国力图主导湄公河地区政治经济事务的视角来分析澜湄合作。他们认为，中国希望通过澜湄合作将经济影响转变为政治影响，由于水资源合作在澜湄合作中并不占核心地位，所以，中国也不太可能为湄公河国家提供足够和稳定的生态效益。③

　　为了证明中国并非在区域合作中谋求主导或控制地位，有学者认为，澜湄合作虽由中国首倡且积极推动，但中国在该合作机制中所扮演的角色是"引领者"而非"主导者"，中国的参与体现了负责任大国的积极作为。④ 反对者认为，这样的说辞并不能让人心服口服。中国是全球性大国，占据湄公河上游的主导地位，在澜沧江上游进行了梯级水电站建设，迟迟不加入流域唯一政府间国际组织 MRC 且反对 1997 年《国际水道非航行使用法公约》，主动提出的澜湄合作机制，让人很难不把中国的行为与地区"水霸权"联系起来，如何直面中国被定位为"水霸权"身份，而不是否认中国作为国际河流上游国和水量重要贡献国该有

---

① 《澜沧江—湄公河合作》，澜沧江—湄公河合作中国秘书处，2022 年 9 月 24 日，https://www.fmprc.gov.cn/web/wjb_673085/zzjg_673183/yzs_673193/dqzz_673197/lcjmghhz_692228/gk_692230/。
② 卢光盛：《澜湄合作：制度设计的逻辑与实践效果》，《当代世界》2021 年第 8 期。
③ Hidetaka Yoshimatsu, "The United States, China, and Geopolitics in the Mekong Region", *Asian Affairs: An American Review*, No. 42, 2015, pp. 173 – 194; Sebastian Biba, "China's 'Old' and 'New' Mekong River Politics: The Lancang-Mekong Cooperation from a Comparative Benefit-sharing Perspective", *Water International*, No. 43, 2018, pp. 620 – 641.
④ 卢光盛：《澜湄合作：制度设计的逻辑与实践效果》，《当代世界》2021 年第 8 期。

的流域地位、更好地发挥中国在地区合作与水合作中的主导作用,并有充分的理由来支持这一点,才是问题的关键。

本文的后两部分即从国际水权理论视角展开,笔者认为,倡导国际河流水权确权合作可以为澜湄合作正名、促进更好的合作。

三 国际水权确权是跨界水合作的重要一环

国际水资源管理的"权利"问题研究对于维持国家安全、人民生计和全球水资源的可持续发展都是极为紧迫的。[①] 但至今为止,该问题并没有引起足够重视,学界对其研究并不充分。2006年,联合国粮食及农业组织(FAO)第92号法律研究《现代水权:理论与实践》指出,"现代水权运作体系是水治理的生命线,水权发挥着中心的作用,理论上很难设想,有除此法律框架之外的'良治'"。[②] 但该研究主要从国内法以及民法体系、普通法系等世界法系的角度探讨水权改革问题,并没有对跨界水权或国际水权做出探讨。斯德哥尔摩国际水研究所在2009年世界水周上的报告《获取跨界水权:有效合作的理论与实践》中虽然指出了权利在国际水资源管理中的重要地位,但并没有对国际水权概念、外延等做深入研究,仅对国际水合作中的利益分享、大小国权力博弈、环境保护予以一般解读。值得注意的是,该报告中对恒河合作、约旦河的水分配研究,为国际水权研究提供了一些线索。

(一)国家水权与国际水权

要理解国际水权,首先要明确国家水权的概念。国家水权就是

[①] A. Jägerskog and M. Zeitoun, *Getting Transboundary Water Right: Theory and Practice for Effective Cooperation*, Report Nr. 25, Stockholm: SIWI, 2009, p. 5.

[②] FAO, *Modern Water Rights: Theory and Practice*, Rome: Food and Agriculture Organization of the United Nations, 2006, pp. 4 – 37.

国家对该国领土内的水资源所享有的权利，它的上位概念是国家自然资源主权。1962年11月7日联合国大会通过的《关于自然资源永久主权的宣言》第一条就规定，"各国人民及各民族行使其对自然财富与资源的永久主权，必须为其国家的发展着想，并以关系国人民的福利为依归"①。从法理来说，自然资源主权首先就包括土地所有权和管辖权两个组成部分。在一国领土内产生的水资源无论是冰雪融水还是降雨都应是该国土地的自然孳息，其主权（所有权与管辖权）当然是该国的。国家水权是属于国家主权的理念为大多数国家在实践中遵循，法国、德国、日本等民法法系国家一般都在宪法或国家水法中明文规定，水资源属国家所有，国家拥有管辖权。而美国、英国、澳大利亚、加拿大、印度等英美法系国家，虽然并没有严格遵循公法与私法的区别，但在水法领域也保留了罗马法的原则，即流动的水是公共法。这些国家在20世纪的水立法中，将水资源确立为公共财产，当局对其享有控制权。国家对其境内的可更新水资源数量享有水权，也体现在联合国粮食及农业组织水资源统计数据库（AQUASTAT）中。数据库汇集了全球主权国家1960—2015年各周期（5年为一周期）的境内年均地表水和地下水资源的总量（扣除重复计算量）。

但对于涉及不止一国领土的国际河流来说，由于该水资源不受约束地自然流淌至国外，国家不可能对无法进行物理分割的界河水资源（邻国侧）行使管辖权，也不可能对要流出境外的跨界河流水资源享有管辖权，所以国家对国际河流的水权，也即本文所称的国际水权，只能建立在所有权之上，例如1944年2月3日签订于华盛顿、至今仍被严格执行的美墨《关于利用从得克萨斯州奎得曼堡到墨西哥湾的科罗拉多河、提华纳河及格兰德河（布拉沃河）水域

---

① 《天然资源之永久主权》，联合国，2022年9月25日，https://www.un.org/zh/node/181279。

的条约》，其第八条规定两国政府承认各自对国界水库中的水有着共同利益，在任何水库中，只要一国的蓄水容量已满，且已超过保持满蓄的水量，就应该把属于这国的水的所有权（ownership of water）交给另一国（第3款）；而在该条约第九条第9款则规定，河流主河道的水量损失要按在损失的时间和地点内的河道输水水权的比例进行摊派。[①] 可见，在1944年美墨水条约中，国际水权就是两国对国际河流中所应享有的水量所有权。另外，在1954年4月16日《捷克斯洛伐克共和国和匈牙利人民共和国关于边界河道开发的技术经济问题的协定》中，两国协定第六章规定了"水权"问题。[②] 该协定规定，缔约各方在不损害既得权利情况下，可以自由地使用边界河流一半的天然流量。这里的天然流量不包括通过设置人工障碍物增加的流量。所以，1954年捷匈边界河协定中的缔约国水权就是界河中一半的水流量。

总的来说，由于国际河流大多处于国家边疆地区，水量利用并不充分，在有关国家缔结水资源开发条约时，这些地区的水量并没有成为缔约国特别关注的问题。但一国对于该国际河流的水权相当于该国对共享河流享有的一定水量所有权，已经成为一种习惯规范被各国遵循。国际水权就是流域国家根据国际水法（包括国际条约和国际习惯），对跨界水资源水量所享有的所有权。

（二）当前国际河流水量分配倾向于立足于所有权

根据至今发展出来的国际水法基本原则，对于国际河流水量的使用与分配要遵守公平原则，它要结合水文地理、社会经济条件、

[①] 虽然这里条约原文都用所有权（ownership of water），但实际又是两国的国际水权。该译文摘自中华人民共和国外交部条约法律司编译《领土边界事务国际条约和法律汇编》，世界知识出版社2006版，第447—448页。
[②] 中华人民共和国外交部条约法律司编译：《领土边界事务国际条约和法律汇编》，世界知识出版社2006版，第325页。

历史等因素予以确定。① 这些因素非常全面，既包含主观因素也含有客观因素，供各国在实际合作时参考。因此，根据各国国际河流的具体的水文特点、流域内社会经济的发展水平和各流域国的用水实际需求，确定各流域国所占有的国际河流水量，是实现公平水权必要手段。安辛克和魏卡德指出，在许多国际河流流域，国家如果没有讨论河水分配，就会发生冲突。②

国际河流在水文、政治、文化方面都具有独特性，是造成河水分配冲突的主要原因。因此，在解决国际河流分水问题时必须考虑，是否可能构建一个统一的水量分配标准。在实践中，因各流域情况存在差异，各国政治经济利益诉求不同，国际上通常根据各流域国径流贡献情况、用水需求情况、河流的本身径流特征等因素进行谈判。从国家达成的分水条约的内容中，我们可以看出，国家在进行分水时大体会有两种不同的标准，具体如下。

一种是所有权标准，即基于河流每年可利用的水资源量和各流域国贡献水量为基础达成的水条约。沃尔夫在考察了149条国际水条约后分析得出，在这么多的水条约中，直接分水或者基于河水权分享水利益分配的条约有29条，以权利分水或分享水利益的条约占两成。③

另一种是基于优先使用权，主要基于灌溉面积、人口、水利工程等使用需求。在149条水条约样本中，只有4条，占3%。以优先使用权为导向的分配标准，随着时间的推移，其安排具有相当的不确

---

① 1958年，国际法协会在纽约会议上就采用了"各沿岸国有权合理和公平地在流域水资源利用中获益"原则，《赫尔辛基规则》支持必须考虑整个国家水需求的观点，规定"每个流域国在其领土范围内都有权公平合理地分摊利用国际流域水资源"（第4条）。1997年联合国《国际水道非航行使用法公约》也规定了公平合理利用原则，并列举了需要考虑的因素。

② E. Ansink and H. P. Weikard, "Contested Water Rights", *European Journal of Political Economy*, Vol. 25, 2009, p. 247.

③ A. T. Wolf, "Criteria for Equitable Allocations: The Heart of International Water Conflict", *Natural Resources Forum*, Vol. 23, 1999, p. 3.

定性和不稳定性，矛盾会持续并导致冲突，如1959年的尼罗河分水协议，虽签约主体不能代表上游国家为众多学者诟病，但条约中对埃及、苏丹优先使用尼罗河水的确认却在实质持续损害上游国家的水权与利益。① 另外，使用需求导向的分水，还会导致流域国的要求脱离水文实际，增加合作难度，如在中东两河流域，土耳其、叙利亚、伊拉克三国曾基于各自需要提出水量要求，提出的水消费需求已经超出了两河所能提供的水资源总量。② 要化解国际河流分水冲突，实现地区稳定发展，分水标准应更多倾向于客观因素，因为这些客观因素指标基于水文地理，具有稳定性，且更容易量化、更加务实。所以，"尽管从国际水法的发展过程来看，流域国一直尝试将国际河流水资源分配标准置于法律或者经济层面进行考虑，但它却永远是一个地理学上的问题"。③

（三）流域国家国际水权水量份额的计算方式

有学者认为，在存在跨界水资源问题的流域，现在的矛盾重点是环保以及社会经济需求等，而不是分水。况且，1997年的《联合国国际水道非航行使用法公约》（以下简称"1977年公约"）在第5条中提出国际水道"公平合理利用和参与"原则，第6条紧接着阐释何为"公平合理利用"，即必须考虑地理、水文、生态、流

---

① 1959年尼罗河水协定由埃及和英国（英国代表苏丹）签订，在尼罗河840亿立方米总水量中，埃及分得555亿立方米，苏丹分得18.5亿立方米。埃及对1959年协议分水框架的坚持，是造成尼罗河水争愈演愈烈的主要原因，参见 P. Kameri-Mbote, "From Conflict to Cooperation in the Management of Transboundary Waters: The Nile Experience", in *Linking Environment and Security: Conflict Prevention and Peace Making in East and Horn of Africa*, Washington, D. C.: Heinrich Boell Foundation, 2005, pp. 1–9。

② 王志坚：《水霸权、安全秩序与制度构建——国际河流水政治复合体研究》，社会科学文献出版社2015年版，第178页。

③ D. M. Kilgour and A. Dinar, *Are Stable Agreements for Sharing International River Waters Now Possible?* Policy Research Working Paper, New York: World Bank, Agriculture and Natural Resources Dept., Agricultural Policies Division, 1995, p. 19.

域国的社会经济需求、流域国依赖水道的人口、流域国对水道的现有和潜在利用、水道水资源的养护等，并特别指出，"在确定一种使用是否合理公平时，一切相关因素都要同时考虑，在整体基础上做出结论"。但实际上，正是1997年公约对于流域国家基于主权基础上水权的含糊态度，导致1997年公约经过17年时间，到2014年8月才达到35个国家正式接受的国际法生效条件。迄今为止，只有不到40个当事国（其中还有几个国家根本没有国际河流）签署的公约条文，不可能形成国际社会的一般国际规范或国际法规则。①

在具体实践中，国际河流流域国家进行分水或水权谈判时，要考虑的因素主要是地理水文因素。在1960年签订至今仍生效的《印度河水条约》中，双方明确约定在印度河水系中，东部三条河流的全部水量归印度，西部三条河流的所有水量归巴基斯坦，它们都可以无限制地利用条约分配水量。虽然这样的水权分配没能完全杜绝近年来的水争议，但从总体上说，有明确的水权归属确实为两国水合作乃至地区和平发展奠定了坚实基础。②

虽然分配河道内水量所有权或流量就等于分配国家水权为众多国际水条约所确认，③但并不是一国境内的所有产水量就都是该国的水权。在国家间进行水分配时，还必须考虑水生态和环境保护的因素，为河流生命留下足够的水，这也体现在一些国家水合作条约中。④ 基于

---

① 根据1969年《维也纳条约法公约》，当事国是指正式接受条约且条约已经生效的国家。条约条文以及条约当事国参见 United Nations Treaty Collection, https://treaties.un.org/Pages/ViewDetails.aspx? src = TREATY&mtdsg_ no = XXVII-12&chapter = 27&clang = _ en。

② C. Perry and G. Kite, "Water Rights", *Water International*, Vol. 24, 1999, p. 341.

③ 如1959年11月8日埃及—苏丹尼罗河协议第1条；1995年9月28日以色列—巴勒斯坦临时协议第40条；2002年8月29日莫桑比克、南非、斯威士兰茵科马蒂和马普托水道三方协定第4条；等等。

④ 如1956年10月27日法国和联邦德国莱茵河上游专约第8条；2002年8月29日莫桑比克、南非、斯威士兰三方协定第5条；等等。

国际水权即为该国应该拥有的一定量的国际河流水量所有权（份额）的观点，本文认为，在国际河流的国际水权的分配中，应考虑到流域总水量、各国产水量、生态环境需水量、流域人口的人均最低需水量几个客观因素。有了这几个数据，就可以确定流域国家的水权份额和在流域总体水量中更为科学地占有比值。

国际流域的总水量是一条国际河流流域干支流以及与其有直接水文联系的地下水的总年均水量。一条国际河流流域最少有2个流域国，因而这个总水量就成为各个流域国的共同财产。如世界水量第一大河亚马孙河流域有总水量约63745亿立方米，由巴西、哥伦比亚、秘鲁等9国共享。各国产水量是指该国际河流流域各流域国各自的领土对该河流水资源的国别产流量，如在亚马孙流域，巴西贡献了约76%的水量。生态需水量是指维系生态系统平衡最基本的需用水量，是生态系统安全的一种基本阈值。[1] 河流多年平均流量的30%是河流生态系统退化的分界点，河流能为大多数水生生物提供良好的栖息条件所需要的基本径流。[2] 因此河流水量的30%可以看成是流域的生态需水量。在流域国分配水权的时候，首先应把河流的生态需水水量扣除。

另外，随着人口的增多，水人权的保护已经普遍为各国所承认，流域当地人口的水人权也即人均最低需水量（包括维持生活、卫生以及食物生产所需的最低水量）也应得到保证。瑞典著名水资源学者法尔肯马克（Falkenmark）等于1992年正式提出了用人均水资源量作为水资源压力指数（Water Stress Index）以度量区域水资源稀缺程度。他们根据干旱区中等发达国家的人均需水量确定了水资源压力的临界值：当人均水资源量低于1700立方米/（人·年）

---

[1] 夏军、郑冬燕、刘青娥：《西北地区生态环境需水估算的几个问题研讨》，《水文》2002年第5期。
[2] 王志坚：《国际河流法研究》，法律出版社2012年版，第204页。

时出现水资源压力（Water Resources Stress）。虽然该指标存在一些前提条件和弱点，但它仍可以用于确定大部分国际河流流域人口的人均最低需水量。在大多数国际河流流域，流域国进行水权分配的时候，扣除流域人口的最低水量也成为必要条件。

扣除了流域生态需水和流域人口最低需水的水量就是整个流域所有国家的国际水权总和水量，每个国家的水权份额就是水权总量乘以各自流域国家产水量贡献率。各国水权比率就是其与扣除生态需水和人口最低需水后的水权总量的比值。

用该标准确定国际水权有利于维护国家主权、保障人权、保护环境。

1. 以各国对河流的水量贡献为基础体现了国家主权平等原则与自然资源永久主权原则

国家主权平等原则被《联合国宪章》等诸多国际条约确认为国际法基本原则。一系列联合国大会决议也支持了国家自然资源永久主权原则，如1962年11月7日《关于自然资源永久主权的宣言》第五条"各国必须根据主权平等原则，互相尊重，以促进各国人民及各民族自由有利行使其对自然资源的主权"。1974年《各国经济权利和义务宪章》第二条第1款明确规定："每个国家对其全部财富、自然资源和经济活动享有充分的永久主权，包括拥有权、使用权和处置权在内，并得自由行使此项主权。"国际河流因其位于两国之间或者流经不同的国家，其整体性被国界所分割，其水权被国家的主权所涵盖，水权是国家主权的组成部分，因此，国际河流中的水权分配不仅牵涉相关国家的政治、经济、社会平等发展以及区域内国家关系，而且是国际社会面临的最复杂与尖锐的问题之一。

在国际法上，国际河流属于各有关国家的领土，各国享有对通过其领土的那一部分河流水量的所有权。一个国家对国际河流的主权分为对国际河流水面的管辖权以及国际河流水体的所有权。用国家水量贡献比例作为水权计算基础也体现了对基于领土的国家发展权的尊重，1986年12月4日联合国大会决议通过的《发展权利宣言》"承认创造有利于各国人民和个人发展的条件是国家的主要责任"，"人的发展权利意味着充分实现民族自决权，包括在关于人权的两项国际盟约有关规定的限制下对他们的所有自然资源和财富行使不可剥夺的完全主权"（第一条第二款）。国家基于领土主权理论上的对国际河流水资源享有一定的所有权体现了实体正义，也是国家获得可持续发展的重要保证。

2. 预留流域人口的基本用水需求体现了对水人权的尊重和流域国家的现有使用

水是一种有限的自然资源，是一种对维持生命和健康至关重要的公共消费品。人的水权是一项不可缺少的人权，是人有尊严地生活的必要条件。水权也是实现其他人权的一个前提条件。1966年《经济、社会及文化权利国际公约》第十一条第1款规定，"缔约国确认人人有权享受其本人及家属所需之适当生活程度，包括适当之衣食住及不断改善之生活环境"[①]。"包括"一词表明所提到的权利并非全部。水权明显属于实现相当生活水准的必要保障。联合国经济及社会理事会经济、社会、文化权利委员会通过的《关于水权的一般性意见》（2002年）指出："为履行水权方面的国际义务，缔约国必须尊重其他国家人民对这一权利的享有。国际合作原则要求缔约国避免采取行动，直接或间接干预其他国家人民享有水权。"（第31条）[②] 预先扣除流域人口最低

---

① 《经济、社会及文化权利国际公约》，2022年9月25日，https://www.phchr.org/zh/instruments-mechanisms/instruments/international_covenant-economic-social-and-cultural-rights。

② 《第15号一般性意见：水权（〈经济、社会、文化权利国际公约〉第十一和第十二条）》，中国人权，2022年9月24日，http://www.humanrights.cn/html/2014/1_1009/1879.html。

需求水量体现了对个体水所有权的国际保护，这种对个人水权的保障不仅来自母国，还有国际法（条约）层面的支持。这种国际水权建构和水人权观念接轨，把个人水权从自然水量中预留出来，也有利于国家在国际法层面上进行责任预先明确，防止一些流域国把本国人民用水缺乏的责任推给别国。

另外，在国际河流流域中生活人口的水人权包括对维持其生命至关重要的饮用、卫生水量和维持其本身生活的粮食生产需水量。对流域人口的基本生活用水和食物生产用水水量进行赋值保障了水人权。由于计算基数是按照现有流域人口，这样的计算方法也充分考虑了对那些使用上游河水历史长、流域人口众多的下游国家的人道主义关切。

3. 预留生态需水体现了对国际河流环境权的保护

1972年《斯德哥尔摩宣言》中的第21项主张："各国根据《联合国宪章》和环境法的原则，有根据自己的环境政策开发自己的资源的主权权利，以及确保在其管辖或控制范围内的活动不会对其他国家或国家管辖范围以外的地区的环境造成损害的责任。"关于自然是否应该具有法律地位的争论至少自1972年以来就一直存在，但许多问题仍然悬而未决。① 现在我们的环境正在恶化，我们需要通过法律和条约来保护环境，如果一个跨界水体被赋予法律人格，就需要探讨对各国管制国际河流流量的权利的影响。由于国际河流是在国家间连续流动的水体，一个国家只有其中一段水体的所有权。国际河流中的宝贵的淡水资源不但要维持人类生存，而且对于维持全流域生态与环境有重要意义。因此，根据可持续发展原则，我们对国际河流的开发不仅应满足国际河流流域国家社会经济发展的需要，还应该保护生态环境，预

---

① G. Eckstein, A. D. Andrea and V. Marshall et al. , "Conferring Legal Personality on the Worlds' Rivers: A Brief Intellectual Assessment", *Water International*, Vol. 44, 2019, p. 804.

留满足生态用水需要的河水。也就是说，各国并不能自由处分境内的所有水体，沿岸国家进行国家水权确定之前，必须留出一定数量的水作为河流的环境水权，以满足河流的最低生态要求。扣除国际河流生态需水能满足对跨界水体合理利用的目标，可以维持国际河流的可持续发展。只有扣除了生态需水，才能保护和保全国际河流生态系统，实现国际河流永续流淌，进而促进全球环境保护。近年来，虽然还没有赋予国际河流环境权的条约，但一些国家和地区开始赋予各种水体法律权利，如美国匹兹堡市2010年通过的《匹兹堡反水力压裂条例》赋予了自然和生态系统的水权，玻利维亚2010年通过了关于地球母亲权利的第071号法案，承认自然为公共利益法人，享有环境权。在国际水权确权的过程中，考虑河流的生态环境权也符合最新的环保理念。

更重要的是，预先明确国家对共享国际河流的水权，也就明确了流域国对该部分水利益所应承担的国际义务。根据权利与义务大体对等的原则，国家就会有动力来进行相应的水环境保护，共享流域国也就可以根据自己在流域整体水权中所占的比重，对其他国家要求本国超出本国水权与水利益的环境保护责任进行抗辩。

四 水权确权有利于推进澜湄合作

有学者认为，水权分配是一个非常复杂的问题，一般是极度缺水的流域才不得不进行水权分配，而澜湄流域总体上水量丰富，主要存在的问题是水量时空分配不均、水资源开发不协调和水基础设施的环境影响评估不充分等，现在澜湄合作机制下主要讨论的应是流域国家的资源协调开发和利益共享。

但笔者认为，很多国际流域没有进行水权分配不是因为水权不重要，而是当事国已经默认本国水权份额的存在，并根据此权利份额进行协调开发与利益分配。在很多水条约中，对缔约国边界的流量与水量水文数据的明确就是隐含着确认各国现有水权的数量或份额。在澜沧江—湄公河流域，对水量时空分布的调配、水利基础设施建设的协调、环境保护的承担上也都是建立在各国大致的水权份额之上的。不然，一直以来被各国政府、各类专家所重视的湄公河流域各国的水量贡献比例就没有意义。[①] 世界上大多数的水条约之所以不在文本中明确流域国水权问题，是因为"水权"大体上还是一国主权内"使用权"的概念，和水量所有权并不通约，只好用水量、流量使用来代替。

另外，有学者认为，湄公河流域水权确定不现实，未来中国和湄公河国家最多也只会确定一个生态流量，就是中国至少要放多少水下去，而不是说把水分成十份，每个流域国家占多少份。其实，持此种观点的人混淆了"实然"和"应然"两个概念。尽管未来中国和湄公河国家实际上可能会确定一个生态流量，让一定的水量下泄，但同样应确定各国依次的下泄流量，这样才能体现流域各国的平等地位，各国的下泄流量同样应该建立在水权明确之上。只有明确各国大致应有的水权份额，才能真正公平地协调各国开发与保护，实现湄公河可持续开发。

甚至还有学者会认为，以河流水量贡献、预留人口基本用水需求、预留生态需求作为水权分配的标准，不可能被下游国家所接受，而这正是本文提倡水权确权的目的所在。当前，在湄公河流域，由于环境保护、当地的权利、下游国水利益的单方面强调，忽视上游国权利成为一种被认可的语言习惯，甚至很少有人会主动为

---

① 各国水量贡献分别为：中国16%，缅甸2%，老挝35%，泰国18%，柬埔寨18%，越南11%，参见 Mekong River Commission, *Overview of the Hydrology of the Mekong Basin*, Vientiane, Laos: Mekong River Commission, 2015。

上游国的权利正名。在国际河流问题上,上游国是天然的少数国家,其权利在历史上大多被中下游侵占,即使现有生效条约也很少保障上游国的权利。[①] 甚至土耳其等极少数国际河流完全上游国反对 1997 年公约文本,也被认为是"水霸权"的佐证之一,却枉顾很多国家即使很早就"签字"同意了 1997 年公约,却迟迟不愿批准的事实。倡导在湄公河流域的水权确权合作,虽可能并不会缔结国际条约,但至少在国际舆论和个人心理层面,让有权者有了说话空间。根据水权确权的理论,每个国家都有权在每年使用、调配水权份额内的水量,主权用水行为也不应该被其他流域国无端否决。以国家水权份额(比例)为基础,流域各国可以进行权利基础之上的公平合理利用、责任承担、利益分享,并可以对水权进行交易,平衡上游和下游国家之间的权利和义务。

澜湄合作机制是中国首次主动推动的以国际河流流域为合作地理范围的多边水政策举措,它的目标不仅仅是单纯的跨界水管理合作,其合作的主体也不限于国家行为体。建立在国家水权确权基础上的合作有利于推进澜湄合作进程。

(一) 水权确权可以突出澜湄合作的预防性,减少进攻性

世纪之交,不断增长的人口、不断扩张的经济、日益增长的环境压力和不可持续的消费正在对世界共享的水资源施加越来越大的压力。虽然地球总人口在过去 100 年里增长了四倍,但全球用水却增加了近八倍。[②] 这些影响已经在许多主要的跨界流域出现,包括南亚恒河、印度河流域,中亚咸海流域,非洲尼罗河、乍得湖流域,西亚约旦河、底格里斯—幼发拉底河流域等。这些

[①] A. T. Wolf, "Criteria for Equitable Allocations: The Heart of International Water Conflict", *Natural Resources Forum*, Vol. 23, 1999, pp. 3 – 30.

[②] Y. Wada et al., "Modeling Global Water Use for the 21st Century: The Water Futures and Solutions Initiative and Its Approaches", *Geoscientific Model Development*, Vol. 9, 2016, p. 175.

流域每年的取水量大多超过河流长期流量平衡，生态系统也遭到了破坏，水资源危机凸显，共同沿岸国之间在过去多次发生了从外交语言对抗到军事对峙等程度不一的水冲突。诚然，水权分配是一个非常复杂的问题，澜湄流域总体上水量也较为丰富，但水量时空分配不均、水资源开发不协调和水基础设施的环境影响评估不充分这些问题尤为明显，水冲突也不仅会出现在干旱缺水的流域国家之间，科学的国际水权确权有利于澜湄流域国家间水政策的开展。

中国牵头建立澜湄合作的新倡议，强调经济议程与水资源管理相关的新合作领域，一定程度上是中国为了缓解在水资源议题上的国际压力而成立的多边机制。[1]

（二）水权确权强调河流的生态价值，可以增加澜湄合作的专业色彩

水权合作可以弥补水资源与环境合作在澜湄合作中的地位。2019—2020年，泰国连续两年创纪录的干旱状况被认为是过去40年来最严重的干旱，有25个省份被宣布为干旱灾区。2019—2020年的干旱影响了湄公河流域的大量沿岸渔民和农民。泰国东北部和柬埔寨的渔民报告称，湄公河支流的渔获量急剧下降，柬埔寨和越南的许多农民则离开农场到城市地区寻找工作。[2] 本文提出的水权确权合作，首先要预留河流生态需水、尊重河流的环境权利，这在一定程度上保证了流域的生态健康。同时，在数据、信息共享的前

---

[1] C. Middleton and J. Allouche, "Watershed or Powershed? Critical Hydropolitics, China and the 'Lancang-Mekong Cooperation Framework'", *The International Spectator*, Vol. 51, 2016, p. 100.

[2] "Dams and Droughts, Data and Diplomacy in the Mekong", SUMERNET, September 25, 2022, https:// www. sumernet. org/story/dams-and-droughts-data-and-diplomacy-in-the-mekong#_msoanchor_ 1.

提下，流域各国还可以执行更为细致的共同行动，保证旱季湄公河干支流水量在每月都能符合生态需水要求。

虽然水资源合作是澜湄合作机制发展的关键，但不可否认的是，澜湄机制的水资源合作与日本、美国等西方国家主导成立的各种湄公河合作机制多有重合，在"大湄公河次区域""湄公—日本合作""湄公河—美国伙伴关系"等机制中，都有维护湄公河环境、关注气候变化、支持地区可持续发展等内容。我国澜湄合作机制与已有其他机制的主要区别在于农业灌区规划、水电发展等方面，而要想在这两个领域取得成功的合作，各国之间的水权确权合作不可避免。如根据湄公河流域六国的国家水权比率（中国占18.6%，缅甸占2%，老挝占36.4%，泰国占16%，柬埔寨占20%，越南占7%）进行决策，对于水利灌溉、水电建设、流域水利发展战略等重大事项，国际水权比重小的国家（如小于15%）或流域外国家及国际组织只有项目环境评估的建议权，不具有实质否决权或启动预先协商程序（在湄委会机制中被称为PNPCA）的权利，这就能保证重要事项决议的民主性和科学性。[①]

（三）水权确权有利于体现对流域当地社区历史、文化的关怀

水权确权合作充分考虑澜湄流域当地人口的水人权，尊重了各国对水的历史使用，体现了对流域当地社区历史、文化的关怀。

湄公河及其生态系统具有许多价值，从区域到当地经济以及文化和精神。西方国家多从此角度批评湄公河各国政府将河流的经济价值和区域经济一体化置于当地经济、生计和文化价值之上。现有合作机制也多以国家为中心，淡化了包括民间社会团体和当地社区团体在内的非国家行为者的作用。澜湄合作的主体虽然也具有多层次

[①] 邢鸿飞、王志坚：《湄公河水安全问题初探》，《世界经济与政治论坛》2019年第6期。

性，但该合作机制与其他合作机制的执行形式并无实质区别，日本、美国、印度、韩国以及一些西方国家主导建立的合作机制在执行机制上都有类似安排，且在人权、当地历史文化保护某些方面更为成熟。但如果澜湄合作以预留当地水人权基础上的水权确权合作为基础，就可以合理地排除这些域外国家的机制的指责，从而使它们的合作机制停留在辅助、支援的层面上，难以对澜湄国家间合作造成实质上的阻碍和误导。① 形成这样的流域共识后，也有利于团结澜湄国家，同心同德，共同发展经济与保护环境，保卫共同的生态家园。

（四）水权确权引导下的澜湄合作可以有效抵消中国"水威胁"论调

湄公河下游国家对湄公河水资源的依赖性和敏感性很高，治理水污染、水灾害对于资金、技术的需求也会很大，而下游五国的国家经济发展水平普遍较低，这时域外国家便会趁机介入，"帮助"流域各国进行水资源安全治理，并发展其在中南半岛的利益，影响中国与湄公河流域国家的关系发展。在所谓的"中国水威胁论"的鼓吹下，"一带一路"建设的推进也会受到很大的负面影响。② 以水权合作为基础的澜湄合作可以轻易化解"水霸权"的不利舆论。根据本文提出的水权确定路径，扣除环境权和水人权水量，中国在澜沧江—湄公河的国际水权水量为44.231758立方千米，占澜沧江—湄公河全年水量的9%，而中国境内消耗的澜沧江水量不足水量的1%。③ 中国不但没有侵占下游国家的水权，反而受制于下游

---

① 非流域国虽然没有湄公河水权，但它们用所谓的"为当地人争取水人权"等借口介入，可能形成不当掣肘，而澜湄水权合作不但考虑了流域国家水权，而且为当地人口预留水人权，这样就可以在国家和当地社区人民两个层面上，构建流域命运共同体。
② 邢伟：《澜湄合作机制视角下的水资源安全治理》，《东南亚研究》2016年第6期。
③ 《中国驻泰大使："中国在湄公河上游蓄水发电加剧下游干旱"纯粹是假消息》，中国新闻网，2022年9月24日，https://www.chinanews.com.cn/gj/2021/10-21/9592083.shtml。

国家维护先前既得利益（不受干扰的水量和水质）的要求。中国在境内建设梯级大坝对预防下游雨季洪水、缓解下游旱季干旱起到了重要作用，大坝调节的水量还可能为下游国家的水电站提供稳定来水，增加水电收入。然而，中国不但没有得到相应的利益补偿，反而遭受一些下游国家和域外国家的非难。这与当今世界国际河流合作的典范——美国—加拿大哥伦比亚河合作截然相反。1964年生效的《哥伦比亚河流域可持续发展协定》（以下简称《协定》）规定，下游国美国要向上游国加拿大支付6400万美元，用于建设大坝用于流域防洪、改善水流和水力发电；美国还向加拿大支付187.5万美元，用于四个洪水期间大坝设施运营费用；另外，《协定》还规定，因美方电力增加得益于加拿大，下游（美国）电力收益的一半要给加拿大。[①] 1964年，加拿大与美国在换文中确定，加拿大以2.54亿美元的价格先将30年的下游电力收益出售给美国。加拿大在哥伦比亚河合作中之所以获益，主要原因是作为上游国，加拿大贡献了哥伦比亚河水量的30%—50%。

　　根据公平水权和利益分享理论，下游国家至少要向上游国支付用于其防洪抗旱等减灾的水库运营、水量调节、信息提供等费用，但目前中国向湄公河委员会以及下游四国提供的湄公河水文全年信息，基本是单方面义务，更不用说分享下游国收益。甚至中国在上游的一举一动还要受到美国等西方国家的"监视"，所以中国不但不是湄公河流域的水霸权，反而在水量问题上，受制于一些下游国家和西方国家联手建立起来的实质水霸权（如MRC制度上的用水控制权、环保思潮的"让河流自由流淌"理念等），受累于所谓的"水霸权"和"中国水威胁论"。只有在水权确定

---

① S. Dinar, "Treaty Principles and Patterns: Selected International Water Agreements as Lessons for the Resolution of the Syr Darya and Amu Darya Water Dispute", in H. Vogtmann and N. Dobretsov, eds., *Transboundary Water Resources: Strategies for Regional Security and Ecological Stability*, Dordrecht, Nethernand: Springer, 2005, p. 156.

的前提下，缔结流域公平条约，共享收益、共担责任，才能实现流域生态的可持续发展。

五 结论

国内学者对于澜湄合作所面临的挑战主要有以下几点分析：（1）澜湄合作机制与既有国际合作机制的重合问题，存在明显的制度间竞争；① （2）澜湄合作本身面临着机制赋权、能力建设和内外协调等挑战；② （3）偏重于经济导向思维，对流域各国面临的气候变化、自然灾害等问题关注不足；等等。③ 学者虽然看到了问题所在，但并没有提出一个切实可行的解决路径。本文认为，水权确权可以为解决这些问题提供另一种思路。全流域国家在国际水权确权基础上的澜湄合作，可以同其他多个国际机制明显区别开来。国际水权是全体流域国享有的扣除该流域环境权和水人权之后的水所有权，而某一国的国际水权就是该国水量贡献率与流域总国际水权的乘积。湄公河委员会没有正式包含所有流域国，且没有确定各自的权利与义务，而其他合作机制或多或少把没有国际水权的域外势力拉入其中，增加了离心力，不利于确立共同目标、协调发展。预留环境水权和水人权之后，赋予澜湄流域各国的国际水权，有利于各国在权利份额的基础上加强能力建设、开展内外协调。国际水权确权径路中的环境水权确定，也必须作为现实考虑因素单列，直接反映各国保护水环境的利益诉求。

---

① 罗仪馥：《从大湄公河机制到澜湄合作：中南半岛上的国际制度竞争》，《外交评论（外交学院学报）》2018年第6期。
② 卢光盛、罗会琳：《从培育期进入成长期的澜湄合作：新意、难点和方向》，《边界与海洋研究》2018年第2期。
③ 全毅：《中国—东盟澜湄合作机制建设背景及重要意义》，《国际贸易》2016年第8期。

国际水权确权还可以协调由地理区位、发展战略、对外政策等差异所带来的各国发展分歧。① 如水电开发、农业灌溉、渔业、水稻种植、防洪抗旱及海水倒灌、水量分配、用水时间调节、污染治理等方面，各国都有不同的目标侧重点，短期内难以形成妥协。基于水权比率基础上的重大事项表决机制，可以及时协调上下游水管理行动，并计算利益共享与损失共担。

国际水权确权也有助于化解所谓的"中国水霸权"与"中国水威胁论"。虽然澜湄合作机制将政治安全作为三大支柱之首，更多地关注区域安全与政治互信问题，但水合作机制偏重政治导向有时反而会给外界增加地区安全威胁感知，也容易被域外势力引导舆论，诱导域内国家形成心理对抗，而澜湄合作则属于内源型合作。② 要充分发挥其域内国家合作优势，国际水权确权合作是重要支撑和不可缺少的环节。虽然美国等西方国家的湄公河水战略在历史、技术、资金和人员上具有比较优势，但在水权确权问题上，天然的流域"命运共同体"是域外国家所不具备的天然优势。③ 水权合作具有国家合作性、专业性，对合作机制孵化具有其他合作无可比拟的优势，对澜湄国家命运共同体建设具有重要的战略意义。

---

① 马婕：《澜湄合作五年：进展、挑战与深化路径》，《国际问题研究》2021 年第 4 期。
② 罗圣荣、苏蕾：《澜湄合作与大湄合作的比较及启示》，《和平与发展》2019 年第 1 期。
③ 邢伟：《美国对东南亚的水外交分析》，《南洋问题研究》2019 年第 1 期。

全球水治理的发展路径与人文因素

全球视野下跨国流域组织的设立与运行机制探讨

何艳梅[*]

内容提要：流域组织作为世界上最早出现的区域性国际组织，是可持续流域管理的最佳实践，也是通过国际合作实现跨界水资源公平和合理利用的最有效方式。共同流域国之间或者依据双边文件成立双边流域组织，或者依据多边文件成立多边或全流域组织。跨国流域组织的地位依据其创立的条约的规定，不过几乎所有依据正式的"条约""公约""协定"或"议定书"而成立的流域组织都属于政府间国际组织，依照国际组织法享有独立的法律人格。由于不同流域条约的不同规定和体制安排，流域组织覆盖的地理范围各异，职能也有很大差别。流域组织的资金来源主要依赖于成员国的合作程度、经济实力和融资能力，流域组织的运作效果则受制于成员国的经济发展水平、合作的政治意愿、地缘政治等多种要素，其中，合作的政治意愿是决定流域组织运转成败的关键要素。在全球视野下考察各个跨国流域组织，无论是从其覆盖的地理范围、职能

---

[*] 何艳梅，上海政法学院经济法学院教授。

配置、资金机制、外部行为体参与来看,还是从运作效果来看,都存在很多发展或改进的空间。

关键词:跨国流域;流域组织;设立;职能;运行机制

全球共有310个国际河流流域,涉及150多个国家,蕴藏了世界近60%的河流径流量,[①] 对国际航运业、渔业、农业、工业、旅游业等的发展和区域政治经济一体化做出了重大贡献,这些贡献包括流域组织的流域治理。全球大约已有40%的国际流域建立了流域组织或相关合作机制。流域组织作为世界上最早出现的区域性国际组织,是可持续流域管理的最佳实践,也是通过国际合作实现跨界水资源公平和合理利用的最有效方式。[②]

一 跨国流域组织的设立

根据苏珊娜·斯凯梅尔（Susanne Schmeier）等学者对制度主义理论文献和跨界水资源治理实践进行的梳理和研究,可以将流域组织定义为,"基于具有法律或政治约束力的、适用于国际河流或湖泊流域特定的地理区域的国际协议而形成的一种制度化的国际合作形式,这些国际协议确定了流域治理的原则、规范、规则和机制"[③]。根据这一概念和相关实践,流域组织具有国际性、组织性、常设性和治理性。

---

① Melissa McCracken & Aaron T. Wolf, "Updating the Register of International River Basins of the World", *International Journal of Water Resources Development*, Vol. 35, 2019, pp. 732-782.

② 何艳梅:《流域组织视野下澜湄合作机制的法律基础建设》,《太平洋学报》2022年第3期。

③ Susanne Schmeier, Andrew K. Gerlak and Sabine Schulze, "Who Governs Internationally Shared Watercourses? Clearing the Muddy Waters of International River Basin Organizations", Earth System Governance Project, Working Paper, No. 28, June 2013, Lund and Amsterdam, p. 8.

共同流域国之间或者依据双边文件成立双边流域组织，或者依据多边文件成立多边或全流域组织。不同的跨国流域组织其设立有不同的情况或模式，从单个流域来看，根据相关国际协议的规定和国际实践，流域组织的设立大体上有以下几种情况。

（一）统一组织：多个流域一个组织

这种做法或模式往往适用于界河（湖）流域。两国之间根据其签订的一项关于界河或界湖的伞式条约或多项特定条约，设立或运作双边流域组织，其所有的界河或界湖水资源的利用或保护都由这个流域组织开展共同管理。其中伞式条约是一般框架，特定条约是依据伞式条约就具体界河或界湖的合作而达成的。例如，美国与加拿大依据1909年缔结的伞式条约——《美加界水条约》设立了国际联合委员会，《科罗拉多河条约》和《大湖水质协定》则是《美加界水条约》之下的具体协定。美国与墨西哥于1944年签订《关于利用科罗拉多河、提华纳河和格兰德河从得克萨斯州奎得曼堡到墨西哥湾水域的条约》，设立国际边界和水委员会。西班牙与葡萄牙依据《杜罗河国际河道段及其支流水电用水调节协议》《西班牙和葡萄牙水文地理流域水的保护和可持续合作协定》，成立西班牙和葡萄牙国际委员会。中国分别与哈萨克斯坦、俄罗斯、蒙古国缔结《关于利用和保护跨界河流的合作协定》《关于合理利用和保护跨界水的协定》《关于保护和利用边界水协定》，成立中哈利用和保护跨界河流联合委员会、中俄合理利用和保护跨界河流联合委员会、中蒙边界水联合委员会。中哈利用和保护跨界河流联合委员会还在《关于利用和保护跨界河流的合作协定》的框架下，依据具体协定对两国界河开展联合管理。此外，两国之间也可以依据非正式的协议或备忘录，就其所有共享河流建立非正式的合作机制或"安排"，比如中国与印度联合设立的管理所有跨境河流的"专家级机制"。

需要补充的是，在设立统一组织之外，有的界河沿岸国还另外设立流域组织，专门负责流域水质监测或生物多样性保护等特定事宜。比如根据中俄2006年签署的《关于成立中俄总理定期会晤委员会环保分委会的议定书》以及《关于中俄两国跨界水体水质联合监测谅解备忘录》，环保分委会作为两国级别最高的环境保护合作机制，陆续建立了三个工作小组，其中之一是跨界水质水体联合监测及保护工作小组。[①] 根据中俄双方于2006年签署的《中俄跨界水体水质联合监测计划》，联合监测涉及五处跨界水体（额尔古纳河、黑龙江、乌苏里江、绥芬河、兴凯湖），监测结果由国家级部门进行交换。

（二）分立组织：不同流域不同组织

分立组织是指两个或多个共同流域国在其共享的不同流域分别设立不同的流域组织开展管理，具体又包括以下两种情况。

1. 一个流域单层组织

单层组织是指流域国之间根据双边或多边水条约，在特定流域或其部分河段设立特定的流域组织，大体又有以下不同做法。第一种情况，共同流域国就某个流域或其部分河段的利用或保护事宜专门设立一个流域组织。例如，印度与巴基斯坦在印度河流域流经该两国的河段设立的常设印度河委员会，负责印度河在两国境内河段的水量分配与争端解决事宜。第二种情况，共同流域国在某个流域设立两个或数个职能不同并且互不隶属的流域组织。例如，莱茵河流域沿岸国分别依条约设立莱茵河航行中央委员会和莱茵河保护国际委员会，分别负责管理流域航行、非航行利用和保护事宜，并且相互之间开展横向协作。[②]

---

① 其他两个是污染防治和环境灾害应急联络、跨界自然保护区及生物多样性保护工作小组。

② 何艳梅：《国际水法调整下的跨国流域管理体制》，《边界与海洋研究》2020年第6期。

2. 一个流域双层组织

双层组织往往适用于多国河流流域，是指共同流域国在其共享的所有国际流域或其部分河段设立两层流域组织，这两层组织对同一流域或河段都享有管理权。具体又包括以下两种情况。

第一种情况可以概括为"两个流域国所有跨界流域的统一组织+管理特定流域的组织"。这种双层组织的实例较少，目前印度分别与孟加拉国、尼泊尔共享的恒河河段就有双层流域组织实施管理，因为印度在恒河流域秉承双边主义，没有开展多边合作的政治意愿。例如，印度与孟加拉国根据1972年《联合宣言》建立了管理两国所有共享50多条河流的"联合河流委员会"，两国还签署了《印度—孟加拉国联合河流委员会规约》，规定了委员会的组成、任期、职能等，这是在两国共享的恒河河段实施管理的第一层流域组织。然而该委员会的职权集中于提出建议和进行研究，此外，恒河争端对该委员会本来能够发挥的作用产生了消极影响。第二层组织则是专门管理恒河水分配事宜的"联合委员会"，根据印度和孟加拉国1977年临时协定《关于分享在法拉卡的恒河水和增加径流量的协定》成立。该委员会根据1985年《谅解备忘录》演变为"联合专家委员会"，根据1996年《关于分享在法拉卡的恒河水条约》演变为"联合委员会"。但是这三个先后成立的委员会其结构和职能相似——负责实施条约/协定/备忘录；收集资料并提交给两国政府；向两国政府提交年度报告；解决争端；等等。这类组织的职权很有限，可以称为"执行性组织"，而沿岸国政府则对水量分配事宜享有决策权，包括为保证最小流量而进行紧急协商调整；在分水安排方面进行协商调整；协商解决争端；等等。[①] 中国与印度的跨

---

① ［苏丹］萨曼·M. A. 萨曼、［尼泊尔］基肖尔·于普勒蒂：《南亚国际河流的冲突与合作：法律的视角》，胡德胜、许胜晴译，法律出版社2015年版，第139—140、162、185页。

境河流组织目前为非正式的统一机制——"专家级机制",未来是否有可能走向类似印度与孟加拉国的双层组织模式值得观察。

第二种情况可以概括为"全流域或多边流域组织+子流域或部分流域组织"。多国河流的共同流域国之间根据全流域条约或多边条约成立全流域或多边流域组织,同时并不排除针对特定问题或具体工程项目达成子流域或部分流域条约(可能是双边条约,也可能是多边条约),相应成立子流域或部分流域组织(可能是双边组织,也可能是多边组织)。例如,多瑙河流域的沿岸国分别依据1948年《多瑙河航行制度公约》和1994年《多瑙河保护与可持续利用合作公约》,在整个流域层面先后设立了多瑙河委员会、保护多瑙河国际委员会,分别管理多瑙河航行利用、非航行利用和保护事宜,子流域的沿岸国也根据其签订的双边或多边水条约设立了流域组织,比如沙瓦河流域的四个沿岸国根据《沙瓦河流域框架协定》[①]设立的沙瓦河国际委员会。莱茵河流域的主要沿岸国根据《莱茵河保护公约》设立了保护莱茵河国际委员会,子流域沿岸国则设立了保护康斯坦茨湖国际委员会、保护摩泽尔河和萨尔河国际委员会等。

亚马孙河流域的所有八个沿岸国[②]根据《亚马孙合作条约》,建立了亚马孙河合作条约组织。之后有些缔约国相互之间达成双边水条约,建立了双边流域组织。比如哥伦比亚和厄瓜多尔1979年签订《亚马孙地区合作协议》,成立了哥伦比亚和厄瓜多尔联合委员会,负责对两国共同关心的项目进行研究和协调;哥伦比亚和秘鲁1979年签订《亚马孙河流域合作条约》,依约成立了哥伦比亚—秘鲁联合委员会,作为研究和协调两国接壤边界共同利益项目的代表机构。哥伦比亚和巴西1981年签署了《亚马孙河流域合作协

---

① 沙瓦河流域是多瑙河流域的一部分,该公约的缔约国为波黑、克罗地亚、斯洛文尼亚、南斯拉夫四国。

② 这八个国家是玻利维亚、巴西、哥伦比亚、厄瓜多尔、圭亚那、秘鲁、苏里南、委内瑞拉。

议》，成立了亚马孙合作哥伦比亚—巴西联合委员会，负责协调双方有共同利益的项目。沿岸国在这些双边组织框架下并在美洲国家组织的支持和参与下，制定和实施联合开发规划，采取措施从政府部门、国际组织和非政府组织获得融资，为规划实施提供资金保障。[①]

银河流域由巴拉那河、巴拉圭河、乌拉圭河和银河等组成，该流域的五个沿岸国阿根廷、乌拉圭、巴西、玻利维亚和巴拉圭根据全流域条约《银河流域条约》，创立了银河流域政府间协调委员会，促进、协调、跟进多国活动和为流域一体化发展做出各种努力。但是缔约国之间为了开发特定水利工程而缔结了双边或多边协议，成立了双边或多边流域组织。例如，阿根廷、巴拉圭1971年缔结《巴拉那河联合技术委员会协议》，成立了巴拉那河联合技术委员会，1975年缔结《乌拉圭河规约》，建立乌拉圭河管理委员会。银河流域的子流域皮科马约河起源于玻利维亚，从东向西流经阿根廷，后又形成阿根廷和巴拉圭的边界。阿根廷和巴拉圭1994年成立了双边委员会，负责处理两国河流边界事宜，同时三个沿岸国还根据1995年《关于构建皮科马约河流域三国委员会的协定》，建立了三国委员会。这些双边或三边委员会都对有关水域进行管理，但是相互之间以及与全流域组织之间缺乏必要的协调与合作。这种各自为政的局面，会损害其他流域国的利益，不能取得最佳和可持续的水资源利用效益，不利于对全流域生态系统的维护，甚至不能获得国际金融机构的资助。

在南部非洲发展共同体内的奥兰治河流域[②]，四个沿岸国南非、

[①] [加] Asit K. Biswas等编著：《拉丁美洲流域管理——亚马孙河流域、普拉塔河流域、圣弗朗西斯科河流域》，刘正兵、章国渊、黄炜、马恩译，黄河水利出版社2006年版，第51—64页。

[②] 奥兰治河全长2300千米，流域面积100万平方千米，为非洲长河之一，水资源量丰富，发源于莱索托，被莱索托称为Senqu，依次流经南非、博茨瓦纳和纳米比亚。

莱索托、博茨瓦纳和纳米比亚依据全流域条约《关于建立奥兰治河委员会的协议》，设立了全流域组织——奥兰治河流域委员会，而此前南非和莱索托已于1986年签订《莱索托高地水项目条约》，依据条约联合成立了莱索托高地水资源委员会和莱索托高地开发管理局等流域组织，负责莱索托高地联合水利工程的实施和运行。在该条约和项目实施期间，两国签署了各种新协议，每个都处理特定的事宜。1999年，联合常设技术委员会被升级为"莱索托高地水委员会"。南非与纳米比亚同期也开展了双边合作，随着冷战的结束，南非从各种地区解放战争中解脱出来，而纳米比亚的独立已成事实。于是，1992年南非和纳米比亚签订《关于建立常设水资源委员会的协定》并建立了常设水资源委员会，协定第一条第二款规定委员会的目标是"作为缔约国的技术顾问，处理关于双方享有共同利益的水资源的开发与利用事宜"。而纳米比亚一旦独立，奥兰治河流域的所有沿岸国就开始了建立奥兰治河委员会的协商，并在2000年结出果实，四个沿岸国签署了《关于建立奥兰治河委员会的协议》，建立了奥兰治河委员会，成为南部非洲发展共同体《关于共享水道系统的修正议定书》之下建立的第一个全流域体制。因此，很多不同的体制随着时势而演变，但是最初的焦点是作为地区霸权国的南非与其他沿岸国的双边安排。当各种条件都具备时，谈判达成全流域体制也就水到渠成。

在南部非洲发展共同体内的林波波河流域，1983年，南非、斯威士兰和莫桑比克三国签署协议——《南非、斯威士兰和莫桑比克关于建立三方常设技术委员会的协议》，成立了三方常设技术委员会，负责管理科马蒂河、马普托河和林波波河。但是津巴布韦被排除在外，因为当时津巴布韦与南非关系紧张。由于三方常设技术委员会排除了津巴布韦，并且管理范围过大，因此运作效果并不理想，于是1983年南非和博茨瓦纳谈判设立了一个双边体制，成立了联合常设技术委员会。1984年南非和莫桑比克签署和平协议，使南非和莫桑比克关系正常化。随着国际关系的稳定，水资源的联合开发变得可行，于是在1986年，四个沿岸国共同建立了全流域组织——林波波河流域常设技术委员会。2003年，所有沿岸国达成了全流域的协议，即《关于建立林波波水道委员会的协议》，成立了林波波水道委员会，该流域管理体制的演变最终形成。这种演变说明，在达成更有包容性的全流域协议之前，沿岸国会协商设立双边或多边组织；一旦国际关系正常化的政治气候形成，就更易协商设立全流域组织。①

由子流域或部分流域组织发展为全流域组织，说明某些成员国之间的政治关系得到改善，友好与信任增强，因此合作的广度和深度增强。在这种情况下，双边流域组织应当与多边或全流域组织建立适当的联系和协调机制，以避免前者的活动游离于多边或全流域组织之外，而削弱多边或全流域组织的职能或作用，损害其他沿岸国的利益。

最后需要指出，尽管为了实现跨界水资源的公平和合理利用，实现流域可持续发展，流域各国有必要建立流域组织，实践中也确有许多流域条约建立了流域组织，然而建立流域组织并不是流域各国应承担的习惯国际法义务，除非流域国根据它们所参加的水条约承担条约义务。《指导各国养护及和谐利用两个或两个以上国家共有自然资源的环境方面行动守则》（草案）守则2规定，应考虑成立组织机构（例如国际联合委员会）以便协商，但是这只具有建议性质，不具有约束力。《国际水道非航行使用法公约》第八条第二款和第二十四条第二款规定设立流域组织，但是只是指出水道国在

---

① Anthony Turton, "The Southern African Hydropolitical Complex", in Olli Varis, Cecilia Tortajada and Asit K. Biswas, eds., *Management of Transboundary Rivers and Lakes*, Berlin Heidelberg: Springer-Verlag, 2008, pp. 48–50.

必要时可以设立流域组织或委员会，作为它们之间合作的方式之一。柏林规则第六十四条也只是规定流域国在"必要时"或"适当时"①建立全流域的流域组织或委员会。《赫尔辛基公约》第九条规定了强制性的机构合作，并在第十条规定沿岸国之间的协商应当通过流域组织进行，但是这超出了习惯国际法的要求。

二 跨国流域组织的地位与职能

（一）流域组织的地位

流域组织的地位依据其创立的基本文件的规定，不过几乎所有依据正式的"条约""公约""协定""议定书"而成立的流域组织都属于政府间国际组织，依照国际组织法享有独立的法律人格，②比如湄公河委员会、乌拉圭河管理委员会、国际边界和水委员会。有些流域组织通常根据该组织总部所在地可适用的法律，雇用职员、签署合同等，比如保护多瑙河国际委员会。有些组织的职员享有特定的外交特权和/或税收豁免，比如银河流域政府间协调委员会、芬兰—瑞典界河委员会、卡盖拉河流域组织、尼日尔河流域管理局。③

联合国国际法院在其 2010 年审理的"乌拉圭河纸浆厂案"中，依据国际组织法的相关原则，阐明了作为水道国共同利益代表的流域委员会的性质和地位。法院指出，乌拉圭河管理委员会具备法律人格，永久存在，并依照条约规定行使权力和职责，其成员享有特权和豁免，委员会还有权在必要时设立下属机构。法院指出，"通过乌拉圭河管理委员会联合开展行动，（阿根廷和乌拉圭）双方在

---

① See Article 64 of Berlin Rules on Water Resources.
② 何艳梅：《国际水法调整下的跨国流域管理体制》，《边界与海洋研究》2020 年第 6 期。
③ Erik Mostert, *Conflict and Cooperation in the Management of International Freshwater Resources: A Global Review*, SC - 2003/WS/48, PCCP Series, No. 19, p. 27.

乌拉圭河管理及其环境保护方面已经构建起权利和利益的共同体"①。

（二）流域组织的职能和管辖范围

流域组织的具体职能也是依据其创立的条约规定。在"乌拉圭河纸浆厂案"中，联合国国际法院依据《乌拉圭河规约》确认乌拉圭河管理委员会享有的职权，以及乌拉圭是否通过委员会，就计划采取的措施履行了向阿根廷事先通知的义务。②根据《国际水道非航行使用法公约》第二十四条的规定，流域组织的职能包括两项：一是规划国际水道的可持续发展，并就所通过的任何计划的执行作出规定；二是以其他方式促进对水道的合理和最佳利用、保护和控制。这些规定比较笼统，由于不同的流域组织根据不同国家之间达成的条约而设立，其职能和管辖范围根据不同条约的规定而有所不同，即流域组织的职能、活动和覆盖范围依据建立流域组织的基本文件——流域条约的不同而不同。根据流域条约缔约国的合作程度，流域组织的职能和管辖范围可以分为以下五类。

第一类，完全或基本覆盖整个河流或湖泊流域，对水质和水量，或者地表水和地下水实施综合管理，或者具有地区经济开发在内的广泛的职权，包括信息交流、咨询、协调、监测、研究、制定行动计划等规划管理职能，比如保护莱茵河国际委员会、保护多瑙河国际委员会、亚马孙合作条约组织、银河流域政府间协调委员会、尼罗河流域倡议、乍得湖流域委员会。有的甚至可以作为决策性机构，管理水利用和决定政策，比如尼日尔河流域管理局。

第二类，覆盖流域一部分河段，但是对所覆盖的流域实施综合

---

① 孔令杰、田向荣：《国际涉水条法研究》，中国水利水电出版社2011年版，第199—200页。

② Pulp Mills on the River Uruguay (Argentina v. Uruguay), *The Judgment of* 20 April 2010, I. C. J. Reports, 2011.

管理或者具有广泛的职权，包括咨询、协调、监测、研究、规划，甚至管理水利用、制定或决定政策、运营基础设施。有的组织覆盖主要的子流域，比如卡盖拉河流域组织，或者覆盖部分流域，比如湄公河委员会，或者覆盖流域内部分河段，比如阿根廷与乌拉圭建立的乌拉圭河管理委员会。

第三类，覆盖两个沿岸国共享的所有界水流域，作为统一管理机构对所有界水流域实行综合管理，或者具有广泛的职权，包括咨询、协调、监测、研究、规划，比如芬兰—挪威界水委员会、中俄合理利用和保护跨界水联合委员会①。有的组织甚至具有管理水利用或运营基础设施的职权，比如芬兰—瑞典界河委员会、联合芬兰—俄罗斯委员会、美加国际边界委员会、美墨国际边界和水委员会。与管理特定流域的组织相比，这些界水管理的统一组织更多是行使管理权而不是政策事宜，其职能经常严格限定于有跨界影响的问题。②

第四类，完全或基本覆盖全流域，但是职能范围单一，仅限于航行或防治污染等。比如莱茵河航行中央委员会只是负责管理航运及航运中的污染问题。保护易北河国际委员会的职能仅限于一项活动：保护水质，使易北河能够提供饮用水和灌溉，恢复自然生态系统，减少易北河带来的废物流进北海。

第五类，覆盖流域一部分或部分河段，而且职能单一。有些组织的职能仅限于水量分配，比如常设印度河委员会、努比亚砂岩含水层研究和开发联合管理局。有些组织的职能限于水电或航运，比如莱索托高地水委员会。建立这些组织主要是为了执行条约而协调各方行动，没有实质性的管理权力，可以说是协调性组织。

总体而言，由于不同流域条约的不同规定和体制安排，不同流

---

① 中俄2008年《关于合理利用和保护跨界水的协定》第4条的规定。
② Erik Mostert, *Conflict and Cooperation in the Management of International Freshwater Resources: A Global Review*, SC – 2003/WS/48, PCCP Series, No. 19, p. 25.

域组织覆盖的地理范围各异，职能也有很大差别。发展中世界的流域组织更多是开发本位，经常聚焦于经济开发或管理基础设施，比如用于水电生产或农业灌溉的大坝；发达世界的流域组织更多是保护本位，经常聚焦于污染控制和生态保护。就流域组织的职能而言，如果部长或高级别的政治家进入或介入流域组织，这些组织更易做出有政治约束力的决策，反之主要是起到咨询和协调的作用。[①]流域组织的职能与其覆盖范围也有一定的关系。为了完成特定任务比如航运、特定水工程的运营和管理，建立有执行任务或规划管理权力的流域组织可能是个好的方案，这种组织的地理范围取决于其特定任务。这时建立既有广泛的决策权力又有宽泛的职责范围的实体通常是不可行的，许多情况下也没有必要。反之，如果共同流域国设立了主要是起到协调作用的流域组织，为了保证协调的效果，应当有较大的地理范围，理想状态是整个流域或含水层，在中国倡导和主持下于2016年成立的澜湄合作机制就是如此。[②]

然而，已有的流域组织常常只关注地表水问题，很少关注跨界含水层和地下水。比如美墨国际边界和水委员会一直致力于管理边界和地表水问题，跨界含水层或地下水不是其职责范围。除了法国—瑞士含水层、努比亚砂岩含水层、瓜拉尼含水层等少数例外，共同含水层国之间很少签订专门的条约，建立联合管理含水层的机构。

三　跨国流域组织的运行机制

流域组织的运行机制由组织架构、融资机制、决策机制、外部

[①] Erik Mostert, *Conflict and Cooperation in the Management of International Freshwater Resources: A Global Review*, SC-2003/WS/48, PCCP Series, No. 19, p. 24.

[②] 何艳梅：《流域组织视野下澜湄合作机制的法律基础建设》，《太平洋学报》2022年第3期。

行为体参与、争端解决等系列机制组成，① 本文主要探讨组织架构、融资机制、外部行为体参与问题。

（一）组织架构

流域组织的组织框架与其职能范围、成员国之间的政治关系、合作程度和文化偏好等具有密切关系。比如，成员国之间政治关系复杂的流域组织一般其合作程度较低，职能也简单，职能简单的流域组织其内部结构一般也简单，反之则相对复杂。每当国际机制框架内的合作程度加深，相应的，在国际机制内部就需要更加复杂的组织结构。因此不同流域组织的内部结构差异很大，按照从简到繁的顺序分为如下几类。

第一类，流域组织由成员国各自派遣的代表或委员组成。常设印度河委员会有最简单的组织结构——两个委员，印度与巴基斯坦两国各一位，每年至少会面一次。

第二类，流域组织由成员国的代表团组成。例如，芬兰—俄罗斯、芬兰—挪威界水委员会，印度与孟加拉国根据1996年《关于在法拉卡分配恒河水的条约》成立的联合委员会，常设奥卡万戈河流域委员会，中蒙边界水联合委员会②由两国政府提名的同等数量的代表组成。

第三类，流域组织由成员国的代表团和常设秘书处组成，例如芬兰—瑞典界河委员会、卡盖拉河（Kagera）流域组织、努比亚砂岩含水层研究和开发联合管理局。在努比亚砂岩含水层研

---

① See Susanne Schmeier, Andrew K. Gerlak and Sabine Schulze, "Who Governs Internationally Shared Watercourses? Clearing the Muddy Waters of International River Basin Organizations", Earth System Governance Project, working paper, No. 28, June 2013, Lund and Amsterdam, p. 8.

② 中国和蒙古国《关于保护和利用边界水协定》规定，缔约双方各自委派一名代表和两名副代表组成边界水联合委员会。负责处理执行该协定中的有关事宜。边界水联合委员会每两年一次轮流在两国举行会议，讨论该协定的执行情况以及与边界水有关的事宜。参见《关于保护和利用边界水协定》第10条和第11条的规定。

究和开发联合管理局,国家代表是部长级官员,因此管理局有权决定政策。

第四类,流域组织由最高级的部长会议、由高级公务人员组成的大会、由政府和非政府专家就特定主题组成的若干常设或有期限的专家组/工作集团等组成。这是欧洲保护本位的河流流域委员会的通用模式。这些机构的工作由一个相对较小的秘书处协调。此外,成员国通常设立国家委员会,负责协调国家与流域委员会的工作,以更好地实施《欧盟水框架指令》和其规划条款。另外,部长会议可能不是流域委员会的正式组成部分,比如保护莱茵河国际委员会、保护多瑙河国际委员会、保护默兹河国际委员会、保护斯凯尔特河免受污染国际委员会。

第五类,流域组织由决策、执行和监督或日常管理等机构组成。例如,《湄公河流域可持续发展合作协定》共42条,但是用一半的条款(第12—第33条)详细规定了湄公河委员会的组成、职能、预算、运行程序等。湄委会由三个常设机构组成,即理事会、联合委员会和秘书处,分别是决策机构、执行机构和日常行政机构。再如,塞内加尔河流域开发组织的最高管理机构和监督机构分别是国家首脑会议和部长理事会,执行机构是由几个部门组成的高级委员办公室。而且,部长理事会有个一般性咨询机构——常设水委员会,还有两个便利进一步协商的机构——由来自政府、金融机构和该组织自身的代表组成的咨询委员会,以及地区规划委员会。该规划委员会就流域内水资源能否满足成员国地区开发规划的可得性提供建议。成员国还设立了国家办公室,由咨询委员会的代表组成。代阿姆(Diama)大坝和马拿达利(Manantali)大坝由两个独立的公司开发和管理,部长理事会作为这些公司的"大会"起作用。[1]

---

[1] Erik Mostert, *Conflict and Cooperation in the Management of International Freshwater Resources: A Global Review*, SC - 2003/WS/48, PCCP Series, No. 19, pp. 26 - 27.

流域组织的内部结构以及附属实体、专家和工作集团的数量应当反映其处理事宜的复杂性，但是其自身结构应当简单、透明。越是内部结构复杂的流域组织，越倾向于具有独立的法律人格和更高的制度化水平，以维持其财务、技术和人力资源，有效地处理其各种内外部关系，否则会影响流域治理的有效性。一般而言，组织架构相对简单的流域组织，反映出成员国对制度化流域治理的普遍较低的政治意愿和承诺，其总体制度化水平也相应较低。如果流域组织具有决策部门、执行部门、行政管理部门等三层以上的组织架构，尤其是具有常设秘书处，往往反映出成员国对规范化和制度化流域治理的普遍较高的政治意愿和承诺。[①] 流域组织运行的有效性通常因为具有秘书处职能的常设机构而得到强化。因此建议设立独立秘书处或执行机构，以支持或执行流域组织的工作。为了提高流域事务国际决策的质量和保证决策的公正性，同时增强其实施效果，流域组织的内部结构不仅应当便利国家之间的必要协调，也应当便利国家内部不同层次的政府和不同的政府部门之间、政府与水利用者和当地人口之间的协调，具体方式包括国家代表和国家部门组成人员的多样性、国家协商以及去集权化。

（二）资金来源

能够获得充足的财政资源是流域组织实现制度化治理和有效治理的前提条件和推动因素。[②] 流域组织的资金来源有成员国出资、外部捐资两类，主要取决于成员国的合作程度、经济实力和融资能力，通常有以下几种情况。

第一种，流域组织没有自己的独立资金，成员国分别承担本国

---

① 何艳梅：《国际水法调整下的跨国流域管理体制》，《边界与海洋研究》2020年第6期。

② 何艳梅：《国际水法调整下的跨国流域管理体制》，《边界与海洋研究》2020年第6期。

委员的管理费用。一般适用于最简单的内部结构安排，比如仅由两个委员组成的常设印度河委员会，由常设联合职员或其他共同开支的国家部门组成的美墨国际边界和水委员会，由中蒙双方各自委派一名代表和两名副代表组成的中蒙边界水联合委员会。[1]

第二种，联合水工程等特定项目，一般由成员国分担项目建设和运营的成本，分享项目运营的收益，比如莱索托高地开发管理局。

第三种，成员国为运营秘书处而提供的资金。对于设立了秘书处这一常设机构的流域组织，其主要资金来源是成员国为运营秘书处而提供的资金，比如保护多瑙河国际委员会、芬兰—瑞典界河委员会、美加国际联合委员会。

第四种，流域组织自己获得国际援助或捐款。某些机构组建的目的仅仅或主要是获得国际援助，因为国际合作包括建立流域组织通常是获得这种援助的前提条件。

第五种，设立国际基金。某些流域条约提到设立一项国际基金，以便为机构的项目融资，比如《银河流域条约》《印度河水条约》。

概括而言，有些流域组织的资金来源较为单一，比如乌拉圭河管理委员会，其资金主要来自成员国为运营秘书处而提供的资金。有些流域组织同时有两项或三项资金来源，比如尼日尔河流域管理局、湄公河委员会、努比亚砂岩含水层研究和开发联合管理局，其资金来源既有成员国为运营秘书处而提供的资金，也有机构自己获得的国际援助或捐款。也有的流域组织其资金来源没有得到落实，比如常设印度河委员会依据条约应当设立的"国际基金"。

（三）外部行为体参与

为了有效地实施条约框架和开展合作管理，流域组织不仅需要与

---

[1] 参见《关于保护和利用边界水协定》第10条和第11条的规定。

全球或区域性国际组织、其他流域组织、成员国各级管理部门、地方政府等进行合作，还需要与非政府组织、知识团体、公民社会等合作，便利这些外部行为体参与流域治理。外部行为体参与包括信息公开、参与决策两方面，其中信息公开是外部行为体参与决策的前提和基础。外部行为体参与流域组织的管理会增加协议谈判协商的难度，在非常敏感事项上完全向外部行为体开放也可能影响达成协议。然而外部行为体参与是必须也是有必要的，可以提高流域治理的科学性、民主性和透明度，关键是把握好参与的限度和范围。比如国际非政府组织在保护莱茵河和多瑙河国际委员会中的贡献有目共睹。

  在信息公开方面，流域组织的任务通常包括信息交流。许多流域组织相对开放，设立了公关和联络部门，不仅定期发布报告，还设立了自己的网站，发布关于组织的机构、职能、活动、合作伙伴等方面的信息，有的文件还编辑出版，比如保护多瑙河国际委员会、保护莱茵河国际委员会、美加国际联合委员会、美墨国际边界和水委员会的美国分支、湄公河委员会、尼日尔河流域管理局、尼罗河流域倡议、乌拉圭河管理委员会、常设奥卡万戈河流域水委员会等。然而这并不意味着外部行为体有权利获得信息，因为很多信息经常局限于在成员国之间交流，比如努比亚砂岩含水层研究和开发联合管理局。某些流域组织虽然开设网站，但是提供的信息简单笼统（比如常设奥卡万戈河流域水委员会），而且通常自己单方面决定可以公开和不予公开的信息。

  在参与决策方面，情况更是不容乐观。一般来说，发布报告还有自己网站的流域组织其运行相对透明和开放，会邀请观察员与会，但是这些观察员通常是国际组织、国际捐助者以及其他政府实体，比如湄公河委员会、塞内加尔河流域开发组织。美加国际联合委员会、保护莱茵河国际委员会和保护多瑙河国际委员会在外部行为体参与领域是最为积极的。这些委员会设立了提供大量信息的网站，发布许多报告而且通常可以免费获得，并且经常组织协商。国际非政府组织在这些委员会中享有观察员地位，可以参加委员会或其不同附属机构的全体会议，还经常参与筹划该委员会的会议，以及参与委员会决策的实施。①

总体而言，除了少数流域组织，绝大部分流域组织其外部行为体参与程度都很有限。某些流域组织甚至没有就外部行为体参与做出适当安排，比如常设印度河委员会，其条约框架《印度河水条约》没有就任何阶段决策中的外部行为体参与问题做出规定。② 还有学者观察到中印"专家级机制"在运行方面缺乏透明度。③

四 跨国流域组织的运行成效

在相当程度上，任何流域条约的成功、条约目标的实现都取决于条约授权或安排的流域组织的有效性。从国际政治的角度来看，建立流域组织是自由制度主义的安排，面临着沿岸国的协议遵守问题和国际信誉问题，④ 而这些问题直接关系到流域组织运行是否有效的问题。当然，流域组织治理有效性的解释变量是多元的，包括流域组织的法律基础、职能性质和范围、组织架构、资金来源等。流域组织的有效性是其发展的试金石，而且也可以从有限的例子中，从实现流域条约的目标方面分析流域组织运行的总体效果。

---

① Erik Mostert, *Conflict and Cooperation in the Management of International Freshwater Resources: A Global Review*, SC–2003/WS/48, PCCP Series, No. 19, p. 31.
② [苏丹]萨曼·M. A. 萨曼、[尼泊尔]基肖尔·于普勒蒂：《南亚国际河流的冲突与合作：法律的视角》，胡德胜、许胜晴译，法律出版社2015年版，第55页。
③ Liu Yang, "Transboundary Water cooperation on the Yarlung Zangbo/Brahmaputra-A Legal Analysis of Riparian State Practice", *Water International*, Vol. 40, 2015, pp. 115–123.
④ [美]罗伯特·基欧汉：《霸权之后：世界政治经济中的合作与纷争》，苏长和、信强、何曜译，上海人民出版社2006年版，第13页。

(一) 运行有效的案例

有些流域组织运行活跃而且高度有效,至少部分有效,比如保护莱茵河国际委员会、保护多瑙河国际委员会、保护默兹河国际委员会、防止斯凯尔特河污染委员会、美加国际联合委员会、美墨国际边界和水委员会等。保护莱茵河国际委员会及其条约框架对法国钾矿污染提供了可能的解决方案。流域各国对《保护莱茵河公约》和委员会制订的计划协调行动,严格执行,因为"各成员国对污染的认识都很明确,认为流域是指一条河的集水区,一个流域就是一个大的生态系统,彼此息息相关"①。保护多瑙河国际委员会为了实施公约,在保证水量水质、控制污染源、防洪减灾、保护黑海免受污染方面不断努力,通过制订一系列行动计划,建立全流域的跨国水质监测网,并且通过外部行为体参与推动了流域的可持续发展;保护默兹河国际委员会和防止斯凯尔特河污染委员会在1998年就制订了防治河流污染的行动计划,《欧盟水框架指令》于2000年发布,要求制定国家和跨国河流流域管理规划,于是两河的沿岸国授权这两个委员会依据经验重新制订并实施行动计划,促使两河水质得到改善。在美加国际联合委员会及其条约框架下,两国哥伦比亚河争端得到圆满解决,大湖区的水质得到明显改善;在美墨国际边界和水委员会及其条约框架下,科罗拉多河的含盐量问题得到有效解决。莱茵河水质有极大改进,有人认为是保护莱茵河国际委员会的贡献,也有人认为是其他许多因素的交互作用,诸如环境意识的增强、工业面临的公众压力、技术的发展、产业与政府之间的合作、国家的立法、欧盟的立法,甚至还可能包括莱茵河污染的推动。因为莱茵河污染是推动欧盟进行环境立法的因素之一,对公众

---

① 陶希东:《中国跨界区域管理:理论与实践探索》,上海社会科学院出版社2010年版,第105—107页。

意见和国家立法也可能产生了影响，公众意见反过来对国家、欧盟立法和产业也有影响。总之，莱茵河水质的改善受益于许多不同层次不同行为体的因果关系网络，在这个网络中，流域组织扮演着积极角色。

（二）运行不佳的案例

有些流域组织较为沉寂，或者时沉时浮，或者虽然活跃然而运行状况并不理想。原因可能是多方面的，或者是受累于沿岸国之间紧张的政治关系，比如约旦河流域的水委员会、印度与孟加拉国之间的联合委员会；或者是其条约框架和组织结构设计不当，比如亚马孙合作条约组织、银河流域政府间协调委员会；或者沿岸国缺乏紧密合作的政治意愿，比如数年来，湄委会一直在通过"流域开发计划"推动那些体现了河流综合管理方法的项目，然而，由于中国和缅甸没有被包括在流域开发计划内，湄委会很难实现对全流域的综合管理。而且，湄委会成员国也缺乏在下湄公河流域进行综合开发的政治愿意，这是因为成员国之间复杂的政治关系、经济发展程度和政治制度的差异、国内政局不稳定、国家组织能力脆弱等多种原因。[①] 很多学者都观察到，湄委会的资金来源在很大程度上依赖于美国、日本、世界银行、亚洲开发银行等捐款国及捐助组织给予的资助，因此其决策常受捐助国及捐助组织的影响。更有甚者，某些共同沿岸国缔结水条约和设立流域组织的目的根本不是使其实施或运行，仅仅是想安抚其他沿岸国，或者取悦国际捐助者。[②]

[①] 何艳梅：《中国跨界水资源利用和保护法律问题研究》，复旦大学出版社2013年版，第137页。

[②] Erik Mostert, *Conflict and Cooperation in the Management of International Freshwater Resources: A Global Review*, SC-2003/WS/48, PCCP Series, No. 19, p. 35；何艳梅：《国际水法调整下的跨国流域管理体制》，《边界与海洋研究》2020年第6期。

(三) 争议性案例

流域组织的运作效果是难以清楚评判的，甚至对于有些流域组织的运行效果，不同学者和观察家会得出不同甚至截然相反的结论。以常设印度河委员会为例，有学者认为虽然需要解决的是最具复杂性、高政治性的水量分配问题，而且两个成员国之间的地缘权力格局紧张复杂，偶尔还会走到战争的边缘，然而得益于两国的真诚合作，常设印度河委员会通过《印度河水条约》第九条规定的解决水争端的详尽程序和多元方法，包括委员会合议解决、中立专家解决、双边谈判解决、仲裁庭解决，及时解决了两国的水争端而没有恶化双边关系。[①] 有学者认为常设印度河委员会是南亚次大陆所有流域机构中运行最有效的，而且不是出于巧合，因为《印度河水条约》为委员会的运行设置了非常复杂的制度性安排，这无疑是参与谈判各方的政治力量所致。总的来说，该委员会及其条约框架本身一直运行顺利，即使是在两国发生战争期间。然而也有学者认为，《印度河水条约》没有就委员会在国家、地区或地方层次上与成员国政府、政府机构或部门的联系做出规定。[②] 有的学者甚至认为，整体上看来，两国缔结《印度河水条约》是为了将进一步联系和合作的需要降至最低。[③]

不同学者和观察家对于咸海流域组织运行效果的评论差异也很大。比如对于纳入"拯救咸海国际基金"框架下的咸海流域国家间水协调委员会，有学者认为它制定和实施了水资源利用、保护和管理等各方面的大纲。咸海流域最重要的河流为阿姆河和锡尔河，因此委员会下设阿姆河流域水利联合公司、锡尔河流域水利联合执行

[①] See Article IX of the *Indus Water Treaty*.
[②] [苏丹] 萨曼·M. A. 萨曼、[尼泊尔] 基肖尔·于普勒蒂：《南亚国际河流的冲突与合作：法律的视角》，胡德胜、许胜晴译，法律出版社2015年版，第55页。
[③] Erik Mostert, *Conflict and Cooperation in the Management of International Freshwater Resources: A Global Review*, SC‑2003/WS/48, PCCP Series, No. 19, p. 26.

机构，这两个水利公司直接执行委员会的决议，管理流域的水量分配，维持供水和放水曲线，管理水质，等等。两个流域水利公司严格按照委员会的指令，根据所商定的供水路线向各国供水，使流域各沿岸国这些年来没有因用水问题而发生严重冲突，成功地防止了各沿岸国在水量分配方面可能产生的冲突局势。尽管这些国家在社会、政治和环境状况上具有差异和复杂性，也处于不同的发展水平，但是这种合作在持续向前推进。① 然而有学者认为，自拯救咸海国际基金成立以来，尽管在世界银行、联合国开发计划署、联合国环境规划署、联合国教育、科学及文化组织、亚洲开发银行等机构的援助下，在恢复咸海流域环境、提高咸海流域水资源综合利用、改善咸海流域居民生活等方面做了很多有益的工作，但是整个咸海流域的面积在持续萎缩，生态环境仍在持续恶化。因此，拯救咸海国际基金在实现整体性改善区域生态环境状况的目标方面，仍面临地区气候变化、咸海流域人口快速增加、共同区域环境政策的缺乏等多重挑战。在中短期内，除非宏观和中观层面发生较大变化，即出现有利于拯救咸海国际基金发展的条件，否则它将很难有实质性的发展。②

之所以造成上述争议现象，一方面是因为可得的研究和评估信息较少，尽管流域组织正在运行，但其已设立的目标是否实现尚不清楚。如果目标已经实现，也无法表明是由于这些组织的贡献，还是由于其他因素。另一方面是因为，流域组织运行是否有效也是针对流域条约的目标而言的，有效的组织可能会产生消极的边际效果，"无效"的组织也可能产生积极的边际效果。③ 成功如美加国

---

① Victor Dukhovny & Vadim Sokolov, *Lessons on Cooperation Building to Manage Water Conflicts in the Aral Sea Basin*, SC – 2003/WS/44.

② 肖斌：《"拯救咸海国际基金"面临的挑战及其发展前景》，《世界知识》2018 年第 21 期。

③ Erik Mostert, *Conflict and Cooperation in the Management of International Freshwater Resources: A Global Review*, SC – 2003/WS/48, PCCP Series, No. 19, p. 32.

际联合委员会，在实施《哥伦比亚河条约》的过程中，尽管其水电和洪水控制目标已经实现，但是在该条约框架下委员会仅注重河流开发的经济效益，两个沿岸国面临保护流域濒危生物物种、环境质量和可持续性的挑战。

五　结论

（一）研究结论

从全球范围来看，跨国流域组织取得了长足进展，说明国际流域合作管理的程度日益加强。第一，流域组织的数量日益增加，更多流域组织的管辖范围向全流域拓展。第二，许多流域组织往往是常设的、正式的机构，作为国际组织享有国际法主体资格，少有非正式的、专家小组之类的安排。第三，流域组织的地位不断提高，职权日益扩大，在流域管理规划、政策制定、争端解决中的作用日益突出，甚至享有综合管理的职权。第四，流域组织日益重视地方管理和外部行为体参与，国际和国内构建的各层次流域组织或其他平台为国家政府、地方政府、水使用者、当地人口、非政府组织等不同行为体提供了信息交流和参与管理的机会。

流域组织的设立和运作也存在一些问题。第一，很多流域组织的管辖范围是部分流域，没有覆盖整个领域。第二，很多流域组织的职能也偏重于技术性，而缺少实质的管理和决策职能。第三，仍有许多跨国流域的开发利用和保护缺乏条约和流域组织的约束，部分沿岸国尤其是流域霸权国地区或坚持国家主义和单边开发，导致共同沿岸国因相互缺乏信任而无法达成流域条约和建立流域组织，比如西亚的两河流域，或者即使达成了协议也无法生效，比如尼罗河流域。第四，流域组织的职能与流域综合管理的要求不相适应。流域组织的职能虽然由流域条约进行规定，但事实上其作用的发挥程度主要取决于成员国之间的信任和合作程度、成员国的经济发展水平等。流域组织的运作效果也是喜忧参半。总体而言，流域组织的实际成效取决于各成员国的经济技术实力及其相互信任和合作程度、流域组织的法律基础、覆盖范围等很多内外部因素，① 尤其合作精神是决定流域组织运转成败的关键要素。

（二）未来展望

从长远来看，建立全流域的、职能多元的流域组织是流域共同沿岸国实现共同利益的理想途径，也是最高程度的合作形式，甚至是实现共同利益的必要手段，但是这种组织的建立和运作效果受制于沿岸国的政治意愿、信任和合作程度等。实践中较为常见的还是仅覆盖流域一部分或者职能狭窄的流域组织，不符合流域综合管理的要求。目前几乎还没有哪个流经三国或以上的国际流域全部实现综合管理，或者是进行单边开发，或者是在部分沿岸国之间单纯地分配水量，或者部分沿岸国之间的联合开发，而无视其他沿岸国的权利和利益。这既引发了沿岸国之间的用水矛盾和冲突，也不利于跨界水资源的可持续利用和生态环境保护。因此，全球视野下的流域组织存在很多发展或改进空间。

---

① Susanne Schmeier, *Governing International Watercourses: River Basin Organizations and the Sustainable Governance of Internationally Shared Rivers and Lakes*, London and New York: Routledge Taylor and Francis Group, 2013, pp. 82 – 160.

约旦跨国水治理合作与半干旱小国的困境*

章　远　白皓月**

内容提要：约旦是个在中东地区中外交身份独特的国家。与外交能力相比，约旦的经济规模不大，受综合实力所限，其战略影响力较弱。约旦长期在解决巴以问题方面扮演着不可忽视的斡旋角色，与以色列在外交层面偶有摩擦。由于干旱缺水且财政能力不足，约旦长期面临水安全领域的严峻考验。无论是水治理所需的技术还是资金，约旦都需要来自国外的援助。因此，积极对外开展水治理合作是约旦政府必要的抉择。然而为了维持与发达经济体特别是与以色列的水治理合作，约旦需要调整具体政策迎合援助国立场，甚至让渡一些国家利益，或将其解释为非战略性质的。

关键词：约旦；水治理；干旱小国；以色列；难民用水

---

* 本文系上海外国语大学校级重大科研项目"中东格局巨变与中国'一带一路'倡议在中东实践的风险与应对"（项目批准号：202114006）以及上海外国语大学青年教师科研创新团队项目"百年未有大变局之下的中东政治变迁研究"（项目批准号：2020114046）的阶段性成果。

** 章远，上海外国语大学中东研究所研究员、博士生导师；白皓月，上海外国语大学国际关系与公共事务学院、中东研究所硕士研究生。

约旦哈希姆王国（以下简称"约旦"）是位于西亚的阿拉伯国家，毗邻以色列、巴勒斯坦、叙利亚、伊拉克和沙特阿拉伯。约旦自立国以来，尚未发生严重的政治危机，国内局势比较稳定。得益于成功的外交策略，约旦整体在国际社会具有较佳的国家形象，并被认为可以在中东安全事务中扮演重要角色。然而，约旦自然资源禀赋不足，不仅没有邻国丰富的石油和天然气资源，全国各地还普遍遭受缺水难题。约旦西部山区和约旦河谷地区年降水量在380—630毫米，东部沙漠地区气候恶劣，年降水量少于50毫米。[1] 因此，约旦是当今世界十大严重缺水国之一。不断探索缓解水资源利用危机的道路，是摆在约旦政治高层和民众面前的共同考验。这不仅关乎水资源领域的技术开发和运用，还牵涉约旦所处的地区政治安全环境和约旦的外交决策选择。

一 约旦的干旱问题和水资源难题

约旦在大量叙利亚难民拥入前就已面临人均用水量不足的水资源危机。中东变局之前，该国年人均可再生水资源供水量在140立方米左右，近年则不到100立方米。联合国对水资源匮乏的定义是每人每年水资源低于1000立方米，而约旦不到匮乏标准的十分之一。因而有忧心忡忡的观察人士直接将约旦视为世界第二大缺水国家。与之相比较，同时期美国年人均供水量约为9000立方米/年。[2]

---

[1] 商务部国际贸易经济合作研究院、中华人民共和国驻约旦哈希姆王国大使馆经济商务处、商务部对外投资和经济合作司：《对外投资合作国别（地区）指南：约旦（2021年版）》，中华人民共和国商务部，http://www.mofcom.gov.cn/dl/gbdqzn/upload/yuedan.pdf。

[2] Anu Kerttula, "Jordan is on the Edge of a Water Disaster —The Home of Jordanians and Arab Refugees Could Run out of Fresh Water in the Next Few Decades", Crisis & Environment, 2022, https://crisisandenvironment.com/jordan-is-on-the-edge-of-a-water-disaster-the-home-of-jordanians-and-arab-refugees-could-run-out-of-fresh-water-in-the-next-few-decades/，上网时间：2022年9月5日。

在固有的半干旱自然环境限制下，交织着全球气候变化难题，约旦面临极为严峻的水资源难题。

（一）自然环境限制

约旦国土面积狭小，主要气候为亚热带沙漠气候，沙漠地区环境恶劣。约旦河和耶尔穆克河是约旦境内仅有的两条主要河流，具体情况如下。约旦河源于黎巴嫩，经过叙利亚和以色列到达约旦境内。由于约旦河上游用水量巨大，近年来约旦境内的河流量呈现持续下降趋势，流向死海的约旦河末端干涸速度加快。耶尔穆克河向约旦输送的水量也处于极低水平。从耶尔穆克河流到约旦的水量非常小，以至于约旦最大水库 Al-Wehda 大坝的建造批准程序不断被推迟。大坝的容量设计为每年 1.1 亿立方米，但从大坝建成至今，耶尔穆克河在约旦境内的流量甚至没有达到大坝容量的 50%，近年更是降低到 20% 左右。①

约旦境内降雨时间和地理分布发生新的变化：包括持续缩短的降雨期，持续下降的降雨量和逐步攀升的气温，以及由此衍生的关于农业用水的变化，即当地农业将需要更多的水资源用于灌溉。不利的地理条件加上全球气候变化大环境的影响，约旦水资源的可用性处境不断恶化，导致了更严重的缺水问题。气候变化研究预估，②约旦的降雨量将减少 15% 左右，地表水和地下水资源总体上将减少 25%，而农业的水需求要增加 18%。在年降雨量超过 300 毫米的约

---

① Anu Kerttula, "Jordan is on the Edge of a Water Disaster—The Home of Jordanians and Arab Refugees Could Run out of Fresh Water in the Next Few Decades", Crisis & Environment, https://crisisandenvironment.com/jordan-is-on-the-edge-of-a-water-disaster-the-home-of-jordanians-and-arab-refugees-could-run-out-of-fresh-water-in-the-next-few-decades/.

② Anu Kerttula, "Jordan is on the Edge of a Water Disaster—The Home of Jordanians and Arab Refugees Could Run out of Fresh Water in the Next Few Decades", Crisis & Environment, https://crisisandenvironment.com/jordan-is-on-the-edge-of-a-water-disaster-the-home-of-jordanians-and-arab-refugees-could-run-out-of-fresh-water-in-the-next-few-decades/.

旦西北地区，将每年持续减少约 1.2 毫米。

（二）水能源的利用路径

约旦的水能源主要来自大型机械储备提供的供水系统以及国外直接水援助。储备的水能源主要用于农业灌溉和城市供水。农业是约旦水资源的最大用户，占据了大约 60% 的总供水量。研究表明，农民使用的水量通常是所需水量的 2—5 倍。工业用水仅占 4%，其余用于包括安全饮用水等在内的生活用水。

约旦还与邻国共享通过耶尔穆克河和约旦河到死海的地表水、地下水资源和水流。约旦的许多家庭以收集雨水缓解小范围的用水不足。约旦公共工程与住房部（MPWH）甚至直接与海外机构合作，将雨水收集纳入新的水和卫生管道规范管理范畴。

遗憾的是，在缺水的社会环境中，约旦境内却存在屡见不鲜的盗取水现象，小的事件比如用矿泉水瓶从储水设备里偷盗水，大的事件则包含非法开凿水井直接成规模地攫取地下水资源。杜绝水盗窃需要庞大的人工和经济成本，这对约旦的国内治理能力而言并不容易达到。

与违法行为并行出现的现实难题，在于约旦的供水系统并不稳定。约旦当前的供水系统要为整个国家提供全面服务，但由于经费和技术人员均有不足，供水系统修建时间过久，老化的基础设施导致水资源严重流失。除了出现水源泄漏加剧缺水的情况，供水设备的老旧也为居民日常饮用水带来巨大安全隐患。老旧设备无法保证水质清洁，为储水箱内部和输水管道的细菌滋生提供了温床。约旦约有一半的水流失于管道漏水、盗窃和欠费。

为解决水卫生和安全饮用水存在的安全隐患，约旦需要扩建和升级水处理厂、配水系统、下水道收集系统以及废水处理厂，需要进行扩大污水再利用的项目，以保护日益减少的地表水，提高地下水资源的利用率。废水处理能够增加灌溉用水。好消息是,据联合国调查数据,约旦现已运营34个污水处理厂,其供水占供水系统总量的14%,经处理后用于农业的废水约占灌溉用水总量的25%。①

(三)约旦水务部门工作的难题

严重的缺水、供水和卫生设施老旧失修已经导致约旦水务部门的工作举步维艰,不断流入的大量难民又加剧了缺水、供水和污水处理的问题。约旦水政策的产生和实施主要由对当前和对未来水供应的担忧所驱动。目前,约旦是世界上缺水风险最高的国家之一。竞争性使用水资源会导致灌溉和农业以及能源生产和私人消费的用水者之间的冲突。水务部门工作需要时间和大量的财政资源,但水领域公共事务支出成本使经济发展水平不高的约旦不堪重负,水务部门缺乏充足的资金使其无法开展相关工作。本国财政吃紧,导致约旦的资金来源依赖软货款和国际捐赠,政府和相关部门官员不断公开寻求外部帮助。约旦水利和灌溉部秘书长在面对采访时直抒,"尽管我们竭尽所能,但总面临着更大的财务问题。约旦什么都缺,不仅是水资源,还包括财力。我们在完成项目的必要投资方面确实存在巨大空缺"②。

约旦境内生活着约140万名叙利亚难民,还有数十万名来自伊拉克的难民以及数十万名来自也门和利比亚的难民。拥入约旦的叙利亚、伊拉克、也门、利比亚难民加重了约旦的水资源短缺问题,供水安全难以实现。难民拥入后向国民提供足够的安全用水变得更

---

① 《联合国:废水回收为约旦解决缺水问题打开一扇窗》,中华人民共和国驻约旦哈希姆王国大使馆经济商务处,2022年3月30日,https://www.comnews.cn/content/2022-03/30/content_5005.html。

② Anu Kerttula, "Jordan is on the Edge of a Water Disaster—The Home of Jordanians and Arab Refugees Could Run out of Fresh Water in the Next Few Decades", Crisis & Environment, https://crisisandenvironment.com/jordan-is-on-the-edge-of-a-water-disaster-the-home-of-jordanians-and-arab-refugees-could-run-out-of-fresh-water-in-the-next-few-decades/.

加困难。

在叙利亚内战难民到来之前,约旦北部省份就面临严重的缺水问题。接收大规模的难民导致北部城市用水需求增加了40%,加剧了当地水供应问题。整个国家总体用水需求增长了近20%。水务部门不得不在解决国内现有的水领域问题之余,同时处理难民用水以及难民营水污染问题。当地水务部门能力有限,外界援助与合作对约旦摆脱缺水困境非常重要。根据约旦2017—2019年的叙利亚危机应对计划,国际社会提供的资金尚不足以推动约旦政府实施完整有效的水安全干预措施。① 而实际上,除非约旦水部门将加强部门治理、改善财务绩效和可持续供水管理作为优先事项一一兑现,否则随着气候变化和人口增长,约旦将经历更为严峻的水危机。

二 约旦水治理的国际合作

作为约旦水治理的重要参与方,国际组织和部分国家为解决约旦水治理困境长期进行贷款、捐赠等援助活动。约旦供水和卫生设施的主要外部公共捐助国家和地区是美国、德国、日本和主要通过欧洲投资银行进行参与的欧盟。此外,中国、意大利、法国、挪威、韩国、荷兰、加拿大、西班牙、瑞典和利比亚也有参与。其他捐助者还有联合国、世界银行、伊斯兰开发银行、科威特阿拉伯经济发展基金会、沙特发展基金、阿布达比基金、阿拉伯经济和社会发展基金等。

(一)国际组织对约旦水问题的援助

1999年至2007年,世界银行向约旦的供水和卫生管理项目捐助

---

① "Total Registered Syrian Refugees", UNHCR, November 30, 2022, https://data.unhcr.org/en/situations/syria/location/36.

了5500万美元，奠定了私营部门可以通过合同方式持续参与水务部门的基础。根据世界银行的报告，在项目的七年半时间里，相关管理运营商能够基本遵守15个绩效目标中的12个。世界银行评价自身的工作为约旦水治理引入现代公用事业管理的实践，并建立起运营商的问责制，意义重大。① 在世界银行提供大额援助之前，欧洲投资银行（EIB）分别于1996年和1998年批准两项用于修复供水网络的贷款，总额达到4900万欧元。如果把时间线前移到20世纪80年代，自1984年至1998年，欧洲投资银行提供了8笔贷款，总额达6150万欧元。②

2006年，德国国际合作机构（GIZ）发起支持约旦的水资源管理计划。该计划的主要目标是增加约旦水资源的可持续利用，次级目标是寻求解决不同部门间用水需求冲突难题，平衡约旦的家庭民用水、工业用水和农业灌溉部门用水。为实现上述目标，该计划邀请一些德国企业与约旦水利和灌溉部一起，协助地方政府审查相关法律和制度框架、为相关职业人士提供培训、帮助建立数据库、搭建能提高效率的组织结构和流程、鼓励农业灌溉中使用处理过的废水、组建用水者协会。德国政府则通过提供贷款帮助约旦进行下水道系统的扩展，修建废水处理厂，建设输水项目和水管理项目，以减少水损失，维护水卫生和利用再生水灌溉。比如德国政府在2000年通过发展银行，向约旦提供6295万欧元建设水资源和卫生项目，到2009年，德国将援助总额提升到2.45亿欧元。

美国主要通过美国国际开发署（USAID）和千禧年挑战公司（MCC）向约旦的水和卫生部门提供援助。美国国际开发署在约旦所发起的水治理行动项目，旨在通过技术援助加强约旦政府的改革、政策制定和实施以及相关能力建设。美国国际开发署与约旦水

---

① "Document of the World Bank Report No: ICR0000448", The World Bank, July 18, 2007, https://documents1.worldbank.org/curated/en/812871468273306539/pdf/ICR0000448.pdf.
② "Jordan and the EIB", European Investment Bank, https://www.eib.org/en/projects/regions/southern-neighbours/jordan/index.htm.

利和灌溉部的合作既偏重传授技术以实现水资源可持续发展目标，也致力于通过共同制定并实施更新可操作的水政策，比如强调问责制，从而改善政府部门在水管理问题上的监督能力。美国2021年之后的援助同时非常注重强调妇女参与水务治理。美国国际开发署与约旦的水务部门和相关的水务公司合作提升约旦水利基础设施，以提升供水系统的运营能力、改善卫生设施、废水再利用、吸引外界对水务部门的投资。

（二）约旦与相邻阿拉伯国家的水治理合作

约旦与阿拉伯邻国叙利亚、伊拉克、沙特阿拉伯都有水合作。叙利亚内战爆发之后，约旦周边的国家除了沙特阿拉伯能够继续与约旦开展水资源开发合作，其他阿拉伯邻国财政都比较困难，无力继续如约展开合作，更遑论拓展合作。

约旦和叙利亚签署水资源协议历史悠久。[①] 双方于1953年就耶尔穆克河的管理达成双边协议，约旦和叙利亚没有明确规定两国之间的净水分配，而是同意沿耶尔穆克河建造几座水坝，以储存灌溉用水和产生水力发电。该协议签订之后成立了叙利亚—约旦委员会，委员会包含监督和解决机制，并组建了一个仲裁委员会来解决共同河岸国之间的问题。因为以色列在第三次中东战争之后获得了更多进入耶尔穆克河的领土，1987年，叙利亚和约旦两国修订了1953年的协议并签署了新的条约。在修订的协议中，约旦被要求承担与大坝相关的从规划到维护的所有费用，叙利亚被要求每年向约旦排放2.08亿立方米的水，并允许叙利亚在耶尔穆克河系建造25座水坝。此外该协议创建了一个新委员会——约旦—叙利亚高级

---

① "Yarmouk River: Tensions and Cooperation Between Syria and Jordan", Climate Diplomacy, https://climate-diplomacy.org/case-studies/yarmouk-river-tensions-and-cooperation-between-syria-and-jordan.

委员会，这一委员反而削弱了此前叙利亚—约旦委员会的监督和解决冲突职能，并且没有设任何仲裁委员会。2001 年，约旦和叙利亚就耶尔穆克河签署了第三份双边协议，其中减少了大坝的规模和蓄水能力。直到 2003 年，约旦和叙利亚才就叙利亚和约旦边境的 Wahdah 大坝计划达成最终协议，后于 2005 年完成大坝建设。

约旦和沙特阿拉伯共享迪西（Disi）含水层。迪西含水层是不可再生的地下水储备。沙特阿拉伯拥有含水层的绝大部分，面积约为 65000 平方千米，约旦占 4000 平方千米的迪西含水层。约旦抽取迪西含水层的水支持大规模农业发展，主要供应南部港口城市亚喀巴。约旦希望能够将迪西含水层的水供应转向为北部区提供生活和工业供水，并于 2013 年完成了 325 千米的迪西输水工程，每年向安曼地区输送 1 亿立方米的水。目标旨在保证未来的 25 年到 50 年内，所有约旦人都能够使用来自迪西的水源。

约旦和沙特阿拉伯都受益于共享含水层系统的化石水资源。但约旦从迪西含水层取水的行为还是引发了沙特阿拉伯国内的一些不满意见。2015 年 5 月 2 日，约旦和沙特阿拉伯签署了一项关于管理共享含水层的协议。该协议禁止在含水层边界两侧各 10 千米的缓冲区内钻井，而在缓冲区以外的钻井行为必须遵守共同的技术标准。除此之外，双方在该协议中还为防止含水层受到污染制订了计划，保护重要资源是两国协议的发展方向。

（三）约旦与以色列的水治理合作

约旦与以色列的合作可以追溯到 20 世纪 90 年代。受 1991 年中东和平进程的影响，以色列和约旦在水资源合作领域迈出了影响双边关系的重要一步。1992 年夏天，为满足约旦用水需求，以色列甚至减少用水量，增加了约旦河向耶尔穆克河的输送量，这是以色列方面为中东和平进程展现的诚意。1994 年，约旦和以色列两国签署和平协议,该协议中包含关于水共享以及相互保护水质的条款。为此,两国建立起联合机构,比如联合水委员会和区域水数据库项目。该条约还包括海水淡化厂等联合项目,允诺在协议签署后的四年内进行。[①]

约旦政府还寻求其他方式来增加供水,如与以色列签署关于在亚喀巴建设红海—死海运河和海水淡化设施的双边协议。2015 年 2 月,约旦和以色列的合作到达了高潮,双方签署了一项"引红入死"的红海—死海输水项目,以避免死海枯竭耗尽,并建立海水淡化厂为以色列和约旦提供水源。多年来,由于流入量减少和工业活动减少,死海水位已经下降。目前每年下降约 1 米。如果保持目前的下降速率,到 2050 年它可能会完全干涸。以色列、约旦和巴勒斯坦在 2013 年签署了一项海水淡化协议,目的是通过红海—死海项目(RSDSP)挽救死海的环境退化,并提供淡水以减少约旦的水短缺。

三 约旦与国际水治理的合作困境

受干旱缺水、财政吃紧、水治理能力不完善的影响,约旦长期面临水安全领域的严峻考验。无论是水治理所需的技术还是资金,约旦都需要来自国外的援助。因此,积极对外开展水治理合作是约旦政府必要的抉择。然而为了维持与发达经济体特别是与以色列的水治理合作,约旦需要调整具体政策迎合援助国立场。

(一) 环境难题和成本难题

约旦自然地理环境和气候变化是造成水危机的首要原因。约旦

---

① Philip A. Baumgarten, 'Israel's Transboundary Water Disputes", Pace University, May 14, 2009, http://digitalcommons.pace.edu/cgi/viewcontent.cgi?article=1001&context=lawstudents.

地下水来源为12个主要的地下水盆地，其中6个盆地已经被过度开发。同时受全球气候变暖的影响，如温度升高、降水量减少、极端天气事件的强度增加，都影响该国水质和水量。由于气候变化和不可持续的用水方式的影响，约旦的地下含水层很有可能在2030年前完全枯竭。

约旦日渐攀升的干旱率与不断增加的人口和迅速扩大的水需求同时发生。特殊的地缘政治地位导致约旦持续不断地接受难民。国内难民数量与日俱增，新拥入的难民带来了新的用水问题。超过20%的难民居住在拥挤简陋的难民营。难民营的环境对水源卫生造成了污染。难民营产生大量垃圾，但约旦的垃圾厂缺乏专业化的垃圾处置流程和完善的基础设施。未能收集和妥善处置的垃圾会严重污染空气、土壤和水资源，对地下水资源构成威胁。约旦境内的大多数难民营位于北部靠近边境的伊尔比德和马弗拉克。这两个省份地下是生产性含水层。难民营生产垃圾的收集和处置不当污染了含水层，导致当地环境问题。扎塔里是约旦的第四大城市，同时也是世界上最大的难民营驻扎地之一，容纳了大约80000名难民。在难民收容高峰期，营地里居民总数甚至高达15万人。由于难民营规模发展迅速，超过污水收集系统处理上限，扎塔里难民营附近水资源易被大肠杆菌污染。虽然难民营现有可用的供水系统和污水处理系统，但约旦政府担心难民营的废水会影响地下水的质量。一旦难民营供水系统故障或水质受损，将导致数十万人的供水中断。

根据世界银行相关数据，近5年来约旦人均GDP增长率低于2%，2016年、2017年和2020年甚至出现负增长。[①] 截至2019年末，约旦外债总额存量为336.83亿美元，占国民总收入的

---

① "GDP per Capita（Current US $）-Jordan"，The World Bank，https://data.worldbank.org/indicator/NY.GDP.PCAP.CD? locations = JO.

75.67%。短期外债为 122.52 亿美元，占外债总额的 36.37%。① 由于缺乏强劲的国内经济发展势能，约旦主要经济来源依赖外债和外国援助，据约方统计，2006 年至 2017 年，约旦共计接收国际社会援助 215 亿美元，其中无偿援助 143 亿美元，优惠贷款 72 亿美元。② 匮乏的财政资金削弱了约旦政府投资水治理和修缮供水系统的能力。

安曼大约 42% 的饮用水来自 20—76 千米以外的高海拔水源。要将饮用水从水源地输送到安曼需要电力抽水，每立方米计费水平均需耗电 4.31 千瓦时，这一输送工程消耗约旦总发电量的 14%。由于约旦的水务系统和城市地区远距离水源具有高依赖性，抽水工程成为水务部门最大的财政消耗者。约旦整体水需求增加导致地下水持续枯竭，由此不得不从更深的水层抽水，并进行水淡化，这导致水务部门的电力消耗进一步增长。供水的持续性和稳定性受到不断增长的电费的影响，目前约旦水务部门的收入只够支付总运营和维护成本的 70% 左右。2017 年，电费占水务部门总运营和维护成本的 43%，且电费继续增长。③ 雪上加霜的是，由于行政低效和设备破损，很大一部分电力事实上同时被浪费。历任约旦水利部部长在自省之余，反复宣传约旦需要满足更高的水需求，但水资源挑战增加，水资源管理部门亟须改善供水的现代化战略，以应对气候和人口变化。

---

① 商务部国际贸易经济合作研究院、中华人民共和国驻约旦哈希姆王国大使馆经济商务处、商务部对外投资和经济合作司：《对外投资合作国别（地区）指南：约旦（2021 年版）》，中华人民共和国商务部，http://www.mofcom.gov.cn/dl/gbdqzn/upload/yuedan.pdf。

② 商务部国际贸易经济合作研究院、中华人民共和国驻约旦哈希姆王国大使馆经济商务处、商务部对外投资和经济合作司：《对外投资合作国别（地区）指南：约旦（2021 年版）》，中华人民共和国商务部，http://www.mofcom.gov.cn/dl/gbdqzn/upload/yuedan.pdf。

③ Anu Kerttula, "Jordan is on the Edge of a Water Disaster—The Home of Jordanians and Arab Refugees Could Run out of Fresh Water in the Next Few Decades", Crisis & Environment, https://crisisandenvironment.com/jordan-is-on-the-edge-of-a-water-disaster-the-home-of-jordanians-and-arab-refugees-could-run-out-of-fresh-water-in-the-next-few-decades/.

(二) 谈判难题

在穆罕默德·本·萨勒曼于 2017 年被任命为沙特阿拉伯王储后，因为在巴勒斯坦问题上的分歧，沙特阿拉伯和约旦关系受到影响。沙特阿拉伯与美国的亲密关系以及沙特阿拉伯和以色列愈加密切的接触导致约旦认为自身被排除在以色列—巴勒斯坦冲突和平谈判的核心圈之外。约旦国内担心沙特阿拉伯的行为等于破坏约旦本已经捉襟见肘的经济。《亚伯拉罕协议》的签订使约旦陷入两难境地：一方面，鉴于本国经济危机，不能损失包括美国和沙特阿拉伯在内的任何援助来源；另一方面，在巴勒斯坦问题上，独特宗教身份也促使约旦王室不能冒险默许以色列、美国和其他国家针对耶路撒冷圣城的处置方案。约旦有一半的人口有巴勒斯坦血统，还有大量巴勒斯坦难民生活在约旦的边境地区。阿卜杜拉的哈希姆王朝对耶路撒冷的基督教和伊斯兰教圣地负有监护责任。巴勒斯坦问题在意识形态上对约旦而言具有敏感性，任何迫使约旦支持有损巴勒斯坦利益的计划的行为都会在约旦产生严重后果。约旦在卡塔尔外交危机和也门内战问题上都没有倾力支持沙特阿拉伯，招致沙特阿拉伯国内的不满，再加上约旦与土耳其的关系日益密切，种种原因削弱约旦与沙特阿拉伯这两个邻国的友好关系，进而影响两国关于水治理合作的项目。

尽管约旦和以色列签署了共享河流的协议，然而共享河流的可持续管理存在不确定性阻碍两国进一步合作。此外，约以两国水合作面临的更主要问题在于条约的模糊性。现有的合作协议既没有规定在干旱情况下水源的分配原则，也没有规定约旦应该从以色列获得的确切水量。由于干旱，1999 年以色列向约旦输送的水量减少了 60%，而在 1998 年和 2009 年，以色列向约旦输送的水源是被污染过的。上述情况引发了当时两国间的紧张局势。不明晰的条约可能在未来类似不可抗力因素发生时再次导致紧张局势。联合水务委员会在解决这些悬而未决的问题上几乎没有作为，条约中的一些水条款根本没有得到执行。① 水合作协议的失能与两个共同缔约国在能力和财政资源方面的权力不对称有关。

约旦寄予厚望的"引红济死"输水项目被以色列内部的反对者认为会使以色列付出高昂的代价，整个项目在约旦境内进行，意味着以色列将无法控制整个项目的维护。② 从技术方面而言，"引红济死"输水项目基础设施沿着地震多发段，爆裂的管道和渗入地下的盐水会对施工产生影响。

尽管达成了协议，以色列和约旦之间仍然存在紧张关系，民众层面尤为严重。③ 约旦人民觉得该条约对他们不利，其指责以色列违反了水资源共享协议，再加上阿以争端尚未解决而产生的紧张局势，导致约旦人民对以色列持续不满，两国民众之间很难建立起真正的信任。

（三）国家利益与国际声望

约旦是中东外交场上活跃的国家，在巴勒斯坦问题等地区事务中发挥着独特作用。在对外关系上，约旦重视维持与美国的准同盟关系，也是第二个与以色列建交的阿拉伯国家。约旦的安全和发展离不开与海湾国家和地区大国的合作。同时，作为小国，约旦坚持

---

① Annika Kramer, "Cross-border Water Cooperation and Peacebuilding in the Middle East", *Accord*, Vol. 22, 2011, pp. 93 – 95.

② 《约以"引红济死"输水项目何去何从？》，中华人民共和国驻约旦哈希姆王国大使馆经济商务处，2020 年 3 月 16 日，http://www.mofcom.gov.cn/article/zwjg/zwdy/zwdyxyf/202003/20200302945511.shtml。

③ Valerie Yorke, "Politics Matter: Jordan's Path to Water Security Lies Through Political Reforms and Regional Cooperation", World Trade Institue, April 29, 2013, https://www.wti.org/research/publications/493/politics-matter-jordans-path-to-water-security-lies-through-political-reforms-and-regional-cooperation/.

平衡各方的多边外交，不与世界大国交恶。① 约旦无力独自承担维护水安全、提升水治理能力所需要的技术和资金。因此，在水外交领域，积极对外合作、争取外部支持是约旦的刚需。当约旦面临有竞争性的水资源问题时，约旦的国际处境和对外方针促使约旦必须处理好国家利益与国际形象间的关系。特别是与以色列的水合作，涉及约旦行使经济主权的有限性以及如何在耶路撒冷问题上与以色列达成一致。同时西方国家，特别是西方非政府组织从人类发展与环境保护的角度谴责约旦和沙特共享迪西地下含水层开发，认为两国对地下水的过度开发破坏了西亚本就脆弱的生态系统。约旦既需要共享迪西水层向安曼输送巨大水源，又需要维持好本国的国际声望，特别是平衡与水援助的主要提供者——西方国家的关系，由此继续获得来自这些国家的经济支持以及与水资源开发利用相关的技术与资金。

四　结论

约旦的水治理困境是系统性难题，即便有美好的国家愿景，但现实操作中也只能先就紧急程度和援助到位程度推进具体项目。由于涉及国家自然资源的局限、经济发展势能不足和政府系统内部各方利益协调等种种因素相互裹挟，约旦的水治理问题无法一劳永逸，只能就紧急情况开展具体的应对措施。约旦的水问题是长期性的，但每一次水危机的爆发是伴随着接踵而至的难民潮出现的，具有突发性和急迫性。面对公共用水的危机，政府只能出台针对当前危机的短期政策解决当下问题。至于长期的、根深蒂固的水问题，

---

① 商务部国际贸易经济合作研究院、中华人民共和国驻约旦哈希姆王国大使馆经济商务处、商务部对外投资和经济合作司：《对外投资合作国别（地区）指南：约旦（2021年版）》，中华人民共和国商务部，http://www.mofcom.gov.cn/dl/gbdqzn/upload/yuedan.pdf。

约旦不仅需要衡量国家和政府实际能力制定战略,也要保证长期战略能够实施并持续推进,但以当前国力尚无法实现。目前约旦水治理问题的最优解是通过外交手段争取更多的水资源和水治理合作项目,同时权衡好国家利益的优先级,维护本国在中东外交场域内的重要地位以及国家形象,不主动挑起紧张关系从而争取域外大国对本国的经济投资和援助,以缓解长期水危机的潜在问题。

约旦水治理困境是中东非传统安全困境的一个缩影。悲剧的形成不完全是自然禀赋的原因,冲突、动荡是加剧困境的根本原因。非传统安全问题是对人民福祉和国家生存的挑战,在起源和影响力方面往往都具有跨国性。中东地区常年爆发族群冲突、内战频发,加剧了该地区的非传统安全困境。解决水治理困境,甚至解决中东面临的非传统安全困境,仅凭一国之力和单独行为体的解决方案往往不够,有实力的国家对于解决跨境问题、开展区域和多边合作的意愿十分关键。

水是关系到民生的重要领域,因此当一国政府无力独立解决水问题之时,这个国家在地区政治生态中的独立性是受限的,解决不当也会直接威胁到政权的统治稳定性。约旦政府对于当地居民和外来难民水资源的合理分配,对于人民生存和福利的保障,与政治能力有高度相关性。在对外关系上,约旦虽然可凭借其特殊的外交身份在中东国家之间进行斡旋,在相关利益的谈判上需要平衡合作对象国提出的要求和本国利益之间的关系。就此而言,约旦面临紧迫的水危机时,做出必要的国家利益让渡意味着约旦在中东地区合作时主权受限。在未来很长一段时间内,由于难民流入和全球气候变化,约旦仍面临着长期的水治理合作考验,非传统安全困境也将持续影响中东国家在各个领域的合作。

全球治理视角下中国周边水合作的多重意义[*]

肖 阳[**]

内容提要：中国周边水合作是中国周边外交的一个组成部分。理解中国开展周边水合作的动因，不能仅限于满足中国对跨界水资源问题的解决，而应立足于中国周边外交所处的时代背景和战略全局来考量。从全球治理的视角来看，中国开展周边水合作，既是周边区域治理的有机组成部分，也是全球水治理的重要基础。作为一个区域性大国，中国在实现自身发展的同时，也有责任帮助周边国家实现共同进步和繁荣。面对日益严峻的全球性水资源危机，中国在继承和总结自身治水经验和做法的同时，还需要不断向外推介、分享、吸收和发展，积极贡献中国智慧，为落实2030年可持续发展目标制定"中国方案"，从而在推动构建人类命运共同体的过程中，探索出一条清晰鲜明的"中国路径"。

关键词：水合作；周边外交；全球治理；可持续发展；人类命运共同体

---

[*] 本文系2020年国家社科基金青年项目"新时代中国周边水外交的战略构建与实施路径研究"（项目批准号：20CGJ002）阶段性研究成果。

[**] 肖阳，中共湖北省委党校（湖北省行政学院）政法教研部副教授，法学博士，国家领土主权与海洋权益协同创新中心研究人员。

水安全在水—经济—能源—粮食—生态—气候的联结中处于首要地位，对一国的经济安全、能源安全、粮食安全、生态安全和应对气候变化影响重大。① 进入21世纪以来，全球性水资源危机的出现，导致地球整体环境越来越不堪重负，成为国际社会关注的核心问题之一。一方面，全球气候变化进一步推动了全球水循环加速，各种极端天气频发，造成洪涝、干旱、冰冻、飓风以及高温强降水等自然灾害肆虐，引发土地退化、滑坡泥石流、地质塌陷等次生灾害，对一国经济社会发展、生态环境平衡以及人类生命财产安全造成巨大威胁；另一方面，在全球化的推动下，发展中国家和新兴经济体为了谋求发展，对境内河流湖泊的开发和利用力度不断加大，掀起了水电大坝的建设高潮，同时也加剧了流域内国家间关系的紧张和冲突，诸多不确定性风险陡然增加。面对日益增多的全球性水资源危机的挑战，任何一个国家都无法独善其身，参与全球水治理和国际水合作已成为各国的基本共识。

"世界那么大，问题那么多，国际社会期待听到中国声音、看到中国方案，中国不能缺席。"② 党的十八大以来，面对全球性水资源危机的显现，中国与周边国家积极开展水合作，围绕跨界水资源问题持续深化合作，有力维护了地区的和平与稳定，中国的治理经验、意愿和能力也在不断增强。周边，是中国走近世界舞台中心的必经之路，也是中国发挥国际影响力的重要舞台。从某种程度来说，中国与周边的关系也是中国与世界关系的一种反映。从全球治理的角度来看，中国开展周边水合作，既是周边区域治理的有机组成部分，也是全球水治理的重要基础，它既表达了中国对世界和平、发展与稳定的期盼，彰显了中国践行亲诚惠容周边外交理念，同时也表明了中国将继续秉持共商共建共享的全球治理观，以负责任的态度参

---

① 何艳梅：《中国水安全的政策和立法保障》，法律出版社2017年版，第2页。
② 《习近平主席新年贺词（2014—2018）》人民出版社2018年版，第13页。

与全球水治理体系改革和建设，积极向世界贡献中国智慧和中国方案，探索人类命运共同体的构建路径。

一 参与全球水治理的"中国责任"

当前，世界百年未有之大变局加速演进，世界政治经济格局正在发生深刻调整，地缘政治冲突愈演愈烈，一股逆全球化思潮汹涌而来，全球治理面临失效和失序的双重风险。与此同时，以中国为主要代表的新兴经济体在全球治理体系改革中发挥着越来越重要的作用，在新的制度建构中的作用和地位逐渐突出。全球化进程面临的挑战，全球治理问题的凸显以及中国自身主权、安全和发展利益的需求，共同构成了中国参与全球治理的内在动力和外在诱因。改革开放40多年来的经验证明，中国的发展离不开世界，世界的发展也离不开中国。在全球化进程的稳步推进下，中国实现了安全、快速崛起，经济增长速度持续稳定，经济总量迅速扩大，从经济全球化的受益者变成全球经济增长的引领者和贡献者。同时，中国的发展也为世界各国带来了前所未有的发展和合作机遇，成为世界经济的主要发动机和稳定器，在国际事务中发挥着不可或缺的重要作用。

2017年10月，党的十九大将"日益走近世界舞台中央，不断为人类作出更大贡献"对新时代中国与世界关系进行定位，充分表明中国参与全球治理的责任和担当。对于当前积弊已久的全球治理体系，中国并非全盘否定或推倒，而是成为这一体系的维护者、改革者和创新者，倡导以和平的方式向新型国际关系转变，这也是当今世界各国共同的责任。因此，中国开展周边水合作，就是要率先垂范，主动融入国际社会承担国际责任，以和平的方式加强与周边国家的合作，共同解决跨界水资源问题，在全球治理中发挥自身的影响力、感召力和塑造力，展现出一个负责任的大国形象，提升和平崛起所需的软实力。

良好的全球治理依赖良好的区域治理。跨界水资源问题既是一个全球性治理问题，同时也是一个区域治理问题。一方面，从中国所处的地理位置来看，中国是亚洲众多大江大河的上游国和发源地，理应加强与下游国家之间的联系，在跨界水资源开发、利用和保护方面，不仅要明确自身所应当承担的责任和义务，还要考虑和照顾到流域内其他国家的利益和合理关切，使各方都能够获得良好的发展机遇；另一方面，全球治理体系建设必须以地区治理体系构建及其经验作为基础和支撑，尤其是区域内具有较大影响力的大国必须发挥领头羊的作用，积极提供区域公共产品，丰富区域治理的手段。中国无论是地缘位置还是治理能力都具备一定的条件和优势，开展周边水合作不仅有助于完善地区跨界水资源治理框架建设进而形成善治，还有助于向全球水治理体系改革延伸发挥示范效应；再次，中国的发展与周边的发展息息相关。作为一个区域性大国，中国在实现自身发展的同时，有责任帮助周边国家实现共同进步和发展，通过自身崛起带动区域整体崛起，从而为中国崛起提供普遍性认同和合法性支持。

需要注意的是，中国参与全球水治理的责任应秉持"共同但有区别的责任"（BDR）的原则，即"解决全球的环境问题，保护和改善全球环境，是世界上各个国家的共同责任，但是，在对国际环境应负的责任上，发达国家和发展中国家各自的责任是有区别的"[①]。共同性是中国作为国际社会的一员有义务和责任同周边国家共同参与全球跨界水资源治理，体现出各国在参与权利上的平等性和普遍性，将跨界水资源视为一种完整不可分割的整体系统来对

---

① 韩德培主编：《环境保护法教程》，法律出版社1986年版，第338页。

待，而非将跨界水资源问题简单地归咎于一国的责任和义务。区别性，意味着各国在开发和利用跨界水资源以及承担其治理责任上必须依据各国发展的实际，而非以某种标准"一刀切"，各国只能在能力可以接受的前提下形成有限责任。因此，中国开展周边水合作并非是某些国家强加给中国所谓的国际责任与义务——其背后实际上是某些国家企图以跨界水资源问题牵制、约束、制约中国在周边地区的影响力，也并非是要在帮助周边国家的过程中承担无限责任，而是要本着"量力而行、尽力而为"的原则，制定与自身的发展水平和实际状况相匹配的水政策战略，向周边国家提供力所能及的帮助，共同应对全球性水资源危机带来的各种挑战。

二 应对全球水危机的"中国智慧"

什么是中国智慧？中国智慧是数千年来中华民族通过对天地自然之道、历史治乱之道、为政治理之道的深刻认识和有效运用而形成的一系列思想理念和战略谋略，它们集中体现了中华民族崇高的生存理想、明智的生存战略、高超的生存策略。[①] 面对日益严峻的全球水危机，中国从全人类命运的高度出发选择了积极回应和共同面对，在继承和总结自身治水经验和做法的同时不断向外推介、分享、吸收和发展，为解决人类共同面临的水问题贡献中国智慧。

在古代，江河水系是古代农业文明和社会生活所依托的最为亟要的自然条件之一，但水患也是危害人类最为严重的灾害之一。在以人与自然的和谐统一为核心的中华"和"文化影响下，中国古人对水的利弊有着全面而深刻的认识和见解，兴水利与除水害，既成为治国安邦的头等大事，同时也对中华民族的形成和发展作出了巨

---

① 董根洪：《论中国智慧的基本特性》，《学习时报》2017 年 11 月 8 日第 A1 版。

大贡献。两千多年前，老子就提出"上善若水，水善利万物而不争"①的哲学思想，管子提出"水者何也？万物之本原也，诸生之宗室也"②来说明水的重要性，荀子以"水则载舟，水则覆舟"③的格言警示为政者。这些关于水的智慧和思想对中国以及周边国家和地区的政治、经济、文化都产生过重大影响，其中还蕴藏着解决当今人类跨界水资源问题的重要启示。

中华人民共和国成立后，面对国内极其严重的水患灾害，以毛泽东为代表的老一辈革命家，从中国实际情况出发，直接制定了大江大河的治理规划，积极运用辩证唯物主义认识和解决现代水利工程中的重大问题，从各种对立中寻求统一，高瞻远瞩地解决了蓄与泄，不同地区与不同部门，小型与大型，国家与群众自办，防洪与综合利用、旱与涝等重大矛盾，确立了"水利是农业的命脉"的指导思想，阐明了"兼、小、群"与"排、大、国"的兼顾关系，提出了统筹兼顾与综合利用等原则，这些治水思想不仅加强保障和巩固了的中华人民共和国成立初期的农业和国民经济发展，而且还引导中国的水文化发展到一个崭新的阶段，对中国当前乃至今后的水文化建设产生深远的影响。④

改革开放以来，中国在治水过程中发生了重要的思想观念转变，主要表现在：从把水当作取之不尽、用之不竭的自然之物转变为水是宝贵的自然资源和战略性经济资源；从人与水抗争转变为人与水共存；从防御洪水转变为管理洪水；从以防洪、灌溉为主要目标的水资源开发转变为多目标、多功能水资源的开发、配置、节约和保护；从单一的工程管理转变为对流域内人类的生产生活行为和

---

① [魏] 王弼撰：《周易注》，中华书局2011年版，第92页。
② 李山、轩新丽译注：《管子》，中华书局2019年版，第137页。
③ "君者，舟也；庶人者，水也。水则载舟，水则覆舟，君以此思危，则危将焉而不至矣？"参见郭沂编撰《子曰全集》，中华书局2017年版，第359页。
④ 游和平：《毛泽东与水文化》，中共党史出版社2014年版，第1—19页。

生产方式的管理；从以大规模水利建设开发为主转变为依法管理和现代管理为主的综合治理；从不重视水环境、水生态转变为重视人水和谐共处；从以防治水对人的危害为主转变为关注人对水的伤害；从"水利是农业的命脉"转变为"水利是国民经济的命脉"；从水利是国民经济和社会发展的基础设施转变为"水是国民经济和社会可持续发展极为重要的战略资源"；等等。①

党的十八大以来，以习近平同志为核心的党中央统筹中华民族伟大复兴战略全局和世界百年未有之大变局，提出了创新、协调、绿色、开放、共享的新发展理念，同时也对保障国家水安全做出一系列重大决策部署，确定了"节水优先、空间均衡、系统治理、两手发力"的治水思路，实行最严格水资源管理制度，划定水资源"三条红线"。在水利对外工作中，中国将周边水合作列入周边外交的范畴，秉持和践行亲诚惠容周边外交理念以及"与邻为善、以邻为伴"的周边外交方针，确立了深化同周边国家友好互信和利益融合的发展方向，还将和平发展、合作共赢、全面协调、包容开放、自主自愿、共同但有区别的责任等原则纳入相关水治理实践中。

中国开展周边水合作，不仅要与周边国家一起加强治理理念和经验的交流互鉴，共同应对全球性水资源危机带来的各种难题，同时还要不断探索和完善自身的周边水合作能力和体系建设，在实践中不断推动新时代中国治水理念和周边外交理念之间的融合，在统筹国内国外两个大局、办好发展安全两件大事、持续推动高水平对外开放和发展的基础上，不断推动中国周边水合作的知识创新、制度创新、技术创新、文化创新、人才创新等各方面创新，积极为全球水治理贡献"中国智慧"。

---

① 中国水利文学艺术协会编：《中华水文化概论》，黄河水利出版社 2008 年版，第 342 页。

三 落实联合国 2030 可持续发展目标的"中国方案"

在全球水治理体系中,联合国在发起、倡议、推动、实施等各方面都发挥了巨大作用,成为全球水治理的主要行为体,并逐步制定和形成了一个综合的水治理框架。2015 年 9 月 25 日至 27 日,联合国可持续发展峰会在纽约总部召开,联合国 193 个成员国在峰会上正式通过了以 17 个可持续发展目标为核心的 2030 年可持续发展议程。其中,目标 6 "为所有人提供水和环境卫生并对其进行可持续管理"以及目标 11 "建设包容、安全、有抵御灾害能力的可持续城市和人类住区",基本上涵盖了水资源开发、利用、保护以及防灾减灾等大部分内容,充分反映出国际社会对全球水危机以及维护未来人类水资源可持续发展的共识。

根据目标 6 和目标 11 的具体设定,未来全球水治理将围绕以下多个目标而努力。例如,到 2030 年,所有行业大幅提高用水效率,确保可持续取用和供应淡水,以解决缺水问题,大幅减少缺水人数;到 2030 年,在各级进行水资源综合管理,包括酌情开展跨境合作;到 2030 年,保护和恢复与水有关的生态系统,包括山地、森林、湿地、河流、地下含水层和湖泊;到 2030 年,扩大向发展中国家提供的国际合作和能力建设支持,帮助它们开展与水和卫生有关的活动和方案,包括雨水采集、海水淡化、提高用水效率、废水处理、水回收和再利用技术;到 2030 年,大幅减少包括水灾在内的各种灾害造成的死亡人数和受灾人数。①

---

① 《可持续发展目标》,联合国,https://www.un.org/sustainabledevelopment/zh/water-and-sanitation/。

联合国 2030 年可持续发展议程对各国虽然不具有强制执行的法律效力，但具有广泛的权威性，其制定的可持续发展目标、思路和方向，对全球水资源开发利用和节约保护将会产生重要影响。中国作为亚洲乃至世界最重要的水利大国，又是联合国安理会五大常任理事国之一，在全球水治理中的重要作用和地位不言而喻。联合国制定的 2030 年可持续发展目标，不仅为中国加强自身水利改革提供了可借鉴和参考的依据，也为中国与周边国家开展水合作提供了现实条件和合作动力。

为推进和落实 2030 年水资源可持续发展目标，中国政府始终秉持开放、包容的态度参与各项工作，在总结和推介自身发展经验的同时，积极参与区域和全球水资源治理进程，不断扩大和夯实周边水合作基础和范围，为实现水资源可持续发展贡献"中国方案"。2016 年 4 月，中国发布《落实 2030 年可持续发展议程中方立场文件》，明确了中国参与的总体原则，并将水与环境纳入重点参与领域。[1] 2016 年 9 月，中国出台《中国落实 2030 年可持续发展议程国别方案》，将国际合作列入总体路径，提出将加大对发展中国家的支持力度，积极开展水和环境等相关领域的南南合作，帮助其他发展中国家加强资源节约、应对气候变化与绿色低碳发展的能力建设，并提供力所能及的支持与帮助。[2] 为开展水和环境卫生等领域南南合作，增强其他发展中国家可持续管理能力。中国通过提供成套项目、实施技术和物资援助、畅通官方和半官方交流渠道等方式，帮助发展中国家改善水和环境卫生，涉及领域包括水资源

---

[1] 《落实 2030 年可持续发展议程中方立场文件》，中华人民共和国外交部，https://www.fmprc.gov.cn/web/ziliao_674904/zt_674979/dnzt_674981/qtzt/2030kcxfzyc_686343/t1357699.shtml。

[2] 《中国落实 2030 年可持续发展议程国别方案》，中华人民共和国外交部，https://www.mfa.gov.cn/web/ziliao_674904/zt_674979/dnzt_674981/qtzt/2030kcxfzyc_686343/P020170414688733850276.pdf。

利用和管理、水土保持、低碳示范、海水淡化、荒漠化治理、环境监测等。① 此外，中国还将落实联合国 2030 年可持续发展议程，置于 G20 杭州峰会、"一带一路"国际合作高峰论坛等主场外交的核心议程之中，还与湄公河流域五国共建以跨界水资源为合作纽带的"澜湄合作机制"，为各项治理目标的实现提供了更为广阔的实施平台。

因此，从 2030 年可持续发展目标的角度来看，中国开展周边水合作是中国推动和落实可持续发展目标而制定的"中国方案"，是中国切实参与全球水治理的重要举措。在此过程中，中国不仅主动与 2030 年可持续发展目标进行战略对接，而且给未来中国与周边国家的水资源可持续发展合作指明了方向，为推动 2030 年水资源可持续发展起到了良好的示范作用，有利于各方加强沟通协调，共同携手推动全球水治理目标实现。

四 推动构建人类命运共同体的"中国路径"

党的十八大以来，中国提出了"人类命运共同体"理念，并作为中国式现代化的本质要求之一，这是中国在长期实践中的深刻认识和精辟总结，是在对马克思主义、中华民族优秀历史文化以及中国革命和建设经验的批判性继承基础上进行的新的理论创新。"人类命运共同体"理念顺应了和平、发展、合作、共赢的历史潮流，站在国际社会道义的制高点，为站在历史的十字路口的世界指明了正确方向，具有巨大的感召力和影响力。与此同时，"人类命运共同体"理念提出后，也伴随着"一带一路"全球合作的深入推进

---

① 《中国落实 2030 年可持续发展议程进展报告》，中华人民共和国外交部，https://www.mfa.gov.cn/web/ziliao_674904/zt_674979/dnzt_674981/qtzt/2030kcxfzyc_686343/P020170824649973281209.pdf。

而不断丰富和完善，逐渐为国际社会所认同，成为推动全球治理体系变革、构建新型国际关系和国际新秩序的共同价值规范。[①]

水，是一切生命和人类活动的基础，关乎人类前途命运发展及走向。上至大气云层，下至家庭社区，水在维持人类及其所依赖的自然生态环境生存和发展中具有核心地位。从共同体的视角来看，人与水之间、水与陆地之间、上游与下游之间、社会与自然之间、国家与国家之间等本身就因为水的流动，存在着无法割离而又相互依存的共生关系、联结关系、系统关系和整体关系，由此引发的各种议题也因水的作用和影响而相互交织而相互关联，实际上构成了以水为中心和纽带的共同体。有学者曾以河流为例，指出"河流是流动着的生命空间，是一个开放、包容、无疆界的特殊空间，包括河流本身及其影响的全部生态系统和社会系统，串联并供养着无数具体的生命体和生态系统，并将它们有机联系在一起"。[②]

水，就是生命，而生命正处于存亡危急之中。水资源本身具有的流通性、连接性、多功能性等多重属性以及各国之间相互联系和依存度日益加深，水对河流生态、沿岸环境、气候变化、动植物生长、人类生存、社会经济发展乃至国家政权、区域合作、世界和平等都会产生一系列连锁反应和影响，全球性水资源危机的到来，使人类面临着生存与发展的重大挑战，水资源引起的非传统安全威胁持续蔓延，各种不稳定性和不确定因素逐渐增多，对水资源共同体形成了巨大的冲击，给人类和地球生存带来更为严峻的挑战。

人类命运共同体，顾名思义，就是每个民族、每个国家的前途命运都紧紧联系在一起，应该风雨同舟，荣辱与共，努力把我们生于斯、长于斯的这个星球建成一个和睦的大家庭，把世界各国人民

---

① 冯颜利、唐庆：《习近平人类命运共同体思想的深刻内涵与时代价值》，《当代世界》2017 年第 11 期。

② 袁晓仙：《流动的生命空间：跨境河流利益共同体的共生与发展》，《中国社会科学报》2018 年 7 月 10 日第 5 版。

对美好生活的向往变成现实。构建人类命运共同体，具体来说就是要推动构建"五个世界"——持久和平的世界、普遍安全的世界、共同繁荣的世界、开放包容的世界以及清洁美丽的世界。

人类命运共同体具有极为丰富的内涵，而水资源问题无论是其之于人类生存和发展的重要性还是促进国家间开展合作的紧迫性都受到了各国的高度关注和重视。因此，中国开展周边水合作无论是在推动构建人类命运共同体的具体实践还是示范效果上不仅具有十分重大的战略意义，而且也为构建人类命运共同体勾勒出了一条清晰鲜明的"中国路径"。具体来说，主要有以下四个方面。

一是空间路径。人类命运共同体首先应从区域做起，中国开展周边水合作先从某一跨界河流湖泊逐步发展到整个跨界流域，从双边逐步发展到多边，从周边次区域逐步发展到整体周边区域，最终为促进更大范围的人类命运共同体的形成打下坚实基础。

二是议题路径。水资源具有多功能性和广泛连接性，中国开展周边水合作在围绕跨界水资源问题开展合作的同时，也以水为抓手和纽带带动了双方在政治、经济、文化、生态、安全等各领域的合作，不仅有利于进一步扩大水资源共同体的联结范围，还有利于提升各种议题关联的合作程度和水平，带动和促进其他领域整体构建进程。

三是协商路径。中国开展周边水合作强调了大小国家一律平等，各国要相互尊重、平等相待、彼此协商，始终将"共商、共建、共享"的全球治理理念贯穿人类命运共同体构建的全过程。

四是行动路径。中国开展周边水合作以理念目标为引领，以项目合作为驱动，加强顶层设计，规划行动方案，从小做起，从实做起，不断积累前期成果和示范效应，为推动构建人类命运共同体提供了信心和动力保障。

试析以联合国为中心的全球水治理网络

蒋海然[*]

内容提要：当前，许多国家面临表现为水短缺、水污染、水灾害和卫生设施匮乏的水危机，并造成性别不平等拉大、各种疾病肆虐、国际水冲突加剧等问题，水和卫生设施的获取对抗击新冠疫情也至关重要。水务私有化是当前第三个水时代的特点，水务巨头主导的精英网络和市民社会组织主导的草根网络在国际舞台上针锋相对。联合国为两股力量提供倡导对话的政治平台，处于全球水治理网络的中心地位。目前，联合国在全球水治理中面临诸多问题，可持续发展目标第六项的完成依然任重道远，未来联合国应当引导精英网络与草根网络之间摒弃分歧、开放网络、优势互补，共同实现人们自由获取安全和清洁的饮用水和卫生设施的权利。

关键词：水务私有化；第三个水时代；全球水治理；联合国水机制；社会网络分析

---

[*] 蒋海然，复旦大学国际关系与公共事务学院博士生。

当前，许多国家面临表现为水短缺、水污染、水灾害和卫生设施匮乏的水危机，并造成性别不平等拉大、各种疾病肆虐、国际水冲突加剧等问题，一些学者甚至认为解决全球水问题成为消除贫穷、保障粮食安全和推动可持续发展的先决条件。① 水、环境卫生和个人卫生服务的提供和获取，对于抗击新冠疫情，维护数百万名民众的健康和福祉同样至关重要，有专家表示，如果弱势群体无法获得安全用水，新冠疫情就无法得到遏制。② 当前，尽管获得清洁饮用水和卫生设施的机会已大大增加，但仍有数十亿人缺乏这些基本服务，全世界有 1/3 的人口无法获得安全的饮用水，2/5 的人口缺乏基本的洗手设施，包括肥皂和水，超过 6.73 亿人仍然在露天排便。③ 环境卫生、个人卫生和充足的清洁水对防控疾病至关重要。世界卫生组织指出，洗手是最有效的预防措施之一，可以减少病原体的传播，预防包括 2019 年新型冠状病毒在内的感染。然而，仍有数十亿人缺乏安全用水和卫生设施，在这个方面得到的可用资金不足。④

有学者划分了三个水时代，具体如下。在第一个水时代，人类尚未掌握改造水文条件的技术，依靠不可预测的水循环来获取所需水资源。第二个水时代涵盖 19 世纪和 20 世纪，人类开始超越当地水资源的限制，并有意地操纵水循环，修建水坝、灌溉渠和废水系统，并制定法律、建立社会体系来管理水资源，这个时代越来越多

---

① 楚行军：《联合国水事工作规划发展历程与启示》，《中国水利》2015 年第 2 期。
② "COVID-19 Will Not be Stopped without Providing Safe Water to People Living in Vulnerability-UN Experts", UN Human Rights Office Press Release, March 23, 2020, https://www.ohchr.org/en/press-releases/2020/03/covid-19-will-not-be-stopped-without-providing-safe-water-people-living? LangID = C&NewsID = 25738.
③ 联合国可持续发展目标门户网站，https://www.un.org/sustainabledevelopment/zh/water-and-sanitation/。
④ 联合国可持续发展目标门户网站，https://www.un.org/sustainabledevelopment/zh/water-and-sanitation/。

地采用了现代供水系统,给社会带来了好处,同时,水生生态系统被过度使用所破坏并且受到污染。20世纪80年代以来,世界进入第三个水时代,即水务私有化的时代,水权被纳入新自由主义思想之中。① 水务曾被称作世界上"尚未私有化的最后一个领域"(the last frontier of privatization),然而,自20世纪80年代末90年代初以来,在英国、法国等国家的先导和国际货币基金组织、世界银行等国际组织的鼓励下,水务私有化也逐渐蔓延。② 1989年,撒切尔政府将英格兰和威尔士的所有供水公用设施售卖给私人公司,从此开启了水务私有化的序幕。世界银行通过"胡萝卜加大棒"的方式在发展中国家推行水务私有化,若接受水务私有化,世界银行即减免发展中国家债务,为发展中国家提供经济援助,若不接受水务私有化即撤回援助,由此,1990年至2006年间,世界银行在发展中国家资助了超过三百个私营水项目。③ 针对水的私有化出现了激烈的抗议和运动,倡导社区控制水(作为一种公共财产资源)的呼声日益高涨,反对瓶装水的强大运动已经形成。④

对于许多反私有化活动家来说,水务私有化是大卫·哈维(David Harvey)所说的"剥夺性积累"行为,在《新帝国主义》一书中,哈维写道:

> 剥夺性积累的全部新的机制已经开启。……为了少数大医

---

① Peter H. Gleick, *Bottled and Sold: The Story Behind Our Obsession with Bottled Water*, Washington, D. C. : Island Press, 2010, p. X.

② Violeta Petrova, "All the Frontiers of the Rush for Blue Gold: Water Privatization and the Human Right to Water", *Brooklyn Journal of International Law*, Vol. 31, No. 2, 2006, pp. 577 – 578; Karen Bakker, "The 'Commons' versus the 'Commodity': Alter-Globalization, Anti-Privatization and the Human Right to Water in the Global South", *Antipode*, Vol. 39, No. 3, 2007, pp. 430 – 431.

③ Maude Barlow, *Blue Covenant: The Global Water Crisis and the Coming Battle for the Right to Water*, New York: New Press, 2009, p. 40.

④ Mangala Subramaniam, *Contesting Water Rights: Local, State, and Global Struggles*, New York: Palgrave Macmillan, 2018, pp. 4 – 5.

药公司的利益，生物剽窃呈猖獗之势，掠夺世界遗传资料库也正在有条不紊地进行。全球环境资源（如土地、空气、水）的损耗正在升级，单一的资本密集型的农业生产模式使土地的退化也越来越严重，这一切都是各种形式的自然资源被大规模商品化的结果。……对迄今公共资产（比如大学）的公司化和私有化，更不用说横扫整个世界的私有化浪潮（水以及所有种类的公用事业），显示了新一波的"圈地运动"。①

三十多年来，水务私有化的支持者和反对者各自构建网络，在国际舞台上展开激烈的博弈，本文试图对全球水务管理和治理的精英网络和草根网络的构建进行勾勒，并分析联合国在其中的地位，从社会网络的视角分析联合国在全球水治理当中的作用。

一 联合国与全球水治理中的精英网络和草根网络

一些学者指出："任何政府之在国内或国外政治中行使权威，关键都不仅仅在于倚靠强制，而同时也要倚靠取得共识，因此之故，也就要倚靠通过象征、神话和规范等等政治秩序的要素培育而成的集体想象。"② 同样地，力图推动水务私有化的水务公司和反对水务私有化的社会组织行动有效与否，关键在于推广价值、培育共识。联合国从来都在这个方面扮演重要角色：在诸如国家主权、人权以及可持续发展等方面，有多种标准和价值在国际上得到公认；

---

① ［英］大卫·哈维：《新帝国主义》，初立忠、沈晓雷译，社会科学文献出版社2009年版，第120页。
② ［瑞士］彼埃尔·德·塞纳克朗：《国际组织与全球化的挑战者》，凤兮、陈思译，《国际社会科学杂志（中文版）》2002年第4期。

它们为真正的国际合法性提供基础；给予各国政府、各个非政府组织和市民社会以相应的尺度，可以借以对政治权威、自由、公正以及经济和社会进步程度进行衡量。① 水务公司自上而下编织了一张全球水管理与治理的精英网络，反映它们的商业利益，与此同时，自称为"水斗士"的抗议者和社会组织为抵制水务私有化编织了自下而上的草根网络，两张网络均试图寻求国际组织，尤其是联合国的支持，因此，两张网络在国际层面上交织在一起，成为全球水管理与治理的整体网络，联合国则居于该整体网络的中心。

法国的苏伊士、威立雅和德国RWE集团的控股公司泰晤士水务公司是全球水务三巨头，这三个水务公司在全世界100多个国家拥有子公司，主导了全球水务。为有效推广水务私有化，世界银行和水务巨头寻求联合国的支持。1992年，都柏林国际水和环境会议提出四项原则，包括：水是一种有限而脆弱的资源、水的开发与管理应当建立在多主体共同参与的基础上、妇女在水资源供给和保护中起到重要作用、水在各个用途中均具有商业价值。这四项原则被称为"都柏林原则"，是水务私有化的指导性原则。自从都柏林会议以来，联合国在前秘书长科菲·安南（Kofi Annan）的领导下以多种方式促进了私营部门对水服务的参与。苏伊士和威立雅都是联合国全球契约的宪章成员，该倡议旨在鼓励公司采用自愿的人权和环境标准。2002年10月，威立雅和苏伊士资助了联合国教科文组织关于水的法律框架的会议，结果得到了一份带有联合国和两家水公司徽标的报告。同年，苏伊士公司向位于荷兰代尔夫特理工大学的联合国教科文组织水研究所捐赠了40万美元，部分用于资助公私合作伙伴关系相关研究，这笔钱使苏伊士对课程设计产生了直接影响。苏伊士还协助资助联合国教科文组织在摩洛哥卡萨布兰卡

---

① ［瑞士］彼埃尔·德·塞纳克朗：《国际组织与全球化的挑战者》，风兮、陈思译，《国际社会科学杂志（中文版）》2002年第4期。

设立水资源综合管理机构。2003年京都国际水和环境部长级会议上发表了"京都宣言",声称水资源商业化是解决水危机的最佳途径,可避免水资源管理上的政府失灵。① 第三届世界水论坛部长级会议部长宣言称:

> 满足资金需求是我们所有人的任务。我们必须采取行动,营造有利于投资的环境。我们应确定水领域中的优先问题,并根据我们的国家发展政策或可持续发展战略,包括消除贫困战略文件反映这些问题。应通过采取成本回收方法来筹集资金,这样的方法应该适合地区气候和环境以及社会条件,符合"污染者付费"原则,并充分考虑贫困人口的利益。应动员包括来自公共和私营部门、国家和国际的各种资金,并予以有效和高效地使用。……我们应根据各国政策和优先问题探索最广泛的筹资安排渠道,其中包括私营部门的参与。我们将为不同的参加者确立并发展新的公私营伙伴关系机制,同时确保必要的政府调控和法律框架,以保护公共利益,尤其是贫困人口的利益。②

同时,水务巨头牵头设立正式的全球机构。1996年,全球水伙伴和世界水理事会成立,巩固了水务公司的权力,意大利水问题专家和活动家 Riccardo Petrella 将这两个组织称为"全球水务最高指挥部"(global high command of water)。③ 全球水伙伴基于都柏林原

---

① Karen Bakker, "The 'Commons' Versus the 'Commodity': Alter-globalization, Anti-privatization and the Human Right to Water in the Global South", in Becky Mansfield ed., *Privatization: Property and the Remaking of Nature-Society Relations*, Oxford: Blackwell Publishing, 2008, pp. 38 – 39.

② 《第三届世界水论坛部长级会议部长宣言——来自琵琶湖和淀川流域的信息》,《中国水利》2003年第6期。

③ Maude Barlow, *Blue Covenant: The Global Water Crisis and the Coming Battle for the Right to Water*, New York: New Press, 2009, p. 49.

则，由世界银行、联合国开发计划署、瑞典国际发展合作署联合成立，用于促进政府、私营部门、市民社会构建同盟。世界水理事会由世界银行和联合国赞助，其与世界最大的两个水务公司——苏伊士和威立雅——有直接的联系，世界水理事会的主席卢洛克·福勋（Loic Fauchon）同时是威立雅和苏伊士的一个子公司的高管，世界水理事会的副主席雷内·库仑（René Coulomb）也是苏伊士环境集团的高管。[①] 世界水理事会的会员中有世界银行和其他推动水务私有化的金融机构，商业公司占世界水理事会会员总数的41%。跨国水政策网络国际私人水务经营者联合会于2005年成立，旨在联系联合国、世界银行、欧盟等国际组织与私人水务经营者，其会员包括来自三十多个国家超过两百家水务公司，包括苏伊士、威立雅和联合水务集团。2003年，联合国水机制成立，该机制将世界银行、联合国教科文组织、联合国粮食及农业组织、联合国儿童基金会等超过30个联合国机构接纳为成员机构，并同世界水理事会、全球水伙伴、国际私人水务经营者联合会等37个国际重要水组织建立合作伙伴关系。自此，全球水治理中自上而下的精英网络可以被视为以联合国水机制为中心的合作伙伴关系网络。2010年，根据第六届世界水论坛的决定，国际和地方层面的社会组织网络蝴蝶效应联盟成立，该联盟拥有超过100个成员组织。蝴蝶效应联盟的成立使得一些重要草根网络有机会通过共享成员同全球水治理的精英网络连接起来，例如，该联盟和反对水务私有化的蓝色社区计划拥有世界基督教教会联合会（World Gouncil Churches）普世水网络（Ecumencial Water Network）等共同成员，蓝色社区计划因此得以与精英网络拥有交会点。

与精英网络不同，全球水治理自下而上的草根网络呈现多中心

[①] Mangala Subramaniam, *Contesting Water Rights: Local, State, and Global Struggles*, New York: Palgrave Macmillan, 2018, pp. 95 – 96.

的、遍地开花的态势。水务私有化的历程始终伴随着反对的声音。反对水务私有化的行为者们自称"水斗士"(water warriors),提出和都柏林原则针锋相对的诉求,认为水是免费的自然资源,是一种公共产品,必须由公共部门开发和管理,倡导捍卫"水人权"(Human Right to Water),致力于让所有人都能自由地获取清洁的饮用水和卫生设施。① 水人权倡议运动的代表性社会组织为加拿大公民理事会(The Council of Canadians),该理事会成立于 1985 年,是加拿大最重要的社会运动组织,代表性科研机构包括格林威治大学公共服务国际研究小组(Public Services International Research Unit,PSIRU)、荷兰跨国研究所(Transnational Institute,TNI)及跨国观察站(Multinational Observatory)等,代表性宗教组织为世界基督教教会联合会旗下的普世水网络。蓝色社区计划于 2009 年由加拿大公民理事会、蓝色星球计划(Blue Planet Project)和加拿大公共雇员联盟(Canadian Union of Public Employees)倡导成立,致力于鼓励市政当局和社区将水人权视为基本人权、禁止或逐步停止瓶装水销售、促进水务公有化。② 玛格丽特·凯特等学者归纳了跨国倡议网络在进行说服、交往和施压时采用的策略,主要包括:(1)信息政治,即能够迅速、可靠地提供在政治上可以采用的信息,并能使其发挥最大影响作用;(2)象征政治,即能够利用符号、行动或故事让通常生活在偏远地区的听众了解情况;(3)杠杆政治,即能够利用强大行为体影响网络中较弱成员不可能发挥影响的情况;(4)责任政治,即努力让强大行为体遵循自己以前提出的政策或原则。③ 水

---

① 参见"The Right to Water", Blue Planet Project, http://www.blueplanetproject.net/index.php/home/water-movements/the-right-to-water-is-the-right-to-life/。
② "Blue Communities Project Guide", The Council of Canadians, https://canadians.org/sites/default/files/publications/BCPGuide-2016-web.pdf.
③ [美]玛格丽特·E.凯特、凯瑟琳·辛金克:《超越国界的活动家:国际政治中的倡议网络》,韩召颖、孙英丽译,北京大学出版社 2005 年版,第 18—19 页。

人权倡议运动的活动家们综合运用这四项策略，在地方、国家和国际层面积极开展活动，在国际层面上，水人权倡议的草根组织积极参与世界水论坛（尽管在会议中不被充分代表），并创立同世界水论坛针锋相对的民间世界水论坛（People's Water Forum，PWF），2003年于意大利佛罗伦萨更名为别样的世界水论坛（Alternative World Water Forum），组织委员会由24个跨国组织构成，2012年别样的世界水论坛由97个组织联合举办，包括41个马赛当地组织和32个法国组织，超过150个组织和384名个人在"参与者声明"上签字。反对水务私有化的运动取得了一定的成就，根据荷兰跨国研究所发布的一份报告，水务重新公有化成为一个全球性趋势，公共部门逐渐夺回水及卫生服务的控制权，从2000年到2014年这15年间，全球已知的水务重新公有化的案例已有180宗。① 活动家们还集中力量针对特定国家的宪法和法律修正案运动，特别在拉美地区。2004年，乌拉圭全国运动导致关于水人权的全民公决，由此产生承认水人权的宪法修正案。

随着争取水权运动的势头迅猛，水人权倡议者得到了包括世界卫生组织、联合国开发计划署和联合国大会在内的主流国际发展机构的支持，联合国开发计划署任命了一位著名的反私有化的激进主义者，加拿大人毛德·巴洛（Maude Barlow）于2008年末担任高级水务顾问。2008年，联合国人权理事会通过了一项决议，重申了各国政府确保获得安全饮用水和卫生设施的义务，并成立了有关人权义务的独立专家小组。这意味着联合国人权系统现在拥有专门致力于与水和卫生设施权有关的问题的单独机制。2010年7月和9月，联合国大会和联合国人权理事会分别通过决议，承认"安全和清洁的饮用水和卫生设施是充分享有生命权和其他权利必不可少的

---

① "Here to Stay: Water Remunicipalisation as a Global Trend", TNI, November 2014, https://www.tni.org/en/publication/here-to-stay-water-remunicipalisation-as-a-global-trend/

一项人权",① 被视为水人权倡议运动的一项重大胜利。目前，水务巨头和水人权倡议者的博弈还在继续，原本双方各自建构了封闭的网络，联合国为两者提供了碰撞、交流和对话的平台，使得网络渐渐开放，关于全球水管理和治理的更好方案有望在博弈、对话、折中的过程中被提出并推行。

二 联合国可持续发展目标提出后重要水治理活动的社会网络分析

本文试图对 2015 年 9 月联合国可持续发展目标提出以来重要全球水治理活动网络进行社会网络分析。本文选取的重要水治理活动包括 2017 年可持续发展目标第六项联合监测全球研讨会（Global Workshop for Integrated Monitoring of Sustainable Development Goal 6 on Water and Sanitation）、2018 年联合国关于可持续发展目标第六项的高级别政治论坛、2018 年第八届世界水论坛和 2018 年别样的世界水论坛。

（一）网络构面和数据来源

2015 年 9 月，联合国在联合国可持续发展峰会上提出联合国可持续发展目标（SDGs），从而在千年发展目标（MDGs）到期之后继续指导 2015—2030 年的全球发展工作。联合国可持续发展目标第六项（SDG 6）内容为"清洁饮水与卫生设施"（Clean water and sanitation）。2012 年，联合国可持续发展大会（"里约+

---

① United Nations, "The Human Right to Safe Drinking Water and Sanitation", General Assembly Resolution A/RES/64/292, http://www.un.org/en/ga/search/view_doc.asp?symbol=A/RES/64/292; UN Human Rights Council, "Human Rights and Access to Safe Drinking Water and Sanitation", Human Rights Council Resolution A/HRC/RES/15/9, http://daccess-ods.un.org/TMP/5257991.55235291.html.

20"峰会)决定召开一年一度的可持续发展高级别政治论坛,由经社理事会主办,可持续发展目标提出后,该论坛成为审查、追踪《2030年可持续发展议程》和可持续发展目标实施情况的主要平台,2018年高级别政治论坛是关于第六项可持续发展目标(清洁的饮用水和卫生设施)的第一次论坛。世界水论坛是世界上规模最大的水论坛,自1997年起,每三年由世界水理事会与主办国联合举办一次,为水利界和重要决策者开展合作、应对全球水挑战搭建了重要平台,论坛汇集来自世界各地、各个层面的参会人员,涉及政界、多边机构、学术界、民间团体以及私营部门。第八届世界水论坛于2018年3月在巴西利亚召开。2018年3月,由于与第八届世界水论坛观点相左,巴西全国基督教教会联合会(National Council of Christian Churches of Brazil,CONIC)等组织在巴西利亚大学举办了"替代性世界水论坛",该论坛聚集了捍卫水作为生命基本权利的组织和社会运动,共有7000多人参加。录入数据时,以水治理论坛网络为列,以论坛的重要参与者为行,若i参与者在论坛小组讨论会的组织者、发言者名单中,则在所在的第j列下i对应的元素x_{ij}记为1,否则记为0。论坛重要参与者名单来自各论坛的手册,世界水论坛录入各小组讨论会和周边活动的组织者和发言者,替代性世界水论坛录入在最后声明上签字的组织。

(二)相关指标

1. 密度

密度是网络层面的最基本测度,它反映了网络中节点与其他节点连接的程度,通过网络中存在的所有两方关系总数除以网络中可能的最大两方关系的数量来计算。总的来说,整体网络的密度越大,该网络对其中行动者的态度、行为等产生的影响也越大。联系紧密的整体网络不仅为其中的个体提供各种社会资源,同时也成为限制其发展的重要力量。①

2. 中心性

中心性是社会网络分析的研究重点之一,可以看作从关系的角度出发对权力进行的定量研究。网络上的节点在其嵌入的社会网络中权力的大小或地位的高低是社会网络分析最早探讨的内容之一。② 社会网络学者为量化权力/中心性提供了度数中心度（degree centrality）、接近中心度（closeness centrality）、中间中心度（betweenness centrality）等多种指标。度数中心度用于测量节点拥有关系的数量,节点 i 的度数中心度即与点 i 直接相连的其他点的个数。若某节点度数中心度的值最大,则称该点居于中心,可能是网络中拥有最大权力的节点。③ 接近中心度通过计算网络中节点 i 和所有其他节点的最短路径长度总和的倒数得到,用于测量网络中某一节点 i 能多快到达其他节点。④ 一个节点距离网络中心节点越远,在权力、影响力、声望、信息资源等方面越弱,因此,一个节点的接近中心度越大,该节点就越远离网络的核心。⑤ 中间中心度测量一个点在多大程度上居于网络图中其他点的"中间",可用于判断行动者对资源控制的程度。处于许多交往网络路径上的行动者尽管度数中心度可能较低,却往往居于重要地位,因为"处于这种位置的个人可以通过控制或者曲解信息的传递而影响

---

① 刘军编著：《整体网分析讲义：UCINET 软件实用指南》,格致出版社 2009 年版,第 11 页。
② 刘军编著：《整体网分析讲义：UCINET 软件实用指南》,格致出版社 2009 年版,第 97 页。
③ 刘军编著：《整体网分析讲义：UCINET 软件实用指南》,格致出版社 2009 年版,第 98 页。
④ ［美］杨松、［瑞士］弗朗西斯卡·B. 凯勒、郑路：《社会网络分析：方法与应用》,曹立坤、曾丰又译,郑路、杨松译校,社会科学文献出版社 2019 年版,第 58 页。
⑤ 刘军编著：《整体网分析讲义：UCINET 软件实用指南》,格致出版社 2009 年版,第 105 页。

群体"。① 这个度数中心度相对来说比较低的点可能起到重要的"中介"作用，因而处于网络的中心。②

3. 凝聚子群分析

凝聚子群分析广义上说是一种社会结构分析。一个内聚亚群体一般由相互之间被直接的、高强度的、互惠的关系连接起来的一群人构成，如果网络中的成员总是存在于彼此互动频繁、相互关联的子群或"小团体"中，也可以说明其在网络中有着较显著的位置。在凝聚子群分析中，派系（clique）的定义是三个或有更多节点的最大完备子图，它们互相之间拥有直接联系。③

（三）数据运行结果

表1　　　　　　　　　　　网络密度

	密度	连结数量
成员网络	0.2642	390.0000

资料来源：笔者自制。

本文选取的 2017 年可持续发展目标第六项联合监测全球研讨会、2018 年联合国可持续发展高级别政治论坛及其周边活动、第八届世界水论坛、2018 年别样的世界水论坛等全球水治理重要活动共包含 369 个主要参与者，即论坛开闭幕式、小组讨论会和周边活动的组织者、协调者、发言人所在组织。其中，18 个组织参加了

---

① Linton C. Freeman, "Segregation in Social Networks", *Sociological Methods and Research*, Vol. 6, No. 4, 1978, 转引自刘军编著《整体网分析讲义：UCINET 软件实用指南》，格致出版社 2009 年版，第 100 页。

② 刘军编著：《整体网分析讲义：UCINET 软件实用指南》，格致出版社 2009 年版，第 100 页。

③ ［美］杨松、［瑞士］弗朗西斯卡·B. 凯勒、郑路：《社会网络分析：方法与应用》，曹立坤、曾丰又译，郑路、杨松译校，社会科学文献出版社 2019 年版，第 62 页。

超过一项活动。论坛网络平均密度为 0.2642，是相对松散的网络。

表 2　　　　　　　　　　　中心性分析结果

	度数中心度	接近中心度	中间中心度
2018 年联合国可持续发展高级别政治论坛及其周边论坛	0.046	0.348	0.082
2017 年可持续发展目标第六项联合监测全球研讨会	0.095	0.275	0.104
第八届世界水论坛	0.477	0.493	0.744
2018 年别样的世界水论坛	0.439	0.453	0.677
联合国水机制	0.500	0.533	0.004
联合国教科文组织	0.500	0.735	0.008
联合国教科文组织世界水评估计划	0.750	0.697	0.033
联合国粮农组织	0.500	0.680	0.008
联合国欧洲经济委员会	0.500	0.680	0.008
联合国水教育学院	0.500	0.680	0.008
世界银行	0.500	0.680	0.008
非洲部长级水理事会	0.500	0.680	0.008
世界自然基金会	0.500	0.680	0.008
世界自然保护联盟	0.500	0.680	0.008
全球水伙伴	0.750	0.697	0.033
拉姆萨尔湿地公约	0.500	0.680	0.008
妇女水伙伴	0.500	0.680	0.008
水援助组织	0.500	0.533	0.004
国际水资源协会	0.500	0.680	0.008
Akvo 基金会	0.500	0.680	0.008
世基联普世水网络	0.500	0.657	0.065
巴西利亚大学	0.500	0.916	0.587
其他 2018 年 HLPF 及其周边论坛参与者	0.250	0.510	0.000
其他 2017 年 SDG6 监测全球研讨会	0.250	0.426	0.000
其他第八届世界水论坛重要参与者	0.250	0.654	0.000
其他 2018 年别样的世界水论坛重要参与者	0.250	0.618	0.000

资料来源：笔者自制。

根据中心性分析，第八届世界水论坛是本文选取的全球水治理活动网络中规模、影响力最大的活动，2017 年可持续发展目标第六项联合监测全球研讨会和 2018 年联合国可持续发展高级别政治论坛及其周边论坛关于 SDG 6 的小组讨论会是权威但参与组织较少的活动，2018 年别样的世界水论坛同论坛网络中其他活动联系很弱，只有巴基联普世水网络和巴西利亚大学参与组织其他活动，但别样的世界水论坛中间中心度较高，由于参与的草根组织较多，度数中心度也较高。表 2 摘录了中间中心度大于等于 0 的活动和组织的三种中心度的值，可以看出，联合国多个部门在网络中处于较中心的地位。

表3　　　　　　　　　　分派分析结果

1. 世界银行、经合组织（OECD）、拉丁美洲发展银行、联合国教科文组织、联合国教科文组织国际水文计划、联合国教科文组织世界水评估计划、联合国粮农组织、联合国欧洲经济委员会（UNECE）、全球水伙伴、世界水理事会、世界水青年议会、世界自然保护联盟（IUCN）、世界自然基金会（WWF）、人人享有水和卫生设施（SWA）、不来梅海外研发协会、拉姆萨尔湿地公约、阿拉伯国家联盟、阿拉伯水理事会、本地水资源与和平世界论坛、对抗饥饿运动、法国电力集团、妇女水伙伴、国际大坝委员会（ICOLD）、国际水培训中心网络（INWTC）、国际水资源办公室（IOWater）、国际水资源秘书处（ISW）、国际水资源协会（IWRA）、国际私人水务经营者联合会、韩国环境研究院、韩国水论坛、韩国水资源公司（K-water）、蝴蝶效应联盟、美国土木工程协会环境与水资源分会、墨西哥国家水资源委员会、内罗毕供水与污水处理公司、全球环境基金（GEF）、日本水论坛水环境联合会（WEF）、水文化研究所（WCI）、苏伊士环境集团、威立雅环境集团、亚洲开发银行、中国水利水电科学研究院、Akvo 基金会、非洲部长级水理事会、联合国水教育学院、巴西国家水务局（ANA）、巴西利亚大学、巴西外交部、水青年网络等 176 个第八届世界水论坛重要参与组织
2. 联合国教科文组织世界水评估计划、全球水伙伴、巴西利亚大学、世基联普世水网络
3. 巴西全国基督教教会理事会环境权利行动、地球之友、食物与水观察、荷兰跨国研究所、巴西利亚大学、世基联普世水网络等 162 个 2018 年别样的世界水论坛重要参与组织
4. 联合国西亚经济社会委员会、联合国大学、联合国防灾减灾署、世界银行、联合国全球契约、联合国供水和卫生合作事会、国际水和卫生中心（IRC）、联合国环境署、联合国人居署、联合国儿童基金会、世界卫生组织、世界气象组织、拉姆萨尔湿地公约、妇女水伙伴、国际水资源管理研究所（IWMI）、国际水资源协会、联合国教科文组织、联合国教科文组织世界水评估计划、联合国粮农组织、联合国欧洲经济委员会、联合国水机制、全球水伙伴、世界自然保护联盟、世界自然基金会、水援助组织、Akvo 基金会、非洲部长级水理事会、联合国水教育学院等 35 个参与 SDG6 监测研讨会的组织

续表

5. 国际水资源管理研究所、联合国教科文组织世界水评估计划、联合国经济和社会理事会联合国水机制、全球水伙伴、水援助组织、斯德哥尔摩国际水研究所（SIWI）、秘鲁环境部、德国环保部、乌干达水资源与环境部、国家水资源局、联合国经济和社会事务部、联合国关于宗教与发展的机构间工作小组、联合国特别报告员、为城市穷人提供水和卫生设施、水人权倡议者、世基联普世水网络

共享成员矩阵					
	1	2	3	4	5
1	176	3	1	14	2
2	3	4	2	2	3
3	1	2	162	0	1
4	14	2	0	35	5
5	2	3	1	5	17

资料来源：笔者自制。

根据分派分析，全球水治理重要活动网络可以分成五个"派系"，联合国教科文组织、联合国粮农组织、世界银行等联合国机构以及全球水伙伴、世界自然基金会、世界自然保护联盟等非政府组织所从属的派系较多，世界基督教教会联合会旗下的普世水网络和巴西利亚大学是别样的世界水论坛重要参与者中唯二参加了其他重要活动的组织，因而在网络中有着特殊的重要作用，处于草根网络与精英网络的联结点上。

三 联合国水治理的实践与成果

（一）联合国水治理框架

联合国在处理国际水事争端事务、全球缺水与水污染等水问题时没有单独依赖于某一个机构部门，而是由32个机构分工合作、相互配合、共同推进，联合国力求建立一个长期性的水治理合作系统，2002年第二届地球峰会决定成立联合国水机制，2003年正式

成立，已成为联合国系统各组织活动的中央协调者。负责水问题的32个机构属于联合国水机制的成员，包括联合国人居署、联合国教科文组织、联合国粮农组织、联合国开发计划署、国际劳工组织、联合国大学、联合国儿童基金会、世界卫生组织、世界气象组织等。有世界水理事会、世界自然基金会、世界自然保护联盟、全球水伙伴等38个合作伙伴和盖茨基金会、法国开发署等9个捐赠者。①

在联合国水机制的成员机构中，联合国粮农组织、联合国教科文组织、世界卫生组织、联合国开发计划署、联合国儿童基金会和环境规划署在水治理中发挥了较大作用，例如，联合国粮农组织致力于帮助成员国农民在水灾后恢复生产，成立了"全球水和农业信息系统"；联合国教科文组织致力于促进国际水文合作以及水文科学的教育与培训，推动国际水文计划和世界水资源评估计划的开展；世界卫生组织致力于通过规范性指南和工具促进有效的卫生设施风险评估和管理实践，出版《饮用水质准则》《环境卫生和饮用水的进展情况》；等等。

（二）联合国进行全球水治理的主要手段

1. 设定议程

联合国就全球水治理，设定了"生命之水十年"（"Water for Life" Decade，2005—2015）和"水行动十年"（2018—2028）等重要议程。

2000年9月，在联合国千年首脑会议上，有史以来聚集的规模最大的世界领导人通过了"联合国千年宣言"；从"宣言"衍生出一套有时限的、把全球化的好处扩大到世界上最穷公民的"千年发展

---

① "Members"，UN Water，https://www.unwater.org/about-unwater/members/.

目标"。其中所提出的目标10就是把无法持续获得安全饮用水的人口比例减少一半。在2002年约翰内斯堡可持续发展问题世界首脑会议上,这一目标扩大到包括基本卫生设施,并且水作为一种资源被确认为满足所有目标的一个关键因素。卫生设施目标是千年发展目标10不可分割的一部分。自约翰内斯堡之后,关于水和卫生的国际讨论进一步强化这一领域的合作和行动。从那时起,向人们提供清洁饮用水和基本卫生设施取得重大进展,但仍需尽最大努力把这些基本服务扩展到那些得不到服务的人,其中绝大多数是穷人。

鉴于该任务的艰巨性,2003年12月联合国大会上的第A/RES/58/217号决议宣布2005—2015年为"生命之水"国际行动十年,2005年3月22日被正式定为十年的开始。"生命之水十年"的主要目标是集合各方努力在2015年前兑现水和与水有关问题上做出的国际承诺。重点是进一步加强各个层次的合作,实现"联合国千年宣言"中与水有关的目标,可持续发展问题世界首脑会议的约翰内斯堡执行计划和21世纪议程。该十年计划面临的挑战是把注意力集中在以行动为导向的活动和政策,确保水资源在数量和质量两方面长期可持续管理以及包括提高环境卫生的措施。实现"生命之水十年"的目标需要持续的承诺和2005—2015年乃至今后所有利益相关者的合作和投资。联合国通过其机构间协调机制——联合国水机制,负责协调"生命之水"国际行动十年。

2015年,联合国大会第七十届会议上通过《2030年可持续发展议程》,呼吁为今后15年实现17项可持续发展目标而努力,其中第6项可持续发展目标为"为所有人提供水和环境卫生并对其进行可持续管理"。可持续发展目标6(SDG 6)具体目标包括以下几点。

6.1 到2030年,人人普遍和公平获得安全和负担得起的饮用水。

6.2 人人享有适当和公平的环境卫生和个人卫生，杜绝露天排便，特别注意满足妇女、女童和弱势群体在此方面的需求；

6.3 通过以下方式改善水质：减少污染，消除倾倒废物现象，把危险化学品和材料的排放减少到最低限度，将未经处理废水比例减半，大幅增加全球废物回收和安全再利用。

6.4 所有行业大幅提高用水效率，确保可持续取用和供应淡水，以解决缺水问题，大幅减少缺水人数。

6.5 到2030年，在各级进行水资源综合管理，包括酌情开展跨境合作。

6.6 到2020年，保护和恢复与水有关的生态系统，包括山地、森林、湿地、河流、地下含水层和湖泊。

6.a 到2030年，扩大向发展中国家提供的国际合作和能力建设支持，帮助它们开展与水和卫生有关的活动和方案，包括雨水采集、海水淡化、提高用水效率、废水处理、水回收和再利用技术。

6.b 支持和加强地方社区参与改进水和环境卫生管理。①

SDG6同其他持续发展目标关系密切，例如，提高用水效率（SDG 6.4）与可持续的粮食生产（可持续发展目标2）、经济增长（可持续发展目标8）、基础设施和工业化（可持续发展目标9）、城市和人类住区（可持续发展目标11）以及消费和生产（可持续发展目标15）之间有很强的联系。

2016年12月，大会一致通过了"2018—2028年国际行动十年——水资源促进可持续发展"决议，促使全球在今后十年（2018—2028年）内更加关注水资源。会员国强调，水资源对可持续发展和消除贫困与饥饿至关重要，对无法获得安全饮用水、环境卫

---

① 联合国可持续发展目标门户网站，https://www.un.org/sustainabledevelopment/zh/water-and-sanitation/。

生和个人卫生深表担忧，对因城市化、人口增长、荒漠化、干旱和气候变化而加剧的与水有关的灾害、水资源稀缺和污染也深表担忧。新的十年行动将侧重于水资源的可持续发展和综合管理，以实现社会、经济和环境目标，实施和促进相关方案和项目，以及促进各级的合作与伙伴关系以帮助实现国际商定的与水有关的目标和指标，其中包括《2030年可持续发展议程》所列的目标和指标。十年行动从2018年3月22日世界水日开始，至2028年3月22日世界水日结束。①

2. 传播理念

1993年联合国大会决议将每年3月22日作为世界水日。联合国大会第五十八届会议在第A/RES/58/217号决议中宣布的决议，将从2005年3月22日的世界水日开始，2005年至2015年为"生命之水"国际行动十年。2013年联合国大会决议将每年11月19日作为世界厕所日。

洁净的饮用水是人类最珍贵的资源，涉及社会、经济、环境等各方面的人类活动。水资源关乎地球上的一切生命，既能够促进社会发展，也可以限制社会发展，既可以让人们生活美满，也可以让人遭受痛苦，既能够产生合作，也能够导致冲突。水资源是可再生的，但又是有限的。它虽然可以循环再生却不能够被替代，因而面临来自人口增长、城市化、污染和气候变化等多方面的严重压力。为了水资源的安全，我们必须保护脆弱的水循环系统，减轻任何与水资源相关的伤害，例如洪水和干旱，保障水资源供给，并在一个包容和平等的基础上管理水资源。

这需要展开跨部门、跨国家、跨制度的合作。水资源综合管理（IWRM）致力于将所有相关部门、政治实体和机构结合，以达到水、食物和能源的安全。这要求将水资源的不同用途共同纳入考

---

① 联合国可持续发展目标门户网站，https://www.un.org/sustainabledevelopment/zh/water-action-decade/。

虑，并构架一个体系，使不同利益集团在面临未来挑战和不确定因素时做出一致选择。

联合国教科文组织一直致力于通过多种途径构建这一科学知识基础，帮助各国通过可持续方式管理水资源。这些努力包括国际水文计划（IHP）、联合国世界水资源发展报告、联合国教科文组织—国际水文计划位于荷兰的水资源教育机构。①

3. 提供平台

20世纪90年代以来，联合国为摆脱代表"自上而下全球化"的精英主义形象，凸显其"社会友好型"社会组织，而且反全球化运动越是如火如荼，联合国就越倾向于吸纳大量社会组织。当然，这只是一个猜想，还没验证过。由此，联合国成为全球水治理精英网络和草根网络的交会点，也为关注水议题的各式各样的社会组织提供了碰撞、交流和对话的平台。

联合国的决议80%是未经表决直接通过的，因此，塑造共识对社会组织在联合国中发挥作用至关重要。社会组织在联合国需要努力寻求框架共鸣。框定即帮助人们定位、认知、理解和标识目标、形式和发生时间的解读模式，② 它所指的是一个通过选择性地突出人们过去和现在所处环境中的某些客体、情境、事件、体验和一系列的行动并对其加以编码，从而对"人们面前那个世界"进行简化和压缩的解释图式。③ 框架共鸣即某一框架在潜在参与者和公众中引发共鸣的程度。④

性别议题在框架共鸣方面存在关键的优势。水务私有化支持者

---

① 联合国经社理事会门户网站：https://zh.unesco.org/themes/water-security。
② 黄超：《说服与国际规范传播》，上海人民出版社2021年版，第57页。
③ ［美］戴维·A. 斯诺等：《主框架与抗议周期》，载［美］艾尔东·莫里斯、卡洛尔·麦克拉吉·缪勒主编《社会运动理论的前沿领域》，刘能译，秦明瑞校，北京大学出版社2002年版，第156页。
④ Hank Johnston et al. eds., *Frames of Protest: Social Movements and the Framing Perspective*, Oxford: Rowman & Littlefield Publishers, 2005, pp. 205–212.

和反对者们构建的两张网络相互之间比较封闭,绝大多数立场难以妥协。1992 年,都柏林国际水和环境会议提出四项原则,成为水务私有化的指导性原则。如表 5 所示,反水务私有化的水人权倡议者的大多数观点与都柏林原则针锋相对。水务私有化支持者和水人权倡议者之间存在的唯一的共识领域,就是承认妇女在获取水资源方面的脆弱性和在水治理当中的重要作用,因此,水治理中纳入性别考虑的提议不容易因为遭到强烈反对而搁浅。1995 年,联合国第四次世界妇女大会通过《北京宣言》和《行动纲领》,明确将社会性别主流化确定为促进社会性别平等的全球战略,要求各国将社会性别平等作为一项重要的政策指引,将社会性别观点纳入社会发展各领域的主流,这也为女权组织参与水资源议题的讨论提供了机会窗口。

联合国决议中,在水资源议题上纳入性别考虑起步较晚,但自 2018 年以来,水和卫生设施相关决议中关于妇女权益的比重大大上升。2018 年 9 月,人权理事会第 39 届会议上通过的决议"享有安全饮用水和卫生设施的人权",这份决议的背景部分用了整整六段话表达对妇女用水问题的关切,包含妇女取水负担、经期个人卫生、女性受教育权、健康权、享有安全健康的工作环境的权利和参与公共事务的权利、露天如厕时遭到性暴力的风险等。[1] 执行部分一共九条,其中三条和消除享有安全饮用水和卫生设施人权中的性别歧视直接相关,对背景部分提出的问题一一回应。

表 5 都柏林原则与水人权倡议者观点对比

都柏林原则	水人权倡议观点
淡水是一种有限而脆弱的资源,对于维持生命发展和环境必不可少	淡水是免费的自然资源

---

[1] UN General Assembly (72nd sess: 2017 - 2018), "The Human Rights to Safe Drinking Water and Sanitation: Resolution / adopted by the General Assembly", A/RES/72/178.

续表

都柏林原则	水人权倡议观点
水的开发与管理应建立在共同参与的基础上，包括各级用水户、规划者和政策制定者	水的开发与管理应由公共部门负责
妇女在水的供应、管理和保护方面起着中心作用	妇女在水的供应、管理和保护方面起着中心作用
水在其各种竞争性用途中均具有经济价值，因此应被看成是一种经济商品	水是一种公共产品，不应被视为一种商品

资料来源：笔者自制。

4. 评估成果

联合国对可持续发展目标6进行跟踪评估。可持续发展目标6.1和6.2由世界卫生组织/联合国儿童基金会关于供水、环境卫生和个人卫生的联合监测计划（WHO/UNICEF Joint Monitoring Programme for Water Supply, Sanitation and Hygiene）负责评估。可持续发展目标6.3—6.6由关于水和卫生的联合监测计划（Integrated Monitoring of Water and Sanitation-Related SDG Targets）进行评估，其中，6.3由世界卫生组织、联合国人居署、联合国统计司、联合国环境署负责评估，6.4由联合国粮农组织负责评估，6.5由联合国环境署、联合国教科文组织和联合国欧洲经济委员会进行评估，6.6由联合国环境署和拉姆萨尔湿地公约进行评估。6.a和6.b目标由世界卫生组织、联合国环境署和经合组织负责评估。

可持续发展目标第六项的实施概况如下。第一，饮用水和卫生设施状况比2000年有明显提升，但距离2030年达成目标有较大距离。家庭饮用水方面，2000年至2017年，享有安全的基础饮用水设备的人口从61%上升至71%，2030年实现基本饮用水设施全面覆盖难度较高。第二，区域间、国家间、城乡间水和卫生状况不平衡。以家庭饮用水基础设施为例，大洋洲（除澳大利亚和新西兰）饮用水基础设施覆盖率为55%，撒哈拉以南非洲覆盖率为61%，西亚和北非、中亚和南亚、东亚和东南亚、拉丁美洲和加勒比地区、欧洲和北美、澳大利亚和新西兰饮用水基础设施覆盖率均超过90%，其中欧洲和北美覆盖率达到99%，澳大利亚和新西兰覆盖率达到100%。第三，卫生问题无论从基础设施还是相关政策的制定和推行方面都比饮用水问题严重。第四，水资源短缺和水污染加剧给水资源综合管理、提高水利用效率造成严峻挑战。第五，水质、生态系统测量缺失数据太多。①

表6　可持续发展目标6具体目标及相应监测机构

目标编号	监测机构
6.1　使用安全管理的饮用水服务的人口比例	世界卫生组织、联合国儿童基金会
6.2　使用安全管理的卫生服务的人口比例，包括带有肥皂和水的洗手设施	世界卫生组织、联合国儿童基金会
6.3.1　得到安全处理的废水比例	世界卫生组织、联合国人居署、联合国统计司
6.3.2　具有良好环境水质的水体比例	联合国环境署
6.4.1　随着时间的推移用水效率的变化	联合国粮农组织
6.4.2　缺水程度：淡水资源的比例	联合国粮农组织
6.5.1　水资源综合管理实施程度（0—100）	联合国环境署
6.5.2　带有水合作行动安排的跨界面积的比例	联合国教科文组织、联合国欧洲经济委员会
6.6.1　随着时间的推移与水有关的生态系统范围的变化	联合国环境署、拉姆萨尔公约
6.a.1　属于政府协调的支出计划一部分的与水和环境卫生有关的官方发展援助数额	世界卫生组织、联合国环境署、经济合作与发展组织
6.b.1　拥有参与当地社区水和环境卫生管理的确定业务政策和程序的地方行政单位比例	世界卫生组织、联合国环境署、经济合作与发展组织

资料来源：笔者自制。

---

① World Health Organization & UN-Habitat, "Progress on Safe Treatment and Use of Wastewater: Piloting the Monitoring Methodology and Initial Findings for SDG Indicator 6.3.1", Switzerland, 2018.

四 结论

当今世界存在自由市场和跨国公司主导的自上而下的全球化（globalization from above）和由市民社会驱动的自下而上的全球化（globalization from below）两种全球化趋势，相对应地，全球水管理与治理网络可以大致看作由水务巨头主导的精英网络和市民社会组织主导的草根网络。无论是水管理与治理中的资本力量还是社会力量都需要推广观念、规范和价值，力图构建社会共识，从而达到各自的目标。联合国提供了一个政治空间，资本力量和社会力量都能够借重联合国的平台追求举世公认的价值和原则。无论是从羽翼组织成员、伙伴还是国际层面的活动来看，联合国都位于全球水治理网络的中心，各种力量在联合国这一平台上折冲樽俎，较之两个封闭网络的对抗，这样的博弈和对话或许有利于全球水治理的完善。就联合国水治理的实践而言，目前，在组织层面上，联合国主导的全球水治理存在机构冗余、跨部门合作不足的问题；在网络层面上，全球水治理的精英网络和草根网络依然较为封闭；在国家层面上，国家能力不同，偏好各异，对可持续发展目标的实践造成障碍；在国际层面上，水霸权的存在和水资源利用的公地悲剧加剧当前的水危机。针对这些问题，联合国有必要设立专门的水治理机构，搭建开放性更强的国际平台，采取分层标准督促国家实现可持续发展目标，并推动构建国际河流水政治共同体。

莱茵河跨国水域治理的制度演进

楼天雄[*]

内容提要：莱茵河是欧洲最为重要的国际河流之一，其流域治理作为跨国水域合作之典范，经历了60余年的演进过程。1950年，荷兰、德国、法国、卢森堡、瑞士等沿岸国家，为缓解莱茵河日趋严峻的工业污染问题，共同成立了莱茵河国际保护委员会。在此后的实践探索过程中，委员会努力克服上下游矛盾，开展制度与技术革新，逐步形成以多维目标与多元参与为特色的一体化治理体系，将污染防治、生态保护、洪涝防护等职能有机结合。莱茵河的跨国水域治理，不仅推动着欧盟水资源政策的发展成熟，还为欧洲乃至全球的国际水资源合作，注入了澎湃动力。

关键词：水外交；国际合作；跨国治理

作为欧洲的主要河流，莱茵河发源于瑞士阿尔卑斯山区，流经德国、法国、卢森堡、奥地利、列支敦士登等国，最终在荷兰汇入北海，全长1232千米。莱茵河的流域面积为18.5万平方千米，囊括了曼海姆经济区、鲁尔工业区、鹿特丹海港区等诸多工商业重

---

[*] 楼天雄，复旦大学国际关系与公共事务学院博士研究生。

镇,是欧洲经贸发展的命脉所在。就实际功能而言,莱茵河不仅是数千万西欧居民的饮用水来源,同时也是工业污水的集中排放地和四通八达的航运枢纽。鉴于莱茵河的社会经济价值,沿岸各国经过数十年的实践探索,建立起完善的跨境治理合作机制,从而有效保护了莱茵河流域的自然生态环境,其成功经验值得人们探究学习。

一 跨国水域合作的理论基础

国际学界对于跨国水域合作的理论探索,可以追溯至 20 世纪 70 年代。1976 年,加拿大政治学者戴维·G. 勒马昆(David G. LeMarquand)发表了《国际流域合作与管理的政治》一文,后于 1977 年出版专著《国际河流:合作的政治》,① 由此成为该研究领域中的先驱者。他认为,由于国际河流为多个国家所共同享有,因而其使用与管理,在本质上属于政治事务。人口增长规模、经济发展速度、文化实践模式、外交政策目标、国内水文资源等方面的差异,使得沿岸各国对于河流资源的实际需求与利用方式各不相同,进而导致国际流域难以被视作一个水文实体(hydrological unity)。唯有克服国家间的利益矛盾,方可实现跨国水域合作。影响国际流域合作的关键因素可分为三类,分别为水文经济因素、国际关系因素与国际沟通环境。

水文经济因素主要包含公共产品、公共池塘资源、一体化发展机遇与上下游矛盾四个方面。国际河流具有物理传递性,这就意味着一个沿岸国家的流域政策,往往会对其他沿岸国家的实际利益造成直接影响。因此,国际河流并非严格意义上的公共产品。然而,沿岸各国能够通过签署条约,为国际河流的"公共产品化"创造条

---

① 参见 David LeMarquand, *International Rivers: The Politics of Cooperation*, Vancouver: Westwater Research Centre, University of British Colombia, 1977。

件。准许各国自由航行的河流航运协议，正是此类条约的典型。另外，由于国际河流兼具非排他性与竞争性，因而可将其视作公共池塘资源。沿岸各国虽然共享整个流域资源系统，但却各自享用不同的资源单位。一国对于河流资源的不当使用，如过度排污、挤占河道等，将会损害沿岸国家的集体利益。有鉴于此，各国应当克制己方利益最大化的冲动，承担与所用资源成正比的治理成本并达成合作，从而保障河流资源的整体安全。一体化发展的机遇是指，倘若沿岸各国协调行动，共同治理国际河流，将取得比一国单独行动更大的经济效益，如合作建设防洪大坝与水力发电站等，其关键在于解决上下游国家间的成本—收益分配问题。上下游矛盾源自上下游国家间的权力不对等现象，下游国家往往受制于上游国家的资源使用情况，而冲突的化解方式，则与河流的分布流向、水资源使用频率与政府治理经验息息相关。

  国际关系因素主要涉及五个方面，分别为国家对外形象、国际法、国家间联系、国家间互惠与国家主权。勒马昆指出，对于沿岸国家的内外政策而言，国际河流议题一般属于中程目标（middle range objective），在处理时拥有相对宽裕的回旋余地。倘若沿岸各国希望展现良好的国际形象、普遍遵守国际法，且在其他政策领域彼此拥有紧密联系，则易于达成跨境水域合作。此外，沿岸国家还应基于互惠互利原则，合理摊派治理成本与实际收益，从而在心理层面强化各方合作意愿。然而，国家主权问题往往会对跨境水域合作与一体化河流开发构成限制，尤其是当各国民族主义盛行或存在利益纠纷之时。国际沟通环境主要包含沿岸国家达成共识的一系列有利条件，例如从相同的技术角度看待某个问题、对环境质量或流域开发拥有相近的标准、采用相同技术手段、国家间存在广泛的跨国或跨政府联络网、拥有相同的官方语言、参与国家数量较少等。在制度层面，公共产品、公共池塘资源与一体化发展机遇等因素，将对国际流域组织的发展产生推动作用,而上下游矛盾将产生限制作用。倘若沿岸各国的相互依赖程度较高,且能从流域合作中普遍受益,它们将更愿意为加入国际流域组织而让渡部分主权。在执行层面,沿岸国家对跨国水域合作的规划不能一味关注经济效益,而应将政治现实纳入考量。国内政治与国际政治的双层博弈,将直接影响跨国水域合作的效果质量。[1]

勒马昆强调,信息交流、构建共识与国际援助,是深化跨国水域合作的三大行动领域。沿岸国家间的信息交流主要有两种形式。其一为组建论坛、分享经验。各国由此可以发现彼此间的利益交会点,针对共同面临的流域问题制定解决方案。其二为鼓励不同水域组织间的人员交流,以便推广成功的治理模式与地方经验。在构建共识上,随着国际河流管理规范的发展演进,"平等利用水资源"已经成为世界各国普遍认同的基本原则。该原则为沿岸国家开展协商合作,提供了道义基础与行动指南。然而,观念层面的基本共识必须同互利共赢的现实原则相结合,方可切实推动跨国水域合作。由于诸多发展中地区缺乏流域治理的必要能力,因而国际社会的信息、技术与经济援助,对于此类国家尤为关键。国际援助不仅能够提升发展中国家的一体化流域开发水平,还可作为交换条件,促进发展中地区的跨国水域合作。[2]

相较于勒马昆对于合作条件的探讨,德国学者苏珊娜·施迈尔(Susanne Schmeier)关注合作的具体形式与效用评估。她从流域组织(River Basin Organization, RBO)入手,分析跨国水域的可持续治理。她指出,国际水域治理的集体行动领域主要包含12个方面,分别为:

---

[1] 参见 David LeMarquand, "Politics of International River Basin Cooperation and Management Politics of International River Basin Cooperation and Management", *Natural Resources Journal*, Vol. 16, No. 4, 1976, pp. 884 – 901。

[2] 参见 David LeMarquand, "International Action for International Rivers", *Water International*, Vol. 6, 1981, pp. 148 – 150。

(1) 与水资源利用与竞争有关的水体总量及分配问题；(2) 由于污染物侵入而引发的水质与污染问题；(3) 影响水道的水力发电设施与大坝的建设问题；(4) 基础设施发展及其对环境产生的影响；(5) 环境问题；(6) 气候变化的后果；(7) 渔业问题（如过度捕捞、争夺渔场等）；(8) 经济发展与流域资源开发；(9) 物种入侵问题；(10) 洪灾对流域及其居民的影响，外加对应的管理方案；(11) 保护生物多样性；(12) 航运及其相关问题。上述议题对于不同沿岸国家的重要性各不相同，其所涉及的治理层级也大相径庭。[1]

施迈尔认为，国际流域组织的治理效能，可以从三个维度加以评估，分别为效用层级、效用领域与效用范围。效用层级维度关注流域组织的治理结果与实际影响，治理结果是指组织对其成员行为的影响程度，实际影响则包含目标达成与问题解决两个方面。沿岸国家的行为改变，本身并不必然导致流域环境的整体改善，诸多外生因素同样十分关键。因此，流域组织的实际影响颇为复杂，必须要从"在何种程度上达成组织目标"与"在何种程度上解决治理问题"两个方面加以分析。效用领域维度是指流域组织发挥作用的具体范畴，主要包括政治稳定性、环境可持续性、经济增长与社会发展四个方面。倘若流域组织能够化解或缓和沿岸国家在利用水资源方面所存在的矛盾纠纷，增强其协调合作，则具有政治稳定性。环境可持续性涉及水质、水文地貌变化（及其预防或消除）、沉积物流动、地下水回灌、入侵物种问题、渔业、森林覆盖面、湿地保护或生物多样性等问题，用以衡量流域组织对生态环境的改善程度。由于沿岸国家普遍关注水力发电、农业灌溉、渔业养殖、航运交通所带来的物质收益，因而流域组织可以通过合理规划水资源开发，推动各

---

[1] 参见 Susanne Schmeier, *Governing International Watercourses: River Basin Organizations and the Sustainable Governance of Internationally Shared Rivers and Lakes*, London and New York: Routlegde, 2013, pp. 67-68。

国经济发展。不仅如此，流域组织对于沿岸国家居民的社会发展亦具有显著影响。防洪体系的建设、水产经济的效益，以及传染疾病的防治，不仅同沿岸人口的民生需求紧密相关，且高度依赖广大民众的集体参与。因此，运作良好的流域组织，足以在跨国治理过程中，为沿岸各国的社会进步贡献力量。效用范围维度主要是指，流域组织的治理成效具有溢出效应，并不局限于水资源管理及其相关问题领域。换言之，沿岸各国有时可以通过水域治理合作，在水资源以外的其他领域获益，如交通状况的改善、旅游产业的繁荣、跨境投资的增长、水域社群的融合等。[1] 综上所述，施迈尔的流域治理效能维度分析，如表1所示。

表1　　　　　　　　　流域组织的治理效能维度

效用层级	治理结果	RBO在何种程度上改变了组织成员的行为
	实际影响	目标达成：RBO在何种程度上达成了初始目标或战略计划
		问题解决：RBO在何种程度上解决了各类集体行动问题，从而强化组织建制
效用领域	政治稳定性	RBO在何种程度上促成了与水相关的集体行动问题的和平解决，并推动沿岸国家间的合作
	环境可持续性	RBO在何种程度上改善了流域自然环境
	经济增长	RBO在何种程度上实现了流域资源的高效利用，进而推动经济增长与经济发展
	社会发展	RBO在何种程度上改善了沿岸人口的生计问题，及其与河流相关的健康问题
效用范围	河流本身	RBO在何种程度上实现对河流水资源的高效治理
	河流以外	RBO在何种程度上为流域水资源治理之外的事务领域带来收益

资料来源：Susanne Schmeier, *Governing International Watercourses: River Basin Organizations and the Sustainable Governance of Internationally Shared Rivers and Lakes*, London and New York: Routlegde, 2013, p. 27。

---

[1] 参见 Susanne Schmeier, *Governing International Watercourses: River Basin Organizations and the Sustainable Governance of Internationally Shared Rivers and Lakes*, London and New York: Routlegde, 2013, pp. 26-31。

2015 年，联合国欧洲经济委员会（United Nations Economic Commission for Europe，UNECE）在文件《有关跨境水合作收益的政策指引》（*Policy Guidance Note on the Benefits of Transboundary Water Cooperation*）中，对跨国水域合作的潜在收益予以类型学划分，如表 2 所示。

表 2　　　　　　　　　　跨境水合作的潜在收益类型

收益来源	经济活动所带来的收益	经济活动以外的收益
改善水治理	经济收益： (1) 在经济领域扩大活动与生产（水产养殖、灌溉农业、矿业、能源发电、工业生产、基于自然景点的旅游业）；(2) 降低生产活动的成本；(3) 降低水资源灾害（洪涝、干旱）所造成的经济损失；(4) 地产增值	社会与环境收益： (1) 水质改善与水源性疾病风险降低，从而有利于健康；(2) 经济收益有助于增加就业、减少贫困；(3) 公共服务更易获得（如供电与供水）；(4) 文化资源受保护或娱乐机会增加，从而提高民众满意度；(5) 巩固生态完整性，遏制栖息地退化与生物多样性下降；(6) 强化对水的科学认识
加强信任	区域经济合作收益： (1) 地区商品、服务与劳动市场的发展；(2) 跨境投资增加；(3) 跨国基础设施网络的发展	和平与安全收益： (1) 提高国际法效力；(2) 促进地缘政治稳定、巩固外交关系；(3) 信任增加所带来的新机会（如共同倡议与联合投资）；(4) 降低冲突的风险与成本、节省军费开支；(5) 共有流域认同的构建

资料来源：United Nations Economic Commission for Europe, *Policy Guidance Note on the Benefits of Transboundary Water Cooperation: Identification, Assessment and Communication*, New York and Geneva: United Nations, 2015, p. 19。

依据首要来源与作用领域两个维度，跨国水域合作所带来的治理效益，可分为国内经济收益、社会与环境收益、区域经济合作收益，以及和平与安全收益。在国内经济方面，流域水质的改善，不仅能保障国家现有经济活动的正常开展，还能有效降低供水成本，从而增加经济生产的可盈利性。沿岸国家若想有效应对水灾与旱灾所带来的经济威胁，同样需要携手开展水域治理。此外，良好的跨国水域生态系统，还能显著增加各国沿岸地产的市场价值。在社会与环境方面，水质提升能够减少水源性疾病的生成与传播风险，对公民健康具有决定性意义。不仅如此，跨境水合作还能极大地满足民众在物质生活、公共服务、文化娱乐等方面的需求，同时提高流域生态质量，从而保障相关物种的繁衍生息，避免地势沉降和盐水侵入。除了水域治理升级所带来的直接收益，沿岸各国还将通过协调合作，不断巩固彼此信任，进而在区域经济合作与地区和平与安全两个方面取得额外收益。前者表现为更深层次的经济相互依赖，后者则包含强化国际规范、化解政治冲突、降低军事风险、构建共有身份等。①

二 污染防治：莱茵河跨国治理体系的早期发展

历史上，莱茵河流域的跨国治理可以追溯至 19 世纪末。当时，过度捕捞、水质下降，外加阿尔萨斯地区的水坝修建，共同导致莱茵河内的鲑鱼数量锐减。为此，德国、瑞士、荷兰与卢森堡于 1885 年 6 月 30 日联合签署了有关莱茵河渔业捕捞的管理条约。② 1900 年 5 月 11 日与 1902 年 9 月 4 日，沿岸国家针对莱茵河上的危险品（腐蚀品、剧毒物与易燃物）运输，分别签署了两项航运协定。③ 20 世纪 30 年代初期，位于莱茵河下游的荷兰，率先注意到河水苯酚含量超标的现象。出于对水质恶化的担忧，荷兰饮用水公司同上游沿岸国家建立起固定联系，协调开展流域保护工作。1932 年，荷兰政府派遣特使前往巴黎与柏林，试图说服法德两国重视莱茵河

---

① 参见 United Nations Economic Commission for Europe, *Policy Guidance Note on the Benefits of Transboundary Water Cooperation: Identification, Assessment and Communication*, New York and Geneva: United Nations, 2015, pp. 20 – 24。

② 参见 "Treaty concerning the Regulation of Salmon Fishery in the Rhine River Basin", ECOLEX, https://www.ecolex.org/details/treaty/treaty-concerning-the-regulation-of-salmon-fishery-in-the-rhine-river-basin-tre-000072/。

③ 参见 Alexandre Kiss, "The Protection of the Rhine Against Pollution", *Natural Resources Journal*, Vol. 25, No. 3, 1985, p. 613。

的污染问题，但收效甚微。直至20世纪40年代末，随着欧洲工业经济的高速发展，由莱茵河污染所引发的上下游矛盾日益突出，沿岸国家终于开始探索制度化的跨境合作。1948年8月26日，沿岸各国在巴塞尔会议上一致决定，设立专门委员会，努力缓解莱茵河的排污压力、提升河水品质。①

1950年7月11日，荷兰、德国、法国、卢森堡与瑞士，共同成立了莱茵河国际保护委员会（International Commission for the Protection of the Rhine against Pollution, ICPR）。该委员会的初始定位为非正式的专家工作组，旨在调查莱茵河的污染状况，并制定相应的政策方案，同时推动河流监测与数据分析的一体化。② 1963年4月29日，沿岸五国签署《伯尔尼公约》（Bern Convention），从而奠定了ICPR的法律制度基础。根据条约规定，各国政府将以委员会为工作平台，针对莱茵河的污染防治开展永久性合作。委员会由五国代表团组成，各代表团包含团长在内，最多容纳四名代表。委员会主席一职，由各国代表团派成员轮流担任，每三年更换一次。此外，委员会主席须每年召集一次例行会议，并制定会议议程，各代表团均可依据自身关切，设置研讨议题。在开展污染调查的过程中，委员会将设立由各国代表或委任专家组成的工作小组，同时与科研机构、专业人士与国际组织保持互动合作。在经费方面，德国、法国与荷兰各承担委员会开支的28%，瑞士与卢森堡则分别承担14%与2%。③ 1964年，ICPR在德国科布伦茨设立秘书处，用以协调成员国之间的交流合作。

---

① 参见"Reasons for the Cooperation", International Commission for the Protection of the Rhine, https://www.iksr.org/en/icpr/about-us/history/reasons-for-the-cooperation。

② 参见"History", International Commission for the Protection of the Rhine, https://www.iksr.org/en/icpr/about-us/history。

③ 参见Internationale Kommission zum Schutz des Rheins, Vereinbarungen über die Internationale Kommission zum Schutze des Rheins gegen Verunreinigung, April 29, 1963, https://www.iksr.org/fileadmin/user_upload/DKDM/Dokumente/Rechtliche_Basis/DE/legal_De_1963.pdf。

尽管《伯尔尼公约》显著提升了ICPR的规范化程度，但未能针对具体防污措施作进一步规定。因此，受制于上下游国家间的观念矛盾与利益冲突，ICPR并未有效缓解莱茵河流域的生态污染。1971年秋冬，莱茵河的溶解氧含量降至史上最低，导致大量水生生物死亡。面对水质恶化的严重后果，沿岸各国在1972年10月25—26日的首次莱茵河部长级会议上，就化学污染物和氯化物的管制事宜达成共识，并着手制定具体规则。1976年12月3日，ICPR通过了《莱茵河化学污染物防治公约》（*Convention on the Protection of the Rhine against Chemical Pollution*）（以下简称《化学污染物公约》）与《莱茵河氯化物污染防治公约》（*Convention on the Protection of the Rhine against Pollution with Chlorides*）（以下简称《氯化物公约》）。其中，《化学污染物公约》根据危害程度（有毒性、难降解性和生物蓄积性）大小，以"黑名单"与"灰名单"形式，对化学污染物予以精细分类，并规定了相应的处理办法。沿岸国家在合作治理莱茵河时，应当彻底清除"黑名单"上的化学物质，努力减少"灰名单"上的化学物质，并定期向委员会汇报防治经验。[①]

《氯化物公约》则规定，法国应当在1980年1月1日之前，将境内河段中的氯含量减少60千克每秒及以上，由此产生的1.32亿法郎治理费用，分别由德国、荷兰、瑞士承担30%、34%与6%。若各国境内河段出现氯含量持续上升的情况，当事国应及时采取措施加以遏制，其相关调研及专家咨询费用，由德、法与荷三国各承担2/7，瑞士承担1/7。[②] 同样在12月3日，作为欧盟前身的欧洲经济共同

---

① 参见 Internationale Kommission zum Schutz des Rheins, *Übereinkommen zum Schutz des Rheins gegen chemische Verunreinigung*, Dezember 3, 1976, https://www.iksr.org/fileadmin/user_upload/DKDM/Dokumente/Rechtliche_Basis/DE/legal_De_Chem._Verunreinigung1976.pdf。

② 参见 Internationale Kommission zum Schutz des Rheins, *Übereinkommen zum Schutz des Rheins gegen Verunreinigung durch Chloride*, Dezember 3, 1976, https://www.iksr.org/fileadmin/user_upload/DKDM/Dokumente/Rechtliche_Basis/DE/legal_De_Chlorid1976.pdf。

体，正式加入 ICPR 并承担 13% 的运作费用，从而大大增加了委员会的权威性与影响力。① 这也意味着，由 ICPR 设定的流域环保指标就此升格为欧洲通行标准。跨国治理机制的逐步完善，很快便产生了积极效应：1977 年，ICPR 对外首次宣布，在沿岸各国的努力下，莱茵河水质出现显著改善，水中含氧量不断增加、污染物持续减少。② 然而，由于《化学污染物公约》与《氯化物公约》以政府为单一行为主体、以管制为主要政策目标，外加 20 世纪 70 年代由"石油危机"所引发的欧洲经济衰退，沿岸各国在污染责任认定、治理成本分摊等方面，始终存在巨大分歧，进而对 ICPR 的治理效能构成掣肘。另外，技术条件的时代局限性，使得沿岸各国难以精确测定水中污染物的实际种类与动态变化，不利于制定卓有成效的补救措施。因此，直至 20 世纪 80 年代中期，ICPR 对于莱茵河水质的改善程度，仍不足以扭转流域生态的退化趋势与水生生物的灭绝问题。这就要求沿岸各国采取并执行更为严格的治理标准，同时优化合作模式、加大科研投入。此后，一起震惊全球的污染事故，为莱茵河流域的跨境治理模式带来根本性转变。

三 桑德兹化工事件与莱茵河跨国治理的生态转向

1986 年 11 月 1 日，瑞士桑德兹（Sandoz）公司的化学品仓库意外爆炸起火。在抽取莱茵河河水扑灭大火时，30 余吨化工污染物通过下水道流入河中，对水域生态造成毁灭性破坏。在莱茵河中游的

---

① 参见 Internationale Kommission zum Schutz des Rheins, *Zusatzvereinbarung zu der in Bern am 29. April 1963 unterzeichneten Vereinbarung über die Internationale Kommission zum Schutz des Rheins gegen Verunreinigung*, Dezember 3, 1976, https://www.iksr.org/fileadmin/user_upload/Dokumente_de/Kommuniques/1976_Zusatzprotokoll_Berner_Uebereinkommen_DE.pdf。

② 参见 "Increasing Confidence", International Commission for the Protection of the Rhine, https://www.iksr.org/en/icpr/about-us/history/increasing-confidence。

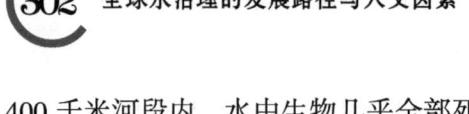

400千米河段内,水中生物几乎全部死亡,"下游40多家饮用水厂被迫停止取水,严重影响到两岸居民的日常生活"。[①] 为了保障居民饮水安全,河流附近的德国自来水厂以及供水企业,甚至采取了关闭取水口长达20天的极端措施。鉴于桑德兹化学火灾的沉重后果与广泛影响,沿岸各国痛定思痛,旋即将莱茵河的防污工作,升级为亟待解决的政治使命。1987年10月1日,ICPR在第八届部长级会议上制订了莱茵河行动计划(Rhine Act Plan,RAP)。该计划的出台,标志着莱茵河的跨境流域治理从消极保守的河水污染防治,转变为积极灵活的生态系统建设,其主要目标和行动如表3所示:

表3　　　　　　　莱茵河行动计划的目标和主要行动

目标	主要行动
1. 到2000年莱茵河的生态系统要恢复到使高等生物(如鲑鱼)重回莱茵河的程度; 2. 必须保证莱茵河沿岸的饮用水安全; 3. 减少有害污染物污染,改善沉积物污染状况。当沉积物用作陆地和海上的填埋材料时不会对生态环境造成负面影响	1. 在莱茵河整个范围内制定量化的水质指标; 2. 同1985年的排放量相比,到1995年43种(组)污染物的排放量要削减50%,这一指标根据各国不同工业使用的先进处理技术的不同而不同(1990年铅、镉、汞和二噁英的削减量增加到70%); 3. 开发和实施相应措施减少意外污染事故的发生; 4. 拟定扩散污染源调查计划草案,以及扩散型污染削减时间表; 5. 水文、生物和河道调整计划的开发和实施(如"鲑鱼2000"计划中的鱼梯,ICPR,2004)

资料来源:高琼洁、王东、赵越等《化冲突为合作——欧洲莱茵河流域管理机制与启示》,《环境保护》2011年第7期。

由表可知,莱茵河行动计划在污染防治的基础上,设定了以"鲑鱼2000"计划为核心的生态治理目标。换言之,莱茵河流域的生态环境,必须恢复到鲑鱼、鲟鱼等标志性物种得以回归的程度。不仅如此,莱茵河行动计划还依据时间顺序,将各类执行目标划分

[①] 高琼洁、王东、赵越等:《化冲突为合作——欧洲莱茵河流域管理机制与启示》,《环境保护》2011年第7期。

为 1987—1989 年、1989—1995 年与 1995—2000 年三大阶段。第一阶段的核心任务是细化行动方案，其中包括进一步收集水质数据、建立最低排污标准、制定排放物目录、拟定水利生态的技术要求、估算综合治理成本等；第二阶段的核心任务是落实行动方案，具体包括运用技术手段减少排污总量、监督企业遵守排污标准、保障工业设施安全、减少污染扩散、评估各项举措的执行效果等；第三阶段的核心任务是开展收尾工作，即采取补充措施，努力达成前两个阶段中未能实现的目标。在组织结构方面，ICRR 为确保莱茵河行动计划的顺利推进，设立了专项小组，负责协调工作小组之间的活动联络、评估各国递交的执行报告，并向委员会与秘书处征求意见，持续完善行动计划。专项小组成员由各代表团分别委派团长（或团长助理）与一名高级专家共同组成。在财务开支方面，莱茵河行动计划将其分为国家与国际两个层面，前者由各国自行承担，后者则依据 ICPR 的规定予以等比例分配。①

此外，ICPR 为防止化学泄漏事故再度重演，还精心制订了莱茵河国际预警计划（International Warn-and Alarm Plan Rhine, WAP）。这一体系主要由七大国际预警中心组成，分别为巴塞尔环境与能源管理局、下莱茵省政府（斯特拉斯堡）、卡尔斯鲁厄警察局、威斯巴登水上警察局、科布伦茨水上警察局、杜塞尔多夫市政府，以及东荷兰国家水务管理局（阿纳姆）。这些预警中心沿莱茵河流向依次分布，负责在污染事故发生后及时通报下游单位，以便减少事故对水域生态的破坏。② 1990 年，ICPR 与莱茵河流域水文

---

① 参见 "Rhine Act Plan", International Commission for the Protection of the Rhine, October 1, 1987, pp. 3–5, https://www.iksr.org/fileadmin/user_upload/DKDM/Dokumente/Kommuniques/EN/com_En_APR.pdf.

② 参见 "International Warn-and Alarm Plan Rhine", International Commission for the Protection of the Rhine, Report No. 177, July 1, 2009, pp. 2–3, https://www.iksr.org/fileadmin/user_upload/DKDM/Dokumente/Fachberichte/EN/rp_En_0177.pdf.

国际委员会（International Commission for the Hydrology of the Rhine Basin, CHR）合作开发了"莱茵河预警模型"（Rhine Alarm Model）。作为针对WAP的技术辅助手段，该模型能够结合事故发生的时间地点、污染物排放量等参数，精准预测河流污染的发展动向与扩散程度。① 预警中心与预测模型两相结合，有效降低了意外事故严重污染莱茵河河水的风险。

1991年9月25日，沿岸各国签署了《氯化物公约附加协议》，旨在将德荷边境水域的氯化物含量限制在200毫克每升以内，同时针对非重点河段集中开展防治工作，努力将莱茵河与艾瑟尔湖的水质提升至可饮用水平。协议还详细规定了法国与荷兰境内流域的治理任务、技术要求与结算方法，其总费用由德国、法国分别承担30%，荷兰承担34%，瑞士承担6%。② 经过上述种种努力，至2000年，莱茵河行动计划取得了巨大成功：限制名单上的污染物含量普遍减少了70%—100%，95%的沿岸乡镇与工厂安装了污水净化设施，可经证实的鱼类品种增加至63种。美中不足之处在于，农业氮肥的渗透问题尚未得到有效解决、部分重金属元素与杀虫剂成分仍有待清除。③ 莱茵河行动计划的卓越成效，使得ICPR成为国际流域组织的一大标杆，由此推动了全球层面的跨国水域合作。1992年3月17日，联合国欧洲经济委员会在赫尔辛基签署《跨界水道和国际湖泊保护与利用公约》（Convention on the Protection and

---

① 参见"Rhine Alarm Model", International Commission for the Protection of the Rhine, https://www.iksr.org/en/topics/pollution/international-warning-and-alarm-plan/rhine-alarm-model。

② 参见 Zusatzprotokoll zum Übereinkommen zum Schutz des Rheins gegen Verunreinigung durch Chloride, Internationale Kommission zum Schutz des Rheins, unterzeichnet am 3. Dezember 1976 in Bonn, https://www.iksr.org/fileadmin/user_upload/Dokumente_de/Kommuniques/1991_Zusatzprotokoll_Chlorid_d.pdf。

③ 参见 Stromaufwärts: Bilanz Aktionsprogramm Rhein, Internationale Kommission zum Schutz des Rheins, 2003, S. 4, https://www.iksr.org/fileadmin/user_upload/DKDM/Dokumente/Fachberichte/DE/rp_De_0139.pdf。

Use of Transboundary Watercourses and International Lakes)（以下简称《水公约》）。该协议将水资源界定为人类社会的发展基石，要求缔约各国积极开展双边与多边合作，以公正合理的方式使用跨境流域资源，同时努力遏制针对水域生态的人为破坏。① 经过2003年的条款修订与2013年的再度生效，《水公约》开始向所有联合国成员国开放，由此成为全球跨国水域合作的法律基础。

四　洪灾防治与一体化水域治理体系的形成

1993年12月和1995年1—2月，莱茵河及其支流发生两次特大洪灾，给法国、德国、荷兰等下游国家居民造成惊人的生命财产损失，进而促使ICPR着手应对河流防汛问题。在1994年12月8日召开的第11届莱茵河部长级会议上，沿岸各国一致决定，将预防洪涝灾害列为ICPR的重要任务。1995年2月4日，分管莱茵河与马斯河的欧盟环境部部长在阿尔勒会晤，就制定防涝行动方案交换意见。同年12月，ICPR正式出台"洪水行动计划"（Action Plan on Floods），标志着洪涝防护正式成为莱茵河跨国治理体系的组成部分。

作为战略指导大纲，"洪水行动计划"强调莱茵河的防汛工作应当注重洪泛平原治理，将水灾防护措施与经济生态要求紧密结合，通过合理利用水域资源，建立起持久高效的洪涝防治体系。以此为基础，行动计划提出了十大防汛原则，分别为自然节流、保障出水、技术防洪、认识防护手段的局限性、维护既有防汛设施、努力降低损害风险、不断提高风险意识、尽早开展预警工作、加强个人自我防范，以及开展一体化治理。其中，一体化治理是整个计划

---

① 参见 "Convention on the Protection and Use of Transboundary Watercourses and International Lakes", United Nations Economic Commission for Europe, March 17, 1992, https://unece.org/DAM/env/water/pdf/watercon.pdf。

的核心要义,力求将防洪技术手段、损失风险管控、安全意识教育与个体防护责任融为一体。此外,一体化治理还强调因时制宜,针对短期、中期与长期目标采取精细化措施,同时对跨国联合决策难以避免的治理效果局限,保持清醒认识。①

1998年1月22日,沿岸各国在第12届部长级会议上,进一步细化了洪灾防护的四大目标,具体如下。第一,降低水灾所导致的损害风险。至2000年,确保既定风险不再增加;至2005年,将既定风险降低10%;至2020年降低25%。第二,降低河流下游的洪水最高水位。至2005年,将受到监管的下游洪水最高水位降低30厘米,至2020年降低70厘米。第三,不断提升防汛安全意识。至2000年,为50%的洪泛平原或洪灾风险区绘制专用地图,至2005年实现全域测绘。第四,通过国际合作,在短时间内升级完善水灾预警系统。至2000年,将预警时段延长50%,至2005年延长100%。② 不仅如此,与会部长们还以"莱茵河行动计划"与一体化洪涝治理所积累的实践经验为基础,提出了以可持续性为首要目标的一体化河流保护方案。具体而言,莱茵河流域的跨境治理,应当兼顾污染防治、水体开发、水灾防护、渔业监管、生态保护、空间规划、航运管理、农业发展等多个领域,其工作重点主要包含四个方面:第一,在饮水生产及供应、废水排放及处理、工业设施安全、水流保护、莱茵河水道等方面,保持高质量管理;第二,在河水质量、洪水防护、生态系统保护及改良、地下水保护等领域,采取综合全面、互联互通的一体化措施;第三,在自动控制、莱茵河

---

① 参见 G "rundlagen und Strategie zum Aktionsplan Hochwasser", Internationale Kommission zum Schutz des Rheins, Dezember 1995, S. 7-9, https://www.iksr.org/fileadmin/user_upload/Dokumente_de/Kommuniques/1995_Strategie_d.pdf。

② 参见 Ministerial Declaration of the 12th Conference of Rhine Ministers on the Protection of the Rhine, International Commission for the Protection of the Rhine, July 22, 1998, p. 7, https://www.iksr.org/fileadmin/user_upload/Dokumente_de/Kommuniques/12_Kommunique_1998_Rotterdam__en.pdf。

监管系统现代化、强化个体责任、打造环保农业等方面，采用现代河流管理手段；第四，通过锁定目标受众群体、开展环境保护教育、创建网络信息系统，提高公共关系与信息传递的质量。[①]

1999年4月12日，ICPR在"莱茵河行动计划"行将完成、防洪体系建设趋于完备之际，颁布了新一版《莱茵河保护公约》(Convention on the Protection of the Rhine)，用以取代1963年的《伯尔尼公约》（含附加协议）和1976年的《化学污染物公约》。此举标志着莱茵河一体化水域治理体系的最终成型。《莱茵河保护公约》提出了五大治理目标与九大行动原则。五大目标分别为：第一，实现莱茵河生态系统的可持续发展；第二，保障莱茵河流域的饮用水生产；第三，提高水中沉积物质量；第四，在保障生态质量的前提下开展一般防汛工作；第五，莱茵河治理应当同保护北海海域的各类措施互为促进、协调。其中，第一项目标可进一步分为六项子目标，分别为：(1) 维持并提高莱茵河水质，其中亦包括悬浮物、沉积物与地下水的质量；(2) 保护水中生物与物种多样性，减少有害物质所造成的生物污染；(3) 维持、改善并恢复水域自然功能，确保水流管理考虑到固态物的自然流动，促进河流、地下水与冲积区之间的相互作用，同时发挥冲击区的防洪功能；(4) 保护、改善并恢复水生动植物的栖息地，改善鱼类的生活条件并使其自由迁徙；(5) 从环保角度理性管理水资源；(6) 在因实际需求（防汛、航运、水力发电等）而开发水道时，将生态保护要求纳入考量。九大原则分别为：预警原则、预防性行动原则、源头修正原则、污染方承担费用原则、限制破坏原则、补贴重大技术措施原则、可持续发展原则、运用并发展现有技术条件与最优环保措施原则，以及防止

---

① 参见 "Ministerial Declaration of the 12th Conference of Rhine Ministers on the Protection of the Rhine", International Commission for the Protection of the Rhine, July 22, 1998, p. 5, https://www.iksr.org/fileadmin/user_ upload/Dokumente_ de/Kommuniques/12_ Kommunique_ 1998_ Rotterdam_ _ en.pdf。

环境污染扩散原则。①

除了治理目标与行动原则的多维一体，《莱茵河保护公约》还在行动主体方面，充分体现了治理体系的开放性与灵活性。根据规定，ICPR 在流域治理过程中，应当将非成员国政府、政府间组织与非政府组织等利益相关方，一并列为委员会观察员。观察员虽无投票表决权，但可受邀出席会议，亦可向委员会提交相关资料与报告。此外，在莱茵河流域拥有实际利益的非政府组织受到了额外关注。委员会不仅要同非政府组织交换信息，还有义务在制定决策前，征求后者的专业意见，并在决策施行后予以及时通报。② 总的来看，莱茵河一体化水域治理体系立足于工业、农业、航运、能源与市政等多个领域，将水质提升、生态保护、防污减排、防洪防汛等目标融为一体，同时吸纳委员会以外的政府机构、非政府组织与政府间组织参与治理，力求达到全面综合、标本兼治的管理效果。

五 欧洲背景下的莱茵河跨国水域治理新发展

进入 21 世纪后，随着欧洲各国对水资源问题日趋关注，莱茵河跨国水域治理开始在欧盟的政策框架下更新迭代、持续发展。2000年 10 月 23 日，欧洲议会与欧盟理事会联合发布欧洲水框架指令（European Water Framework Directive，WFD），旨在为欧盟成员国的水资源管理政策提供指导，其中明显汲取了 ICPR 的一体化治理经验。欧盟水框架指令涉及地表与地下水，以及过渡与沿岸水域的政

---

① 参见 "Convention on the Protection of the Rhine", International Commission for the Protection of the Rhine, April 12, 1999, pp. 3 – 4, https://www.iksr.org/fileadmin/user_upload/DKDM/Dokumente/Rechtliche_Basis/EN/legal_En_1999.pdf。

② 参见 "Convention on the Protection of the Rhine", International Commission for the Protection of the Rhine, April 12, 1999, p. 9, https://www.iksr.org/fileadmin/user_upload/DKDM/Dokumente/Rechtliche_Basis/EN/legal_En_1999.pdf。

策制定，强调水资源的保护工作与可持续管理，应当同能源、交通、农业、渔业、区域政策乃至旅游业紧密结合。在政策执行方面，各成员国必须以流域为单位，彼此间开展行政协调。① 当欧洲水框架指令于2000年12月22日正式生效后，莱茵河沿岸各国积极响应。在2001年1月29日于斯特拉斯堡召开的第13届部长级会议上，包括非欧盟成员国瑞士在内的各国部长一致同意，在本国法律基础上，充分支持欧洲水框架指令的各项规定，并在整个莱茵河流域予以协调执行。此外，随着"莱茵河行动计划"的圆满完成，与会部长们还共同批准了新一代治理方案，即"莱茵河2020"计划。②

"莱茵河2020"计划在《莱茵河保护公约》的规则基础上融入了欧洲水框架指令的执行标准，其主要目标分为生态系统改良、洪水预防保护、河水质量与地下水保护四个方面。在生态系统改良方面，沿岸各国应确保生物栖息地的全域连通性与上下游水域（从康斯坦茨湖至白海）的水体流动，同时在各条支流上，为洄游鱼类的繁衍生息创造条件。在洪水预防保护方面，至2020年，将莱茵河低地的洪涝破坏风险降低至1995年的75%，同时将上莱茵地区的下游积水区域（即巴登—巴登下游）的洪水最高水位降低70厘米（同1995年相比）。在地下水保护方面，努力恢复优良水质，并确保抽取和补给间的平衡。在河水质量方面，"莱茵河2020"计划提出了五项评估要求：（1）河水仅需近自然的简单处理即可饮用；（2）水中所包含的物质成分及其相互作用，对动植物或微生物没有任何不利影响；（3）从河中捕捞的

---

① 参见 European Communities, "Directive 2000/60/EC of the European Parliament and of the Council of 23 October 2000 Establishing a Framework for Community Action in the Field of Water Policy", Official Journal of the European Communities, December 22, 2000, pp. 2 – 6, https://www.iksr.org/fileadmin/user_upload/Dokumente_de/Kommuniques/2000-60-EC_WFD_en.pdf。

② 参见 "Conference of Rhine Ministers: Ministerial declaration", International Commission for the Protection of the Rhine, January 29, 2001, https://www.iksr.org/fileadmin/user_upload/Dokumente_en/Communique_/communique_strassb_e.pdf。

鱼类、贝类与鳌虾，可供人类食用；（4）可供沿岸洗浴场所使用；（5）在处理疏浚物时，确保不会对环境产生任何负面影响。①

此后，"莱茵河 2020"计划在执行过程中不断被修正，汲取了一系列重要文件的指导精神。2007年10月18日，沿岸各国在第14届部长级会议上发布声明，首次强调气候变化对水资源治理的直接影响。声明指出，由气候变暖所导致的降雨模式改变，将使得低水位现象频繁出现、地表水温持续上升，进而危及地下水的循环供给。因此，ICPR必须关注莱茵河及其支流的水温状况，减少由人为因素而产生的热能输入，同时兼顾水温上升对生态系统与生物物种的影响。② 同年10月23日，欧洲议会与欧盟理事会继2000年的欧洲水框架指令后，发布了洪水风险管理指令（Flood Risk Management Directive，FRMD），要求欧盟成员国在流域层面强化协调合作、扩大公共参与，以便制订统一的洪灾风险管理计划。③ 2009年12月，ICPR为落实欧洲水框架指令中有关跨国流域统一治理的规定（第3条第4款、第13条第3款），发布了"莱茵河流域国际协调管理计划"（Internationally Coordinated Management Plan for the International River Basin District of the Rhine）。该计划将整个莱茵河流域划分为九大行动区域，分别为阿尔卑斯莱茵河/康斯坦茨湖区（Alpine Rhine/Lake Constance）、高莱茵河区（High Rhine）、上莱茵河区（Upper Rhine）、内卡河区（Neckar）、美因河区（Main）、中莱茵河区

---

① 参见"Rhine 2020: Program on the Sustainable Development of the Rhine", International Commission for the Protection of the Rhine, May 2001, https://www.iksr.org/fileadmin/user_upload/DKDM/Dokumente/Fachberichte/EN/rp_En_0116.pdf。

② 参见"Living and Linking Rhine-Common Challenge of a Watershed", International Commission for the Protection of the Rhine, October 18, 2007, pp. 8–9, https://www.iksr.org/fileadmin/user_upload/Dokumente_en/MIN07-02e.pdf。

③ 参见European Union, "Directive 2007/60/EC of the European Parliament and of the Council of 23 October 2007 on the Assessment and Management of Flood Risks", Official Journal of the European Union, November 6, 2007, https://eur-lex.europa.eu/legal-content/EN/TXT/?uri=celex:32007L0060。

（Middle Rhine）、摩泽尔河/萨尔河区（Moselle/Saar）、下莱茵河区（Lower Rhine）与莱茵河三角洲（Delta Rhine），以主干计划与分支方案相结合的方式，提高跨国水域治理的同一性与精细度。①

2013年是联合国确立的国际水合作年，旨在通过一系列庆典宣传活动，鼓励世界各国携手应对水资源挑战、积极维护水安全。3月22日，联合国以"水合作"为主题庆祝一年一度的世界水日，为莱茵河流域的跨国治理注入了新的精神动力。在10月28日发布的莱茵河第15届部长级会议声明中，沿岸各国针对河水中的微量污染物沉积，如药物及护理产品残留或放射性影剂等，提出了改善城市生活废水处理等一系列新要求。不仅如此，声明还要求在防洪治理方面遵循2007年的欧盟洪水指令，制定具有一体性与综合性的洪灾风险管理方案。值得注意的是，此次会议延续了上届大会对气候变化问题的关注，要求ICPR在监测流量变化（洪涝与水流量低）与水文状态的基础上，制定适应气候变化的水域治理战略。②2015年，ICPR正式发布"莱茵河国际流域气候变化适应战略"（Strategy for the IRBD Rhine for Adapting to Climate Change），从水量、水质、生态系统、社会经济等方面入手，分析了气候变暖所造成的影响，并给出对应的措施建议。③

经过近20年的分段实施与机制完善，ICPR基本达成了"莱茵

---

① 参见"Internationally Coordinated Management Plan for the International River Basin District of the Rhine", International Commission for the Protection of the Rhine, December 2009, p. 10, https://www.iksr.org/fileadmin/user_ upload/Dokumente_ en/Inventory_ Parts/bwp_ endversion-en_ komplett. pdf。

② 参见"Prevention and Adaptation: Future Challenges for Sustainable Water Management in the Rhine Catchment", International Commission for the Protection of the Rhine, October 28, 2013, pp. 4-11, https://www.iksr.org/fileadmin/user_ upload/Dokumente_ en/Communique_ /2013_ EN_ Ministerial_ Declaration. pdf。

③ 参见"Strategy for the IRBD Rhine for Adapting to Climate Change", International Commission for the Protection of the Rhine, 2015, pp. 2-5, 14-24, https://www.iksr.org/fileadmin/user_ upload/DKDM/Dokumente/Fachberichte/EN/rp_ En_ 0219. pdf。

河 2020"计划所设立的各项目标。在生态系统方面，140 平方千米的洪泛平原得以重新启用，124 个洪泛区水域与莱茵河干流再度相连，160 千米河段的沿岸生态环境得以改善，每年自北海洄游至莱茵河各条支流的鲑鱼数目达到数百条。在水质维护方面，沿岸各国通过扩建升级市政及工业废水处理厂，将莱茵河至北海与瓦登海水域中的氮含量减少了 15%—20%，同时借助立法手段与高新技术，有效减少了农药等化工污染物的排放。在水灾治理方面，洪灾风险地图的出版大大增强了公众的防患意识，而洪灾预警时间则比 1995 年延长了一倍。[①] 2020 年 2 月 13 日，沿岸国家在阿姆斯特丹召开第 16 届莱茵河部长级会议，结合"莱茵河 2020"计划的实践心得与未竟目标，制定了新一版的"莱茵河 2040"计划，力求打造更具可持续性与气候适应性的流域管理体系。

作为 ICPR 的最新指导大纲，"莱茵河 2040"计划的主要目标由生态、水质、防洪与低水位监管四个部分组成。在生态方面，沿岸各国应当确保莱茵河干流的自然畅通，为鱼类洄游提供良好条件，同时扩大群落生境网络的核心保护区、改善河水沙量平衡、避免因热能排放而导致的水温与含氧量异常。在水质方面，各国应进一步减少地表水与地下水中的磷元素和氮元素含量，防止塑料垃圾排入河中，并在 2016—2018 年的基础上，将微量污染物排放降低 30%，同时完善评估系统。在防洪方面，各国应持续更新洪灾信息及预警系统、开展技术人员培训、增强建筑物的抗洪能力、巩固国家及地方之间的抗洪协调，同时还须兼顾水灾防治与生态保护的双重要求。在低水位监管方面，各国开展并优化统一监测，对水位低下现象予以精准评估和有效缓解。此外，计划还要求 ICPR 同其他流域和海洋

---

① 参见"Assessment Rhine 2020", International Commission for the Protection of the Rhine, 2020, pp. 4 – 6, https://www.iksr.org/fileadmin/user_upload/DKDM/Dokumente/Broschueren/EN/bro_En_Assessment_%E2%80%9CRhine_2020%E2%80%9D.pdf。

组织深化合作，如摩泽尔河与萨尔河国际保护委员会（International Commissions for the Protection of the Moselle and Saar against Pollution, ICPMS)、东北大西洋海洋环境保护委员会（Commission for the Protection of the Marine Environment of the North-East Atlantic, OSPAR)、北大西洋鲑鱼保护组织（North Atlantic Salmon Conservation Organization, NASCO）等，同时加强和农业领域的对话交流。① 值得注意的是，为了充分落实"莱茵河2040"计划所涵盖的多项要求，ICPR不忘对自身组织结构予以优化调整，其最新状态如图1所示。

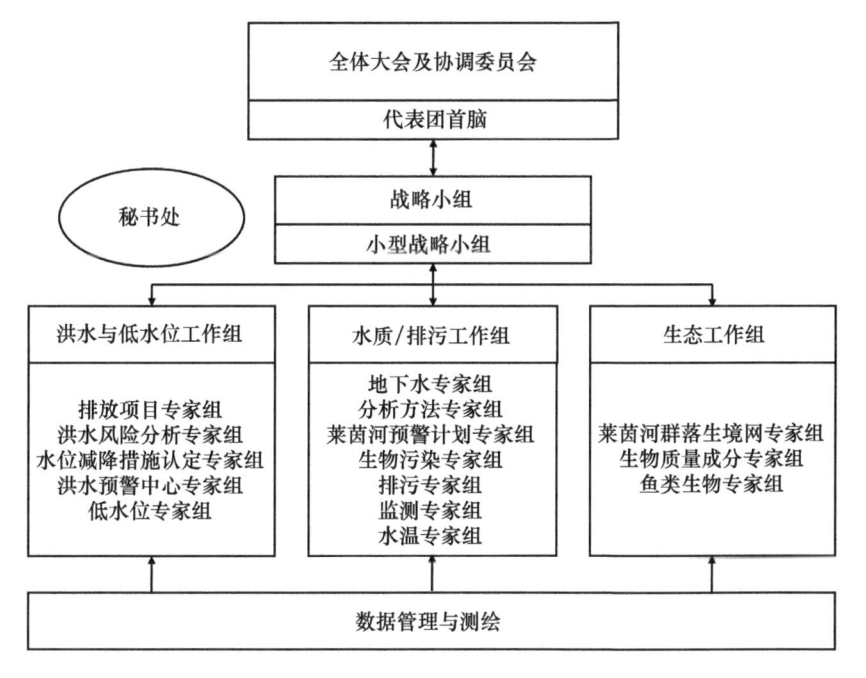

```
                    ┌─────────────────────────┐
                    │  全体大会及协调委员会   │
                    ├─────────────────────────┤
                    │      代表团首脑         │
                    └───────────┬─────────────┘
                                │
         ┌──────────┐  ┌────────┴────────┐
         │  秘书处  │  │    战略小组     │
         │          │  ├─────────────────┤
         └──────────┘  │   小型战略小组  │
                      └────────┬────────┘
          ┌─────────────────┬──┴──────────────┬─────────────────┐
    ┌─────┴──────┐   ┌──────┴──────┐   ┌──────┴──────┐
    │洪水与低水位│   │水质/排污    │   │  生态工作组 │
    │  工作组    │   │  工作组     │   │             │
    ├────────────┤   ├─────────────┤   ├─────────────┤
    │排放项目专家组│ │地下水专家组 │   │莱茵河群落生境网专家组│
    │洪水风险分析专家组│分析方法专家组│ │生物质量成分专家组│
    │水位减降措施认定专家组│莱茵河预警计划专家组│鱼类生物专家组│
    │洪水预警中心专家组│生物污染专家组│  │             │
    │低水位专家组│   │排污专家组   │   │             │
    │            │   │监测专家组   │   │             │
    │            │   │水温专家组   │   │             │
    └─────┬──────┘   └──────┬──────┘   └──────┬──────┘
          └─────────────────┼─────────────────┘
                    ┌───────┴────────┐
                    │ 数据管理与测绘 │
                    └────────────────┘
```

图 1　莱茵河国际保护委员会的组织机构

资料来源："Organisation", International Commission for the Protection of the Rhine, https://www.iksr.org/en/icpr/about-us/organisation。

---

① 参见"Rhine 2040—The Rhine and its Catchment: Sustainably Managed and Climate-resilient", International Commission for the Protection of the Rhine, February 13, 2020, pp. 9 – 26, https://www.iksr.org/fileadmin/user_upload/DKDM/Dokumente/Broschueren/EN/bro_En_2040_long.pdf。

由表可知，战略小组及其三大附属工作组，是 ICPR 执行治理任务的核心部门。在诸多工作组、专家组与项目组的技术支持下，战略小组不仅要为全体大会、协调委员会与部长级会议起草决议，还负责协调、监管与审查 ICPR 所开展的一系列活动，其实际任务包含四个类别，分别为工作计划管理；协调执行欧盟指令并探讨相关技术、政治与法律议题；组织管理公关活动，并与观察员及利益相关方开展合作；审查由行政秘书递交的预算，并在代表团首脑会议上参与人事决策。战略小组下设三个小型战略小组，分别为洪水与低水位工作组、水质/排污工作组和生态工作组。每个工作组由不同的专家组构成，用以完成"莱茵河2040"计划中的各项目标，而数据管理与测绘部门，则为三大工作组提供地理勘测与信息制图服务。①

六 结 论

自1963年《伯尔尼公约》签署至今，莱茵河流域的跨国治理以 ICPR 为核心制度载体，经历了从污染防治到生态维护再到一体化治理的演进过程。1976年的《化学污染物公约》与《氯化物公约》，彰显出沿岸各国携手遏制河水污染的坚决态度，但由责任认定与成本分担所引发的上下游矛盾，长期制约着 ICPR 的治理能力，使其难以有效解决莱茵河所面临的污染问题。1986年的瑞士桑多兹化工泄漏事件，不仅充分暴露出 ICPR 的机制短板，更使得水质污染问题成为沿岸各国亟须解决的政治要务，由此引发莱茵河跨国治理的生态转向。1987年的"莱茵河行动计划"，标志着 ICPR 的

---

① 参见"Mandates 2022-2027", International Commission for the Protection of the Rhine, 2022, pp. 2-3, https://www.iksr.org/fileadmin/user_upload/Dokumente_en/Mandates/Mandates_2022-2027en.pdf。

主要使命从被动消极的河水污染防治，转变为积极主动的生态系统建设。该计划在组织结构、目标设置、参与主体、技术研发、评估标准等诸多方面，推动莱茵河跨国治理机制迈向成熟。

在各国合作执行计划的过程中，莱茵河于1993与1995年两度暴发特大洪灾，给沿岸居民造成严重的生命财产损失。作为应对方案，ICPR于1995年末出台"洪水行动计划"，将洪涝治理列为莱茵河跨国治理的一大新目标，初步奠定了集污染防治、生态建设、水灾防护于一体的综合治理模式。1999年，沿岸各国结合"莱茵河行动计划"与"洪水行动计划"的实践经验，签署了《莱茵河保护公约》，用以取代《伯尔尼公约》与《化学污染物公约》，由此标志着莱茵河一体化治理模式的最终成型。该模式在目标设置上，结合了工业、农业、航运、能源、渔业、市政等多个领域，在行为主体方面，则将成员国政府、非成员国政府、政府间组织与非政府组织纳入其中，以此打造开放灵活的多元治理体系，致力于实现与时俱进、标本兼治的治理效果。进入21世纪后，随着2000年的欧洲水框架指令与2007年的欧盟洪水风险管理指令相继发布，莱茵河沿岸各国开始将欧盟水政策的相关要求，融入制度发展进程中。2001年的"莱茵河2020计划"与2009年的"莱茵河流域国际协调管理计划"，即为ICPR对欧盟水资源治理原则的适时回应。2020年发布的"莱茵河2040计划"是ICPR的最新指导方针，力求从生态、水质、防洪与低水位监管四个方面入手，推动莱茵河流域的可持续发展，其中重点强调治理机制对气候变暖的适应能力。综上所述，莱茵河跨国治理的机制演化动力，不仅源自突发事件的刺激作用与外部环境的政策干预，且与流域组织内部的经验积累息息相关。

水治理与国际关系研究论丛书目

《水外交与区域水治理》　　　　　　　张　励　主编

《全球水治理变革：大国路径、地区模式
　　与人文因素》　　　　　　　　　　张　励　主编